应用型本科系列规划教材

管道工程造价

主　编　段跟定

副主编　党　伟　何文博

西北工业大学出版社

西安

【内容简介】 本书根据应用本科院校课程改革的要求,按照《建设工程工程量清单计价规范》(GB 50500—2013)、《通用安装工程工程量计算规范》(GB 50856—2013)等相关要求进行编写。全书共分为 8 个项目,主要内容包括管道工程的基础知识、管道工程造价的基础知识、管道工程工程量清单编制和清单计价方法,以及给排水工程、采暖工程、通风空调工程、消防工程、工业管道工程计量与计价等。

本书可作为高等学校建筑工程管理、工程造价、建筑环境与能源应用工程以及给排水科学与工程等专业的教材,也可供从事安装工程造价工作的有关人员学习参考。

图书在版编目(CIP)数据

管道工程造价/段跟定主编 . —西安:西北工业
大学出版社,2020.11
ISBN 978 - 7 - 5612 - 7360 - 9

Ⅰ. ①管… Ⅱ. ①段… Ⅲ. ①管道工程-工程造价-
高等学校-教材 Ⅳ. ①TU723.3

中国版本图书馆 CIP 数据核字(2020)第 201980 号

GUANDAO GONGCHENG ZAOJIA

管 道 工 程 造 价

责任编辑: 朱晓娟		**策划编辑:** 蒋民昌	
责任校对: 万灵芝		**装帧设计:** 董晓伟	

出版发行: 西北工业大学出版社
通信地址: 西安市友谊西路 127 号　　　　邮编:710072
电　　话: (029)88491757,88493844
网　　址: www.nwpup.com
印 刷 者: 兴平市博闻印务有限公司
开　　本: 787 mm×1 092 mm　　　1/16
印　　张: 17.625
字　　数: 462 千字
版　　次: 2020 年 11 月第 1 版　　　2020 年 11 月第 1 次印刷
定　　价: 55.00 元

前　　言

为进一步提高应用型本科高等教育的教学水平,促进应用型人才的培养工作,提升学生的实践能力和创新能力,提高应用型本科教材的建设和管理水平,西安航空学院与国内其他高校、科研院所、企业进行深入探讨和研究,编写了"应用型本科系列规划教材"用书,包括《管道工程造价》共计 30 种。本系列教材的出版,将对基于生产实际,符合市场人才的培养工作起到积极的促进作用。

建设工程造价是现代化建设中一项重要的基础性工作,是规范建设市场秩序、提高投资效益的关键环节,具有很强的技术性、经济性和政策性。工程造价是项目决策的依据,是制定投资计划和控制投资的依据,是筹集建设资金的依据,是评价投资效果的重要指标,也是利益合理分配和调节产业结构的手段。管道工程造价是建设工程造价的一个重要组成部分,管道工程造价是高等学校土木与建筑(以下简称"土建")学科相关专业学生的一门专业技能课程。

为积极推进课程改革和教材建设,满足高等教育改革和发展的需要,我们根据高等院校土建学科相关专业的教学要求,结合国家相关行业标准,依据《陕西省建设工程工程量清单计价规范》(简称《计价规范》)和相关管道工程消耗定额等,组织编写了本书。

本书具有下述特色:

(1)以社会需求为基本依据,以就业为导向,以学生为主体,在内容上注重与岗位实际要求的紧密结合,符合国家对技能型人才培养的要求,体现教学组织的科学性和灵活性。

(2)以"知识目标—能力目标—思考与练习"的形式,构建一个"引导—学习—练习"的教学全过程,给学生的学习和教师的教学做出了引导,并帮助学生从更深层次思考、复习和巩固所学的知识。

(3)为提高学生对安装工程计量与计价的掌握能力,本书编写时强化实际操作训练,在实用性和技巧性强的章节设计了相关具备真实性的实践操作案例,习题设计多样化,题型丰富。本书还具备启发性、趣味性,以实际操作训练加深对理论知识的理解,全方位强化学生对知识的掌握。

本书由段跟定任主编,党伟、何文博任副主编。具体编写分工:党伟编写项目一,段跟定编写项目二、三和五,马宁编写项目四和七,何文博编写项目六,李云龙编写项目八。

本书在编写过程中得到了陕西省安远工程咨询有限公司的大力支持,特别是李云龙为本书编写提供了很多宝贵的建议,同时为本书提供了许多实例图样。本书由陕西省安远工程咨询有限公司国家一级注册造价师李云龙修改。

编写本书曾参阅了相关文献资料,在此向相关文献的作者致以诚挚的谢意!

由于水平有限,书中难免有不妥或疏漏之处,恳请读者和专家批评指正。

编 者

2020 年 6 月

目　录

项目一　管道工程的基础知识································· 1

　　任务一　管道工程 ······································· 1

　　任务二　金属板材、型钢和阀门 ························· 18

　　任务三　管道图纸 ····································· 30

　　思考与练习 ··· 52

项目二　管道工程造价的基础知识 ······················ 54

　　任务一　基本建设 ····································· 54

　　任务二　工程造价的构成及其计价程序 ················· 57

　　任务三　工程建设定额 ································· 64

　　思考与练习 ··· 81

项目三　管道工程工程量清单编制和清单计价方法 ········· 82

　　任务一　工程量清单 ··································· 82

　　任务二　工程量清单计价 ······························ 86

　　任务三　管道安装工程量清单计价程序及方法 ··········· 92

　　思考与练习 ·· 100

项目四　给排水工程计量与计价 ························ 101

　　任务一　建筑给排水工程 ······························ 101

　　任务二　给排水工程工程量计算 ······················ 105

　　任务三　给排水管道安装工程工程量清单项目 ··········· 115

　　任务四　给排水工程施工图预算编制实例 ··············· 121

　　思考与练习 ·· 147

项目五　采暖工程计量与计价 ·························· 148

　　任务一　室内采暖工程 ································· 148

　　任务二　采暖系统工程工程量计算 ····················· 150

　　任务三　采暖管道安装工程工程量清单项目 ············· 157

任务四　采暖工程施工图预算编制实例·································· 158

思考与练习·· 194

项目六　通风空调工程计量与计价······································ 195

任务一　通风空调工程·· 195

任务二　中央空调工程施工图·· 198

任务三　空调工程工程量计算规则··· 205

任务四　通风空调工程工程量计算实例··· 207

思考与练习·· 215

项目七　消防工程计量与计价··· 216

任务一　消防工程·· 216

任务二　消防工程系统安装工程量计算规则··· 218

任务三　消防工程工程量清单项目的划分··· 221

任务四　消防工程施工图预算编制实例··· 223

思考与练习·· 243

项目八　工业管道工程计量与计价······································· 244

任务一　工业管道·· 244

任务二　工业管道工程量计算规则··· 246

任务三　工业管道安装工程工程量清单项目划分·· 251

任务四　工业管道安装工程预算编制实例·· 253

思考与练习·· 274

参考文献··· 275

项目一　管道工程的基础知识

知识目标

通过本项目的学习,了解管道工程的分类、管道工程施工图纸的主要内容、管道工程常用的图例符号、金属板材和型钢的类型和表示方法等;熟悉管道工程图的制图标准与基本标注方法、管子常用参数的意义以及常见阀门的类型和表示方法;掌握管道工程常用的管材、管件及它们的连接方法。

能力目标

能够熟读常见管道图纸,并且理解图纸表达的内容;认识管道施工图纸中各种符号表达的附件。

任务一　管道工程

管道是由管道组成件和管道支承件组成的管路系统。管道组成件是用于连接或装配管道的元件,包括管子、法兰、垫片、紧固件、阀门及膨胀接头、挠性接头、耐压软管、疏水器、过滤器和分离器等;管道支承件是管道安装件和附着件的总称,其中安装件是将负荷从管子或管道附着件上传递到支承结构或设备上的元件,如吊杆、弹簧支吊架、斜拉杆、支撑杆、鞍座、垫板、拖座、吊(支)耳、吊夹、紧固夹板和裙式管座等。管道工程由若干管路系统所组成。

一、管道工程的分类

按不同的分类方法,可将管道工程分成以下几种不同的类型。

1.按管道工程的基本特性和服务对象分类

(1)暖卫(暖通卫生)管道工程。暖卫管道工程是为建筑内的人们生活,或者是为改善劳动卫生条件输送工作介质的管道工程。

(2)工业管道工程。这种管道是为工业生产输送工作介质的管道,一般都是要与生产设备连接。工业管道工程又可以分为以下两种:①工艺管道工程,直接为产品生产输送物料(或介质)的管道工程,又称物料管道工程(也称气力输送管道工程)。例如:酿造厂生产调味品,用管道输送豆类原料等。②动力管道工程,为生产设备输送动力工作介质的管道工程。例如:锻造车间气锤用的高压空气或蒸汽输送管道,可见动力管道内流动的是用于产生动力的工作介质。

2.按输送工作介质的压力分类

按管道输送工作介质的压力分类,不同服务对象的管道工程,压力是不相同的,并且压力级数差别较大。

(1)按工业管道压力级别分类。工业管道根据输送的工作介质压力的大小可分为四级:

1)低压工业管道工程:公称压力≤2.5MPa;

2)中压工业管道工程:公称压力=4~6.4MPa;

3)高压工业管道工程:公称压力=10~100MPa;

4)超高压工业管道工程:公称压力>100MPa。

(2)按暖卫管道压力级别分类。暖卫管道属于低压工业管道,其公称压力<2.5MPa。

(3)按燃气输送管道工程的压力级别分类。燃气输送管道工程是输送城市天然气、石油液化气、煤气的管道工程。这种管道工程的压力级别有5种:

1)低压燃气输送管道:工作压力<0.005MPa;

2)中压燃气输送管道:工作压力=0.005~0.15MPa;

3)次高压燃气输送管道:工作压力=0.15~0.3MPa;

4)高压燃气输送管道:工作压力=0.3~0.8MPa;

5)超高压燃气输送管道:工作压力=0.8~1.2MPa。

(4)按热力管道工程的压力级别分类。热力管道工程是输送蒸汽或热水的管道工程,按蒸汽和热水的工作压力可分为三级:

1)低压热力管道:蒸汽工作压力≤2.5MPa,热水工作压力≤4.0MPa;

2)中压热力管道:蒸汽工作压力=2.6~6MPa,热水工作压力=4.1~9.9MPa;

3)高压热力管道:蒸汽工作压力=6.1~10MPa,热水工作压力=10~18.4MPa。

二、管子的常用参数

1.管子、管件的公称直径

这里的管件是指与管子直径相匹配的三通、四通、弯头及大小头等管道配件。管子、管件的公称直径又称为直径,也称名义直径,它既不是管子、管件的实际内径,也不是管子、管件的实际外径,更不是管子、管件的内径加外径的平均值。管子、管件的公称直径用 DN 表示,数值的单位是毫米(mm)。例如:公称直径 15mm,25mm,40mm,50mm 的钢管,可以写作 DN15,DN25,DN40,DN50,施工图中就是按这种写法进行标注的。要说明的是,管子、管件的公称直径是统一的,也就是说管子或管件无论是哪一生产厂家生产的,只要公称直径相同,它们都有互换性,这样便于设计的标准化,也便于施工安装材料的购买。

2.管子、管件的公称压力、实验压力和工作压力

管子、管件的公称压力、实验压力和工作压力是指在一定温度条件下管子、管件的耐压能力,三者的区别在于介质的温度不同。

(1)管子、管件的公称压力 p_N。在基准温度为 200℃ 条件下,管子、管件的耐压强度称为公称压力 p_N(MPa)。由于制造管子、管件的材料在不同的温度条件下的耐压能力是不相同的,所以为判断某种材料制造的管子、管件的耐压强度,就必须有一个相同的比较标准,这个相同的比较标准就是前面所说的基准温度,用碳钢制造的管子、管件基准温度为 200℃。例如,

某批管子、管件的公称压力为 2MPa,就可以写作 p_N2(单位不用写明)。

(2)管子、管件的实验压力 p_s。管子、管件的实验压力 p_s 是指常温下管子、管件的耐压强度,单位也是兆帕(MPa)。一般生产厂家的某批管子、管件在出厂之前要在常温下做压力和严密性实验,所谓的实验压力也就是指这个压力。例如:某批管子、管件的实验压力为 1.6MPa,就可以写作 $p_s1.6$(单位不用写明)。

(3)工作压力 p_t(t 是温度数值 1/10 的数字)。工作压力 p_t 是指某温度条件下管子、管件的工作耐压强度,单位是兆帕(MPa)。要说明的是,管道系统的工作压力与这里所说的管子、管件的工作压力是两个不同的概念。管道系统的工作压力是指管道系统工作情况下的压力;管子、管件的工作压力是指在某温度条件下管子、管件的工作耐压强度。由于管子、管件在不同的温度条件下,有不同的最大允许工作压力,并且这种工作压力是以温度等级来划分的,所以不同的管道系统的工作压力要选用不同的温度等级下的最大允许工作压力对应的管子与管件。例如:某批管子、管件的工作压力为 $p_{25}2.3$,就是表明该批管子、管件工作介质温度在250℃的条件下,工作压力是 2.3MPa。

(4)管子、管件三个压力大小关系:$p_s > p_N \geqslant p_t$。

三、常用管材及管件

管道工程中所用的管材种类较多,并且在不同的管道工程中用的管材也不同。这里我们仅对暖卫管道工程常用的管材进行介绍。

1.钢管与管件

(1)焊接钢管与管件。钢管通常用的是普通碳钢(A2,A3,A4),它的特征是纵向或轴向有一条明显的焊接缝。也就是说,低压流体输送管(又称水煤气输送管)是普通碳钢板材,通过卷制焊接而成的管道,所以又称有缝钢管,通常有镀锌焊接钢管和非镀锌焊接钢管(又称黑铁管)。镀锌焊接钢管的钢管管件都是镀锌的,并且是用于焊接镀锌钢管连接形成系统用的配件(注意:镀锌钢管与管件之间都是采用丝扣连接,并且内丝与外丝才能相连接,内丝与内丝、外丝与外丝是不能相连接的)。

暖卫管道工程常用的镀锌钢管管件有以下 7 种:

1)管箍(又称直接),用于两根公称直径相同的钢管的直线连接。

2)异径管(又称大小头),用于两根公称直径不相同的钢管的直线连接。

3)三通,用于直管垂直分支处的连接。

4)四通,用于 4 根钢管相互垂直相交处的连接。

5)活接头(又称由任),用于需要经常拆装维修的两根公称直径相同的钢管或管件的连接。

6)内外丝(也称补心),用于直线管路变径处,与异径管的不同点在于它的一端是外螺纹,另一端是内螺纹。外螺纹一端通过带有内螺纹的管配件与大管径管道连接,内螺纹一端则直接与小管径管道连接。

7)外接头(也称双头外丝),用于两个公称直径相同的内螺纹管件的连接。

(2)无缝钢管与管件。无缝钢管是直接轧制而成的管材,它分为冷轧无缝钢管和热轧无缝钢管,并且多用于工业管道工程。空调水系统当管径大于 DN80 时,也多采用无缝钢管。

无缝钢管的分类方法有两种。按无缝钢管的用途分为普通型无缝钢管和专用型无缝钢管。普通型无缝钢管是一般管道工程较常用的管材,专用型无缝钢管用于一些专门的场合与工程。按无缝钢管的制造工艺分为冷轧无缝钢管和热轧无缝钢管。冷轧无缝钢管的规格外径为 5～200mm；热轧无缝钢管的规格外径为 32～630mm。具体见表 1.1。

表 1.1　无缝钢管管径与焊接钢管管径对照表

无缝钢管	对应焊接钢管管径
$D76\times4$	DN70
$D89\times4$	DN80
$D108\times4$	DN100
$D133\times4.5$	DN125
$D159\times5$	DN150
$D219\times6$	DN200
$D273\times7$	DN250
$D325\times8$	DN300

无缝钢管的连接都采用焊接连接，所以无缝钢管的管件必须是无缝的同种材料，无缝钢管的管件只有无缝冲压弯头和无缝异径管两种。

2. 给水铸铁管及管件

给水铸铁管管材通常是灰口铸铁或球墨铸铁浇铸而成的，并且在出厂前管材的内外表面刷防锈沥青漆。给水铸铁管最大的优点是抗腐蚀性较好，适合埋地敷设，所以多用于室外埋地敷设的给水管道，其缺点是性脆，抗冲击性较差，重量轻。

(1) 给水铸铁管的分类。

1) 按接口形式分为承插式和法兰式。承插式即管道间的连接是采用承插式连接的，如图 1.1 所示。法兰式即管道间的连接是采用法兰连接的，如图 1.2 所示。

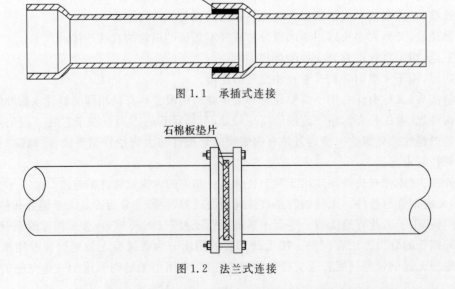

图 1.1　承插式连接

图 1.2　法兰式连接

2)按工作压力分为以下几种：

a.高压给水铸铁管：工作压力＞1MPa；

b.中压给水铸铁管：工作压力＝0.75～1MPa；

c.低压给水铸铁管：工作压力＝0.45～0.75MPa。

工程实际中使用最多的是高压给水铸铁管。

（2）常用承插式给水铸铁管的规格。工程中常用承插式给水铸铁管的规格有 10 种：DN75,DN100,DN125,DN150,DN200,DN250,DN300,DN350,D400,DN450。

（3）给水铸铁管管件。给水铸铁管管件共有 11 种。要说明的是,给水铸铁管管件中的"盘"是法兰盘,"承"是承口。例如：三盘三通,三通的 3 个方向都是用法兰盘连接的；三承三通,三通的 3 个方向都是承口（即用承插连接的）；双承三通,三通的两个方向是承口,另一个方向是法兰盘。

3.UPVC 塑料排水管及管件

UPVC（硬聚氯乙烯）塑料排水管,又称 PVC（聚氯乙烯）塑料排水管。由于它质轻、美观耐用、价格合适、安装方便,所以在排水工程中广泛使用。

（1）PVC 塑料排水管的种类。PVC 塑料排水管有 3 种。

1）双插口直管,即直管的两端都是插口,如图 1.3 所示。

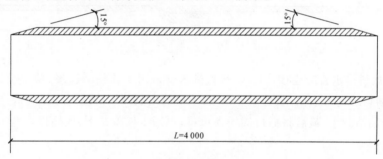

图 1.3　双插口直管

不同的管径,其壁厚 δ 是不相同的,对应的数据如下：

De50: $\delta=1.8$mm 或 $\delta=2.0$mm；

De75: $\delta=2.0$mm 或 $\delta=2.3$mm；

De110: $\delta=2.7$mm 或 $\delta=3.2$mm；

De160: $\delta=3.8$mm 或 $\delta=4.0$mm。

2）承插直管,即直管的一端是承口,另一端是插口,如图 1.4 所示。

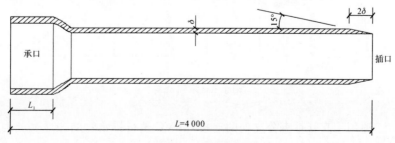

图 1.4　承插直管

这种管材的壁厚与管径的大小有关,对应的数值同上。承口长度 L_1(插口插入的深度)也与管子的直径有关,对应的数据如下:

De50:L_1=48mm;

De75:L_1=55mm;

De110:L_1=67mm;

De160:L_1=87mm。

3)带伸缩节的直管。建筑内部的污水排水系统,如果选用 PVC 塑料排水管,排水立管上按规范要求要设伸缩节,具体规定:建筑层高≤4m 时,每层设一个伸缩节;建筑层高>4m 时,要根据计算确定伸缩节的个数。带伸缩节的 PVC 塑料排水直管,是在承口内壁面上设计了一个凹槽,安装时在凹槽内放置橡胶密封圈,然后将另一根直管的插口端插入设有凹槽的承口内即可,如图 1.5 所示。

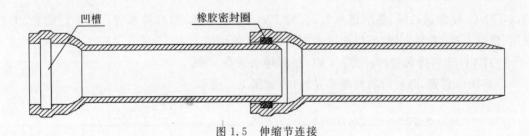

图 1.5　伸缩节连接

(2)PVC 塑料排水管的连接。PVC 塑料排水管采用承插黏结连接(伸缩节连接除外),具体方法:先将插口管的外表面(长约 50mm)和承口的内表面用清洗剂(丙酮)清洗干净,然后用毛刷涂上专用黏结胶水,最后将插口端插入承口,再用木槌敲几下,使插口端全部插入承口内,几分钟后就会固化。

(3)PVC 塑料排水管管件。PVC 塑料排水管管件是与 PVC 塑料排水管配套使用的连接部件,共有 10 种。

1)弯头。弯头是用作改变管道走向的连接件。PVC 塑料排水管弯头又有两种——90°弯头和 45°弯头,并且两端都是承口形式。其外形如图 1.6 所示。

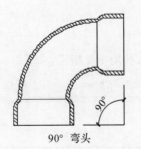
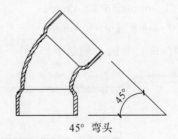

90° 弯头　　　45° 弯头

图 1.6　不同弯头

2)三通。三通用于直管垂直分支处的连接。PVC 塑料排水管的三通又分为三种——90°顺流三通、90°三通及 45°斜三通。其外形如图 1.7 所示。

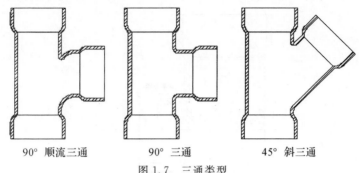

90° 顺流三通   90° 三通   45° 斜三通

图 1.7 三通类型

3)四通。四通用于 4 根管道交汇处的连接。PVC 塑料排水管的四通又分为两种——正四通和直角四通(又称立体四通)。其外形如图 1.8 所示。

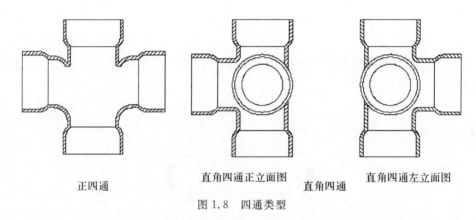

正四通   直角四通正立面图   直角四通   直角四通左立面图

图 1.8 四通类型

4)存水弯。PVC 塑料排水管的存水弯只有 P 形一种,要与 45°弯头联合起来使用,不能单独使用。存水弯一般是用于大便器的排水支管上,使其形成水封,排水系统内的臭气就不会通过大便器的排出口进入室内。其外形如图 1.9 所示。

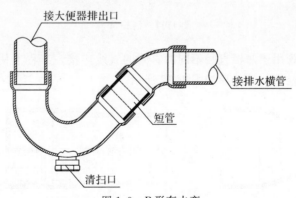

接大便器排出口

接排水横管

短管

清扫口

图 1.9 P 形存水弯

5)立管检查口。立管检查口是安装在排水立管上的部件,作用是检查清扫排水立管内的堵塞物。立管检查口按照规范要求,底层和顶层立管上必须安装立管检查口,中间层的立管可以每隔一层安装一个。其外形如图 1.10 所示。

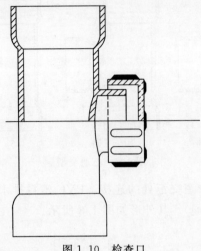

图 1.10　检查口

6)清扫口。清扫口是安装在排水横管末端的管件,作用是清扫排水横管内的堵塞物。其外形如图 1.11 所示。

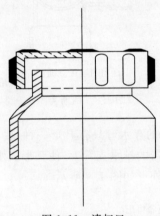

图 1.11　清扫口

7)异径管。异径管用于两根直径不同的直管的直线连接。工程上使用的异径管有两种:同心异径管和偏心异径管。其外形如图 1.12 所示。

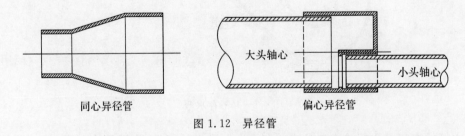

同心异径管　　　　　　　偏心异径管

图 1.12　异径管

8)管箍。管箍用于两根直径相同的直管的直线连接。其外形如图 1.13 所示。

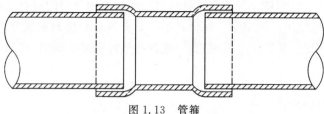

图 1.13　管箍

9)地漏。地漏是安装在厨房、卫生间、洗衣房、盥洗间等地面上的排水装置,作用是排除地面积水。地漏是自带水封的,所以地漏的排水支管上不需要设置存水弯。其外形如图 1.14 所示。

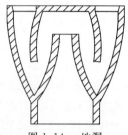

图 1.14　地漏

10)透气帽。透气帽安装在排水立管伸出屋面部分的末端或专用通气管伸出屋面部分的末端。透气帽的作用是向排水管道系统内补充空气,平衡排水管道系统内的气压,以免设置在排水支管上的水封(存水弯)遭到破坏;排出排水管道系统中产生的有害气体(臭气);防止杂物跌落到排水管道系统内。其外形如图 1.15 所示。

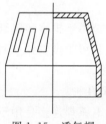

图 1.15　透气帽

四、几种新型管材

随着科学技术的发展,暖卫管道工程中使用的管材也不断推出新的品种。现在介绍 3 种新型管材。

(1)ABS(丙烯腈-丁二烯-苯乙烯共聚物)塑料管(也称 ABS 塑钢管)。特点:使用寿命长(长约 50 年);承压能力强,20℃常温下工作压力可达到 1.6MPa;重量轻,只有钢管重量的 1/7;具有良好的抗冲击性;具有良好的稳定的化学性能,无毒、无味;连接安装方便(专用胶水承插黏结连接)。ABS 塑料管的规格为 De15～400mm。ABS 塑料管用作一般的室内给水系统比较合适,不能用于室内热水供应系统,在水温升高时,其承受压力的能力下降很快。

(2)PPR(聚丙烯)管。PPR 管与 ABS 塑料管具有相同的特点,并且目前在室内给水系统中广泛使用,连接与安装也比较方便,用专用工具热熔连接。

（3）铝塑复合管。铝塑复合管是金属材料铝与塑料两种不同的材料复合而成的管材,曾在建筑给水系统中广泛使用。但由于金属材料铝与非金属材料塑料的线膨胀系数不同,所以铝塑复合管长时间使用(尤其是热水系统)会形成铝和塑料脱离的缺陷,若用于供热水系统,这种情况会更加严重。

五、管道工程常用连接方法

暖卫管道工程中的管道常用的连接方法有以下 5 种。

（1）法兰连接。管道采用法兰连接便于拆卸维修,但安装施工的速度较慢,技术要求也较高。管道的法兰连接又分为两种:

1）钢管法兰连接。钢管法兰连接多用于管径较大,且经常需要拆卸维修的管道工程,或用于管道与设备的连接。例如:空调的水管与空调器、冷水机组、水泵的连接等,都是采用法兰连接。

2）风管法兰连接。通风空调工程的风管,一般都是采用法兰连接。如果是钢板风管,有一种新的板连法兰连接方式,这种连接方式就是不用专门加工法兰,直接利用风管端部的钢板折成法兰的形式,然后用卡子将风管连接起来(以后再介绍它的具体加工安装方法)。

（2）螺纹连接(也称丝扣连接)。螺纹连接是用于镀锌焊接钢管的安装连接,这种连接要用专门的管件(前面已经介绍过)。注意:螺纹连接的管道,在需要经常拆卸维修处要加活接头,并且内螺纹与外螺纹才能相连接,内螺纹与内螺纹、外螺纹与外螺纹不能连接。

（3）承插连接。管道的承插连接又分为以下 3 种:

1）承插填料连接。承插填料连接是用于排水铸铁管和给水铸铁管的连接(前面我们已经介绍过),所用的填料是石棉、水泥、砂浆,石棉、水泥、砂浆中不能加太多水,加水量达到用手捏得拢、撒得开的程度就可以了。

2）承插黏结连接。承插黏结连接是用于排水塑料管和 ABS 塑料管的施工安装连接。

3）柔性承插连接。柔性承插连接是用于排水铸铁管,并有抗震要求的高层建筑的排水系统,还可用于排水塑料管伸缩节的连接。

（4）焊接连接。焊接连接又分以下几种:

1）电弧焊连接(有时又叫电焊)。电弧焊连接是用于非镀锌钢管和无缝的连接。这种连接方法施工快,但对焊接工人的技术要求较高,并且要有焊接上岗证。对于高压管道的焊接工,还有技术等级的要求。电弧焊接的工具是电焊机和焊枪。

2）氩弧焊连接。氩弧焊是用于要求较高的管道的焊接连接。氩弧焊的焊缝平整光滑,焊接过程中不易形成气泡、砂眼。氩弧焊与电弧焊不同的是后者在焊接过程中不需要氩气。

3）气焊连接。气焊连接是用于管壁较薄的钢管的连接。气焊连接是用乙炔气体和氧气燃烧熔化管壁和金属焊条将管道连接在一起,专用工具是气焊枪。

（5）热熔连接。热熔连接是专用于 PPR 管的连接。它采用专用工具电加热的方式对 PPR 管进行连接。

六、管道工程常用的法兰、螺栓及垫片

管道工程的法兰连接要用法兰、螺栓及垫片,并且在管道工程施工过程中需要统计所用法兰、螺栓及垫片的数量,工程预算中工程量也是单独计算的,所以有必要对该部分内容进行

介绍。

1.常用法兰

管道工程用到的法兰有以下两种。

(1)钢管法兰。钢管法兰的材质与钢管的材质相同。工程上最常用的钢管法兰是平焊法兰,但平焊法兰根据密封的不同又可以分为以下两种。

1)光滑式密封面平焊法兰。光滑式密封面平焊法兰的两片法兰的接触面是光滑的,连接的时候在两片法兰片之间加密封垫片进行密封。如图1.16所示。

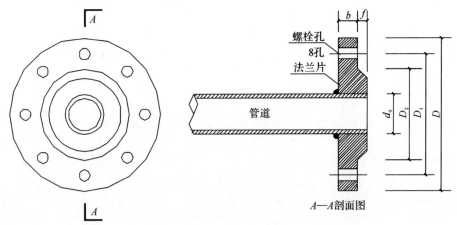

图1.16　光滑式密封面平焊法兰

由图1.16可以看出,管道的端部是焊接在法兰片上(也有用螺纹连接在法兰片上的)。光滑式密封面平焊法兰的规格用公称直径与公称压力表示,见表1.2～表1.4。

表1.2　光滑式密封面平焊法兰(p_N1)规格

DN/ mm	d_0	D	D_1	D_2	b	f	d	螺　栓		垫片厚/ mm
				有关尺寸/mm				数量/ 个	直径×长/ (mm×mm)	
15	18	95	65	45	12	2	14	4	M12×40	1.5
20	25	105	75	58	14	2	14	4	M12×45	1.5
25	32	115	85	68	14	2	14	4	M12×45	1.5
32	38	135	100	78	16	2	18	4	M16×50	1.5
40	45	145	110	88	18	3	18	4	M16×55	1.5
50	57	160	125	102	18	3	18	4	M16×55	1.5
70	76	180	145	122	20	3	18	4	M16×60	1.5
80	89	195	160	138	20	3	18	4	M16×60	1.5

续　表

DN/mm	d_0	D	D_1	D_2	b	f	d	螺栓		垫片厚/mm
								数量/个	直径×长/(mm×mm)	
	有关尺寸/mm									
100	108	215	180	158	22	3	18	8	M16×65	2.0
125	133	245	210	188	24	3	18	8	M16×70	2.0
150	159	280	240	212	24	3	23	8	M20×70	2.0
175	194	310	270	242	24	3	23	8	M20×70	2.0
200	219	335	295	268	24	3	23	8	M20×70	2.0
225	245	365	325	295	24	3	23	8	M20×70	2.0
250	273	390	350	320	26	3	23	12	M20×75	2.0
300	325	440	400	370	28	3	23	12	M20×80	2.0
350	377	500	460	430	28	4	23	16	M20×80	3.0
400	426	565	515	482	30	4	25	16	M22×85	3.0
450	478	615	565	532	30	4	25	20	M22×85	3.0
500	529	670	620	585	32	4	25	20	M22×90	3.0
600	630	780	725	685	36	5	30	20	M27×105	3.0

表 1.3　光滑式密封面平焊法兰(p_N1.6)规格

DN/mm	d_0	D	D_1	D_2	b	f	d	螺栓		垫片厚/mm
								数量/个	直径×长/(mm×mm)	
	有关尺寸/mm									
15	18	95	65	45	12	2	14	4	M12×45	1.5
20	25	105	75	58	16	2	14	4	M12×50	1.5
25	32	115	85	68	18	2	14	4	M12×50	1.5
32	38	135	100	78	18	2	18	4	M16×55	1.5
40	45	145	110	88	20	3	18	4	M16×60	1.5
50	57	160	125	102	22	3	18	4	M16×65	1.5
70	76	180	145	122	24	3	18	4	M16×70	1.5
80	89	195	160	138	24	3	18	8	M16×70	1.5
100	108	215	180	158	26	3	18	8	M16×70	2.0
125	133	245	210	188	28	3	18	8	M16×75	2.0

续　表

DN/mm	d_0	D	D_1	D_2	b	f	d	螺栓 数量/个	螺栓 直径×长/(mm×mm)	垫片厚/mm
150	159	280	240	212	28	3	23	8	M20×80	2.0
175	194	310	270	242	28	3	23	8	M20×80	2.0
200	219	335	295	268	30	3	23	12	M20×85	2.0
225	245	365	325	295	30	3	23	12	M20×85	2.0
250	273	390	350	320	32	3	25	12	M22×90	2.0
300	325	440	400	370	32	4	25	12	M22×90	2.0
350	377	500	460	430	34	4	25	16	M22×95	2.0
400	426	565	515	482	38	4	30	16	M27×105	3.0
450	478	615	565	532	42	4	30	20	M27×115	3.0
500	529	670	620	585	48	4	34	20	M30×130	3.0
600	630	780	725	685	50	5	34	20	M30×140	3.0

表 1.4　光滑式密封面平焊法兰($p_N 2.5$)规格

DN/mm	d_0	D	D_1	D_2	b	f	d	螺栓 数量/个	螺栓 直径×长/(mm×mm)	垫片厚/mm
15	18	95	65	45	16	2	14	4	M12×50	1.5
20	25	105	75	58	18	2	14	4	M12×50	1.5
25	32	115	85	68	18	2	14	4	M12×50	1.5
32	38	135	100	78	20	2	18	4	M16×60	1.5
40	45	145	110	88	22	3	18	4	M16×65	1.5
50	57	160	125	102	24	3	18	4	M16×70	1.5
70	76	180	145	122	24	3	18	8	M16×70	1.5
80	89	195	160	138	26	3	18	8	M16×70	1.5
100	108	230	190	162	28	3	23	8	M20×80	2.0
125	133	270	220	188	30	3	25	8	M22×85	2.0
150	159	300	250	218	30	3	25	8	M22×85	2.0
175	194	330	280	248	32	3	25	12	M22×90	2.0
200	219	360	310	278	32	3	25	12	M22×90	2.0

续 表

DN/mm	d_0	D	D_1	D_2	b	f	d	螺 栓 数量/个	螺 栓 直径×长/(mm×mm)	垫片厚/mm
			有关尺寸/mm							
225	245	395	340	305	34	3	30	12	M27×100	2.0
250	273	425	370	335	34	3	30	12	M27×100	2.0
300	325	485	430	390	36	4	30	116	M27×105	2.0
350	377	550	490	450	42	4	34	16	M30×120	2.0
400	426	610	550	505	44	4	34	16	M30×120	3.0
450	478	660	600	555	48	4	34	20	M30×130	3.0
500	529	730	660	615	52	4	41	20	M36×150	3.0

2)凹凸式密封面平焊法兰。凹凸式密封面平焊法兰相配合的两片法兰的一片是凹面,另一片是凸面,形成两片法兰凹凸相匹配的密封形式。如图1.17所示。

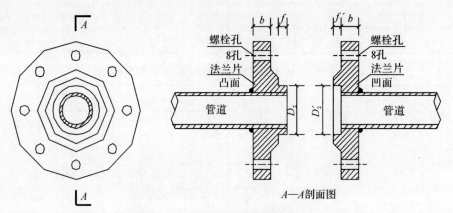

图 1.17　凹凸式密封面平焊法兰

凹凸式密封面平焊法兰的规格也是用公称直径与公称压力来表示,见表1.5。

表 1.5　凹凸式密封面平焊法兰规格

公称直径 DN/mm	$D_2/$mm	$D'_2/$mm	$f=f'/$mm	p_N1 $b/$mm	$p_N1.6$ $b/$mm	$p_N2.5$ $b/$mm
15	39	40	4.0	12	12	12
20	50	51	4.0	12	12	12
25	57	58	4.0	12	12	12
32	65	66	4.0	12	12	12
40	75	76	4.0	14	14	14
50	87	88	4.0	14	14	14
70	109	110	4.0	14	14	16

续　表

公称直径 DN/mm	D_2/ mm	D'_2/ mm	$f=f'$/ mm	$p_N 1$ b/mm	$p_N 1.6$ b/mm	$p_N 2.5$ b/mm
80	120	121	4.0	14	14	18
100	149	150	4.5	14	16	20
125	175	176	4.5	16	16	22
150	203	204	4.5	16	18	24
175	233	234	4.5	16	18	24
200	259	260	4.5	16	20	26
225	286	287	4.5	16	20	26
250	312	313	4.5	18	24	30
300	363	364	4.5	20	28	34
350	421	422	5.0	24	32	38
400	473	474	5.0	26	36	42

　　钢管法兰在管道工程施工图上是不能直接看出来的,一般管道与设备(水泵、冷水机组、大型空调器、大型阀门等)都是采用法兰连接的。下面以空调施工图"通施-12改"中的"空调冷水机房系统图"(见图1.18)为例说明钢管法兰的使用位置与数量统计。

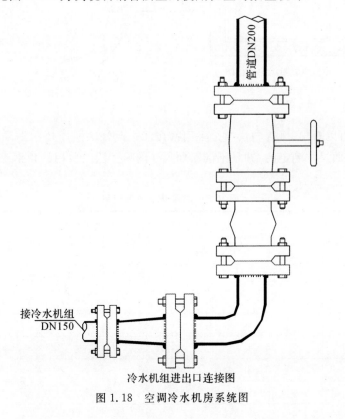

冷水机组进出口连接图

图1.18　空调冷水机房系统图

根据"空调冷水机房系统图"统计法兰片的用量(假设法兰的公称压力是 $p_N1.6$),见表1.6。

表 1.6　空调冷水机房法兰片用量统计表

安装位置	法兰规格	数量/个	螺栓孔数/孔	螺栓规格/ (mm×mm)	备注
1 号、2 号机组冷却水	DN200	8	12	M20×85	参见图 1.18
1 号、2 号机组冷却水	DN150	2	8	M20×80	参见图 1.18

(2)常用风管法兰。风管法兰是用于铁制风管与风管间的连接,通常在法兰之间加 8501 橡胶密封垫片。由于风管有圆形风管和矩形风管两种,所以风管法兰也有圆形和矩形两种,如图 1.19 所示。

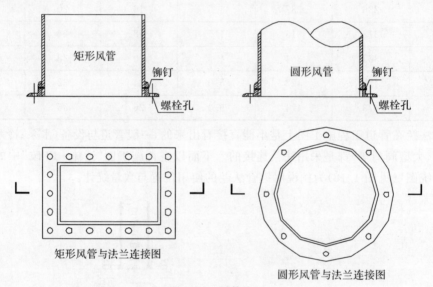

矩形风管与法兰连接图

圆形风管与法兰连接图

图 1.19　风管法兰

从图 1.19 可以看出,风管与法兰是采用铆接的。风管法兰用角钢常采用扁钢加工制作,是根据风管的断面尺寸确定的,并且不同断面尺寸的风管法兰所用的角钢或扁钢规格也不同,见表 1.7。

表 1.7　风管法兰型钢选用　　　　　　　　　　　　　　　　单位:mm

圆形风管直径 D 或 矩形风管大边尺寸	角钢或扁钢规格			
	咬口风管		焊接风管	
	圆形风管	矩形风管	圆形风管	矩形风管
100～215	—25×4	—25×4	∠25×3	∠25×3
235～265	—25×4	—25×4	∠25×3	∠25×3
285～375	—25×4	∠25×3	∠25×3	∠30×3
440～495	∠25×3	∠25×3	∠30×3	∠30×4
545～595	∠25×3	∠25×4	∠30×3	∠30×4

续 表

圆形风管直径 D 或矩形风管大边尺寸	角钢或扁钢规格			
	咬口风管		焊接风管	
	圆形风管	矩形风管	圆形风管	矩形风管
660～775	∠25×4	∠32×4	∠32×4	∠36×4
885～1 025	∠32×4	∠36×4	∠36×4	∠40×4
1 100～1 200	∠36×4	∠40×4	∠40×4	∠45×4
1 325～1 425	∠40×4	∠45×4	∠45×4	∠50×4

2.常用螺栓、螺帽和垫片

(1)常用螺栓和螺帽。螺栓和螺帽是管道工程法兰连接时所用的紧固件,工程中常用的有以下两种。

1)粗制六角螺栓和螺帽。粗制六角螺栓一端螺杆带有部分螺纹,与之匹配的螺帽是普通粗制六角螺帽,一般用于管道内介质的工作压力不超过 1.6MPa,工作温度不超过 250℃的给水、供热、压缩空气管道的法兰连接。如图 1.20 所示。

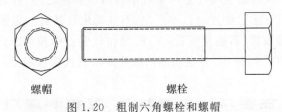

螺帽　　　　　　　　螺栓

图 1.20　粗制六角螺栓和螺帽

2)双头精制螺栓。双头精制螺栓两端都带螺纹,与之匹配的螺帽是精制六角螺帽,可用于工作压力和温度较高的场合。如图 1.21 所示。

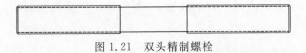

图 1.21　双头精制螺栓

如果管道法兰采用双头精制螺栓的话,螺栓的两端都要用精制六角螺帽紧固。

(2)常用垫片。垫片是法兰间的密封件。由于法兰分为钢管法兰和风管法兰两种,所以垫片也分成以下两种。

1)常用钢管法兰垫片。工程上常用钢管法兰垫片选用的材质与流体的性质和温度、压力有关。钢管法兰垫片材质及适用流体、温度和压力见表 1.8。

表 1.8　钢管法兰垫片常用材质

材料名称	最高工作压力/MPa	最高工作温度/℃	适用工作介质
普通橡胶板	0.6	60	水和空气
耐热橡胶板	0.6	120	热水和蒸汽
耐油橡胶板	0.6	60	常用油料

续 表

材料名称	最高工作压力/MPa	最高工作温度/℃	适用工作介质
耐酸碱橡胶板	0.6	60	浓度≤20%的酸溶液和碱溶液
低石棉橡胶板	1.6	200	蒸汽、水和燃气
中石棉橡胶板	4.0	350	蒸汽、水和燃气
高石棉橡胶板	10.0	450	蒸汽和空气
耐油石棉橡胶板	4.0	350	常用油料
软聚氯乙烯板	0.6	50	水和酸碱稀溶液
聚四氯乙烯板	0.6	50	水和酸碱稀溶液
石棉绳（板）		600	烟气
耐酸石棉板	0.6	300	酸、碱、盐溶液
铜、铝金属薄板	20.0	600	高温、高压蒸汽

2）风管法兰垫片。风管法兰垫片是风系统中管道与管道之间、管道与相关设备连接时，用于接合处的密封用衬垫。法兰垫片应当不招尘、不宜老化且具有一定强度和弹性，厚度为5～8mm。常用的垫料有橡胶板、石棉橡胶板、石棉绳和软聚乙烯板等。风管法兰垫片用于普通风管时，应满足在0～70℃时使用，对耐高温的垫片应出具国家权威部门的检测报告。

任务二　金属板材、型钢和阀门

一、金属板材

金属板材主要用于空调通风工程的风管，工程中常用的金属板材有以下几种。

1.钢板

钢板的种类很多，按钢板的制造方法分，可以将钢板分成热轧钢板和冷轧钢板；按钢板的厚度分，可以将钢板分成厚钢板和薄钢板。通风空调工程中使用的薄钢板又可以分成镀锌薄钢板（俗称白铁皮）和非镀锌薄钢板（俗称黑铁皮）。

工程上空调通常使用的钢板多为热轧钢板，因此只介绍热轧钢板的规格。常用热轧钢板的规格见表1.9。

表1.9　常用热轧钢板规格

钢板厚度/ mm	钢板宽度/mm											
	600	650	700	710	750	800	850	900	950	1 000	1 100	1 250
	钢板最大长度/m											
0.35～0.65	1.2	1.4	1.42	1.42	1.5	1.5	1.7	1.8	1.9	2.0		
0.65～0.90	2.0	2.0	1.42	1.42	1.5	1.5	1.7	1.8	1.9	2.0		

续　表

钢板厚度/mm	钢板宽度/mm											
	600	650	700	710	750	800	850	900	950	1 000	1 100	1 250
	钢板最大长度/m											
1.0	2.0	2.0	1.42	1.42	1.5	1.6	1.7	1.8	1.9	2.0		
1.20～1.40	2.0	2.0	2.0	2.0	2.0	2.0	2.0	2.0	2.0	2.0	2.0	3.0
1.50～1.80	2.0	2.0	2.0	2.0	6.0	6.0	6.0	6.0	6.0	6.0	6.0	6.0
2.00～3.90	2.0	2.0	6.0	6.0	6.0	6.0	6.0	6.0	6.0	6.0	6.0	6.0
4.00～10.00			6.0	6.0	6.0	6.0	6.0	6.0	6.0	6.0	6.0	6.0
11.00～12.00										6.0	6.0	6.0
13.00～25.00										6.5	6.5	12.0
26.00～40.00												12.0

2. 铝板

铝板多用于净化空调工程。铝板的种类很多,可分为纯铝板和合金铝板两种。铝板表面有一层细密的氧化铝薄膜,可以阻止外部的腐蚀。铝能抵抗硝酸的腐蚀,但容易被盐酸和碱类所腐蚀。由 99% 的纯铝制成的铝板,具有良好的耐腐蚀性能,但强度较低,在铝中加入一定数量的铜、镁、锌等炼成铝合金。我们常用的铝材有纯铝板和经退火后的铝合金板。当采用铝板制作风管或部件时,厚度<1.5 mm 时可采用咬口连接,厚度>1.5 mm 时采用焊接。在运输和加工过程中要注意保护板材表面,以免产生划痕和擦伤。铝板应采用 K 铝板或防锈铝合金板,其表面不得有明显的划痕、刮伤、斑痕和凹穴等缺陷,材质应符合现行国家标准《一般工业用铝及铝合金板、带材　第 1 部分:一般要求》(GB/T 3880.1—2012)的规定。铝板风管板材厚度不应小于表 1.10 规定的参数。

表 1.10　铝板风管板材厚度　　　　单位:mm

风管边长 b 或直径 D	铝合金板厚度
100<b(D)≤320	1.0
320<b(D)≤630	1.5
630<b(D)≤2 000	2.0
2 000<b(D)≤4 000	按设计

3. 不锈钢板

常用的不锈钢板有铬镍钢板和铬镍钛钢板。不锈钢板不仅有良好的耐腐蚀性,而且有较高的塑性和良好的机械性能。由于不锈钢对高温气体及各种酸类有良好的耐腐蚀性能,所以常用来制作输送腐蚀性气体的通风管道及部件。不锈钢能耐腐蚀的主要原因是铬在钢的表面形成一层非常稳定的钝化物保护膜,如果保护膜受到破坏,钢板也就会被腐蚀。根据不锈钢板这一特点,在加工运输过程中应尽量避免使板材表面受损。例如:不要用锋利的金属划针在不锈钢板表面划线或冲眼,一般是先在油毡等片材上下好样板再套料;手工咬口时要用木质、铜质或不锈钢工具加工;风管支架、法兰及连接螺栓最好也用不锈钢材料制作,如果采用碳钢,应按设计规定涂刷有关涂料。

不锈钢板的强度比普通钢板要高,所以当板材厚度>0.8mm 时要采用焊接,厚度<0.8mm 时可采用咬口连接。当采用焊接时,可采用氩弧焊,这种焊接方法加热集中,热影响区小,风管表面焊口平整。当板材厚度>1.2mm 时,可采用普通直流电焊,选用反极法进行焊接。不锈钢板一般不采用气焊,以防止降低不锈钢的耐腐蚀性能。不锈钢板风管和配件的板材厚度不应小于表1.11 所规定的参数。

表 1.11　不锈钢板风管和配件的板材厚度　单位:mm

风管边长 b 或直径 D	不锈钢板厚度
$100<b(D)\leqslant500$	0.5
$500<b(D)\leqslant1\,120$	0.75
$1\,120<b(D)\leqslant2\,000$	1.0
$2\,000<b(D)\leqslant4\,000$	1.2

二、型钢

暖卫管道工程中常用的型钢有以下 4 种。

1. 圆钢

在暖卫管道工程中,圆钢主要用于管道吊架的吊杆和固定管道的管卡,并且直径都较小。圆钢的直径用"ϕ"表示,例如:"$\phi20$",就是直径为 20mm 的圆钢。暖卫管道工程中常用的圆钢规格参见表 1.12。

表 1.12　热轧圆钢规格表

直径/mm	理论重量/(kg·m⁻¹)	直径/mm	理论重量/(kg·m⁻¹)	直径/mm	理论重量/(kg·m⁻¹)	直径/mm	理论重量/(kg·m⁻¹)	直径/mm	理论重量/(kg·m⁻¹)
5.5	0.186	10	0.617	16	1.580	22	2.980	28	4.830
6.0	0.222	11	0.746	17	1.780	23	3.260	29	5.180
6.5	0.260	12	0.888	18	2.000	24	3.550	30	5.550
7.0	0.302	13	1.040	19	2.230	25	3.850	31	5.920
8.0	0.395	14	1.210	20	2.470	26	4.170	32	6.310
9.0	0.499	15	1.390	21	2.720	27	4.490	33	6.710

2. 扁钢

在暖卫管道工程中,扁钢主要用于加工风管法兰和固定管道容器的抱箍,并且厚度也都不是太大。扁钢用"—"表示,规格是在上面的符号后加扁钢的"宽×厚",即"—宽×厚"。例如:"—30×3",表明该扁钢的宽是 30mm,厚度是 3mm。暖卫管道工程中常用扁钢的规格见表1.13。

表 1.13 常用扁钢规格表

厚度/mm	宽度/mm																	
	10	12	14	16	18	20	22	25	28	30	32	35	40	45	50	55	60	65
	理论重量/(kg·m⁻¹)																	
3	0.24	0.28	0.33	0.38	0.42	0.47	0.52	0.59	0.66	0.71	0.75	0.82	0.94	1.06	1.18			
4	0.31	0.38	0.44	0.50	0.57	0.63	0.69	0.78	0.88	0.94	1.00	1.10	1.26	1.41	1.57	1.73	1.88	2.04
5	0.39	0.47	0.55	0.63	0.71	0.78	0.86	0.98	1.10	1.18	1.26	1.37	1.57	1.77	1.96	2.16	2.36	2.55
6	0.47	0.57	0.66	0.75	0.85	0.94	1.04	1.18	1.32	1.41	1.51	1.65	1.88	2.12	2.36	2.59	2.83	3.06
7	0.55	0.66	0.77	0.88	0.99	1.10	1.21	1.37	1.54	1.65	1.76	1.92	2.20	2.47	2.75	3.02	3.30	3.57
8	0.63	0.75	0.88	1.00	1.23	1.26	1.38	1.57	1.76	1.88	2.01	2.20	2.51	2.83	3.14	3.45	3.77	4.08
9				1.15	1.27	1.41	1.55	1.77	1.98	2.12	2.26	2.47	2.83	3.18	3.53	3.89	4.24	4.59
10				1.26	1.41	1.57	1.73	1.96	2.20	2.36	2.55	2.75	3.14	3.53	3.93	4.32	4.71	5.10
11						1.73	1.90	2.16	2.42	2.59	2.76	3.02	3.45	3.89	4.32	4.75	5.18	5.61
12						1.88	2.07	2.36	2.64	2.83	3.01	3.30	3.77	4.24	4.71	5.18	5.65	6.12
14								2.75	3.08	3.30	3.52	3.85	4.40	4.95	5.50	6.04	6.59	7.14
16								3.14	3.53	3.77	4.02	4.40	5.02	5.65	6.28	6.91	7.54	8.16
18										4.24	4.52	4.95	5.65	6.36	7.06	7.77	8.48	9.18
20										4.71	5.02	5.50	6.28	7.07	7.85	8.64	9.42	10.20
22												6.04	6.91	7.77	8.64	9.50	10.36	11.23
25												6.87	7.85	8.83	9.81	10.79	11.78	12.76

3. 角钢

在管道工程中,角钢是用作加工制作风管法兰和管道的支吊架。角钢分为等边角钢和不等边角钢,在工程实际中等边角钢用得较多。常用等边角钢的边宽为 20～200mm,共 20 种宽度等级;等边角钢的厚度为 3～24mm,共 13 种厚度等级;等边角钢的长度根据其边宽分以下几种:

(1)当边宽≤90mm 时,长度 L＝3～12m;

(2)当边宽＝100～140mm 时,长度 L＝4～19m;

(3)当边宽＝160～200mm 时,长度 L＝6～19m。

角钢用符号"∠"表示,以"边宽×边宽×边厚度"表示其规格。例如:∠50×50×6,表明该等边角钢的边宽是 50mm,边厚是 6mm。热轧等边角钢的规格参见表 1.14。

表 1.14　热轧等边角钢规格表

边宽/ mm	边厚/ mm	理论重量/ (kg·m⁻¹)	边宽/ mm	边厚/ mm	理论重量/ (kg·m⁻¹)	边宽/ mm	边厚/ mm	理论重量/ (kg·m⁻¹)
20	3	0.889	50	4	3.059	75	5	5.818
20	4	1.145	50	5	3.770	75	6	6.905
25	3	1.124	50	6	4.465	75	7	7.976
25	4	1.459	56	3	2.624	75	8	9.030
30	3	1.373	56	4	3.446	75	10	11.089
30	4	1.786	56	5	4.251	80	5	6.211
36	3	1.656	56	8	6.568	80	6	7.376
36	4	2.163	63	4	3.907	80	7	8.525
36	5	2.654	63	5	4.822	80	8	9.658
40	3	1.852	63	6	5.721	80	10	11.874
40	4	2.422	63	8	7.469	90	6	8.350
40	5	2.976	63	10	9.151	90	7	9.656
45	3	2.088	70	4	4.372	90	8	10.946
45	4	2.736	70	5	5.397	90	10	13.476
45	5	3.369	70	6	6.406	90	12	15.940
45	6	3.985	70	7	7.398	100	6	9.366
50	3	2.332	70	8	8.373	100	7	10.830

4.槽钢

槽钢通常是用作加工大型设备或容器、大口径管道的支座或支架。槽钢分为普通槽钢和轻型槽钢两种,工程中常用的是普通槽钢。槽钢用符号"[""表示。槽钢的规格是以(高度)号来表示的,每 10mm 为 1 个号(单位 mm 省略不写),共有 41 个等级号,例如:[20,表示该槽钢为 20 号,槽钢的高度 $h=200$mm。槽钢的长度 L 根据槽钢的号分为以下几种:

(1)[5~[8,长度 $L=5\sim12$m;

(2)[10~[18,长度 $L=5\sim19$m;

(3)[20~[40,长度 $L=6\sim19$m。

热轧槽钢的规格见表 1.15。

表 1.15　热轧槽钢的规格表

型　号	h	b	d	理论重量/ (kg·m⁻¹)	型　号	h	b	d	理论重量/ (kg·m⁻¹)
	mm					mm			
5	50	37	4.5	5.438	25b	250	80	9.0	31.335
6.3	63	40	4.8	6.634	25c	250	82	11.0	35.260

续　表

型　号	h	b	d	理论重量/	型　号	h	b	d	理论重量/
	mm			$(\text{kg}\cdot\text{m}^{-1})$		mm			$(\text{kg}\cdot\text{m}^{-1})$
6.5	65	40	4.8	6.709	27a	270	82	7.5	30.838
8	80	43	5.0	8.045	27b	270	84	9.5	35.077
10	100	48	5.3	10.007	27c	270	86	11.5	39.316
12	120	53	5.5	12.059	28a	280	82	7.5	31.427
12.6	126	53	5.5	12.318	28b	280	84	9.5	35.823
14a	140	58	6.0	14.535	28c	280	86	11.5	40.219
14b	140	60	8.0	16.733	30a	300	85	7.5	34.463
16a	160	63	6.5	17.240	30b	300	87	9.5	39.174
16	160	65	8.5	19.752	30c	300	89	11.5	43.883
18a	180	68	7.0	20.174	32a	320	88	8.0	38.083
18	180	70	9.0	23.000	32b	320	90	10.0	43.107
20a	200	73	7.0	22.637	32c	320	92	12.0	48.131
20	200	75	9.0	25.777	36a	360	96	9.0	47.814
22a	220	77	7.0	24.999	36b	360	98	11.0	53.466
22	220	79	9.0	28.453	36c	360	100	13.0	59.188
24a	240	78	7.0	26.860	40a	400	100	10.5	58.928
24b	240	80	9.0	30.628	40b	400	102	12.5	65.204
24c	240	82	11.0	34.396	40c	400	104	14.5	71.488
25a	250	78	7.0	27.410					～

圆钢、扁钢、角钢和槽钢的断面形状和尺寸如图 1.22 所示。

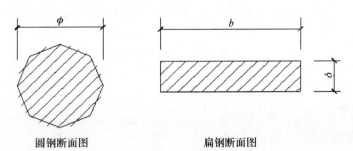

圆钢断面图　　　　　　　扁钢断面图

图 1.22　圆钢、扁钢、角钢和槽钢的断面形状和尺寸

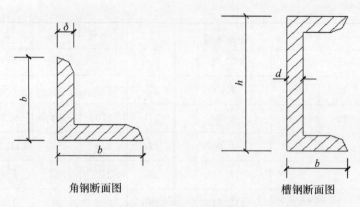

角钢断面图　　　　　　　　　　　　槽钢断面图

续图 1.22　圆钢、扁钢、角钢和槽钢的断面形状和尺寸

三、阀门

1. 型号编制和代号表示方法

阀门型号由阀门类型代号、驱动方式代号、连接形式代号、结构形式代号、密封面材料或衬里材料代号、压力代号或工作温度下的工作压力代号和阀体材料代号 7 部分组成。

编制的顺序如图 1.23 所示。

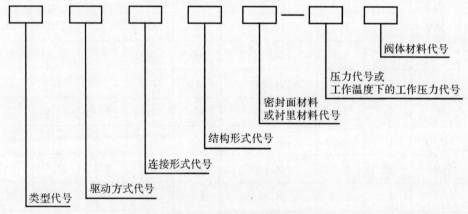

图 1.23　阀门型号编制方法

(1)阀门类型代号。阀门类型代号用汉语拼音字母,按表 1.16 的规定表示;当阀门还具有其他功能作用或带有其他特异结构时,在阀门类型代号前再加注一个汉语拼音字母,按表 1.17 的规定。

表 1.16　阀门类型代号

阀门类型	代　号	阀门类型	代　号
弹簧载荷安全阀	A	排污阀	P
蝶阀	D	球阀	Q

续 表

阀门类型	代 号	阀门类型	代 号
隔膜阀	G	蒸汽疏水阀	S
杠杆式安全阀	GA	柱塞阀	U
止回阀和底阀	H	旋塞阀	X
截止阀	J	减压阀	Y
节流阀	L	闸阀	Z

表 1.17 具有其他功能作用或带有其他特异结构的阀门表示代号

其他功能作用名称	代 号	其他功能作用名称	代 号
保温型	B	排渣型	P
低温型	D①	快速型	Q
防火型	F	(阀杆密封)波纹管型	W
缓闭型	H		

注:①低温型指允许使用温度低于−46℃的阀门。

(2)驱动方式代号。驱动方式代号用阿拉伯数字表示,按表 1.18 的规定。对于安全阀、减压阀、疏水阀、手轮直接连接阀杆操作结构形式的阀门,此代号省略。对于气动或液动机构操作的阀门:常开式用 6K,7K 表示;常闭式用 6B,7B 表示;防爆电动装置的阀门用 9B 表示。

表 1.18 阀门驱动方式代号

驱动方式	代 号	驱动方式	代 号
电磁动	0	伞齿轮	5
电磁-液动	1	气动	6
电-液动	2	液动	7
蜗轮	3	气-液动	8
正齿轮	4	电动	9

注:代号 1、代号 2 及代号 8 是用在阀门启闭时,需有两种动力源同时对阀门进行操作。

(3)连接形式代号。连接形式代号用阿拉伯数字表示,按表 1.19 的规定。各种连接形式的具体结构、采用标准或方式(如法兰面形式及密封方式、焊接形式、螺纹形式及标准等),不在连接代号后加符号表示,应在产品的图样、说明书或订货合同等文件中予以详细说明。

表 1.19　阀门连接端连接形式代号

连接形式	代号	连接形式	代号
内螺纹	1	对夹	7
外螺纹	2	卡箍	8
法兰式	4	卡套	9
焊接式	6		

(4)阀门结构形式代号。阀门结构形式代号用阿拉伯数字表示,按表 1.20～表 1.30 的规定。

表 1.20　闸阀结构形式代号

结构形式				代号
			弹性闸板	0
阀杆升降式（明杆）	楔式闸板	刚性闸板	单闸板	1
			双闸板	2
	平行式闸板		单闸板	3
			双闸板	4
阀杆非升降式（暗杆）	楔式闸板		单闸板	5
			双闸板	6
	平行式闸板		单闸板	7
			双闸板	8

表 1.21　截止阀、节流阀和柱塞阀结构形式代号

结构形式		代号	结构形式		代号
阀瓣非平衡式	直通式流道	1	阀瓣平衡式	直通式流道	6
	Z形式流道	2		角式流道	7
	三通式流道	3			
	角式流道	4			
	直流式流道	5			

表 1.22　球阀结构形式代号

结构形式		代号	结构形式		代号
浮动球	直通式流道	1	固定球	四通式流道	6
	三通 Y 形流道	2		直通式流道	7
	三通 L 形流道	4		三通 T 形式流道	8
	三通 T 形流道	5		三通 L 形式流道	9
				半球直通式	0

表 1.23　蝶阀结构形式代号

结构形式		代 号	结构形式		代 号
密封型	单偏心	0	非密封型	单偏心	5
	中心垂直板	1		中心垂直板	6
	双偏心	2		双偏心	7
	三偏心	3		三偏心	8
	连杆机构	4		连杆机构	9

表 1.24　隔膜阀结构形式代号

结构形式	代 号	结构形式	代 号
屋脊式流道	1	直通式流道	6
直流式流道	5	角式 Y 形流道	8

表 1.25　旋塞阀结构形式代号

结构形式		代 号	结构形式		代 号
填料密封	直通式流道	3	油密封	直通式流道	7
	T 形三通流道	4		T 形三通流道	8
	四通式流道	5			

表 1.26　止回阀结构形式代号

结构形式		代 号	结构形式		代 号
升降式阀瓣	直通式流道	1	旋启式阀瓣	单瓣结构	4
	立式结构	2		多瓣结构	5
	角式流道	3		双瓣结构	6
			蝶形止回式		7

表 1.27　安全阀结构形式代号

结构形式		代 号	结构形式		代 号
弹簧载荷弹簧封闭结构	带散热片全启式	0	弹簧载荷弹簧不封闭且带扳手结构	微启式、双联阀	3
	微启式	1		微启式	7
	全启式	2		全启式	8
	带扳手全启式	4			
杠杆式	单杠杆	2	带控制机构全启式		6
	双杠杆	4	脉冲式		9

表 1.28　减压阀结构形式代号

结构形式	代　号	结构形式	代　号
薄膜式	1	波纹管式	4
弹簧薄膜式	2	杠杆式	5
活塞式	3		

表 1.29　蒸汽疏水阀结构形式代号

结构形式	代　号	结构形式	代　号
浮球式	1	蒸汽压力式或膜盒式	6
浮桶式	3	双金属片式	7
液体或固体膨胀式	4	脉冲式	8
钟形浮子式	5	圆盘热动力式	9

表 1.30　排污阀结构形式代号

结构形式		代　号	结构形式		代　号
液面连续排放	截止型直通式	1	液底间断排放	截止型直流式	5
	截止型角式	2		截止型直通式	6
				截止型角式	7
				浮动闸板型直通式	8

　　(5)密封面材料或衬里材料代号。除隔膜阀外,当密封副的密封面材料不同时,以硬度低的材料表示。阀座密封面或衬里材料代号用表 1.31 规定的字母表示。隔膜阀以阀体表面材料代号表示。阀门密封副材料均为阀门的本体材料时,密封面材料代号用"W"表示。

表 1.31　密封面或衬里材料代号

密封面或衬里材料	代　号	密封面或衬里材料	代　号
锡基轴承合金(巴氏合金)	B	尼龙塑料	N
搪瓷	C	渗硼钢	P
渗氮钢	D	衬铅	Q
氟塑料	F	奥氏体不锈钢	R
陶瓷	G	塑料	S
Cr13 系不锈钢	H	铜合金	T
衬胶	J	橡胶	X
蒙乃尔合金	M	硬质合金	Y

(6)压力代号。阀门使用的压力级符合《管道元件　公称压力的定义和选用》(GB/T 1048—2019)的规定时,采用《管道元件　公称压力的定义和选用》(GB/T 1048—2019)标准 10 倍的兆帕单位(MPa)数值表示。当介质最高温度超过 425℃时,标注最高工作温度下的工作压力代号。公称压力小于或等于 1.6MPa 的灰铸铁阀门的阀体材料代号在型号编制时予以省略。公称压力大于或等于 2.5MPa 的碳素钢阀门的阀体材料代号在型号编制时予以省略。

(7)阀体材料代号。阀体材料代号用表 1.32 规定的字母表示。

表 1.32　阀体材料代号

阀体材料	代　号	阀体材料	代　号
碳钢	C	铬镍钼系不锈钢	R
Cr13 系不锈钢	H	塑料	S
铬钼系钢	I	铜及铜合金	T
可锻铸铁	K	钛及钛合金	Ti
铝合金	L	铬钼钒钢	V
铬镍系不锈钢	P	灰铸铁	Z
球墨铸铁	Q		

注:CF3,CF8,CF3M,CF8M 等材料牌号可直接标注在阀体上。

2.阀门的命名

对于连接形式为"法兰",结构形式为闸阀的"明杆""弹性""刚性"和"单闸板",截止阀、节流阀的"直通式",球阀的"浮动球""固定球"和"直通式",蝶阀的"垂直板式",隔膜阀的"屋脊式",旋塞阀的"填料"和"直通式",止回阀的"直通式"和"单瓣式",安全阀的"不封闭式""阀座密封面材料"在命名中均予省略。型号和名称编制方法示例:

(1)电动、法兰连接、明杆楔式双闸板,阀座密封面材料由阀体直接加工,公称压力 $p_N = 0.1$MPa、阀体材料为灰铸铁的闸阀:Z942W-1 电动楔式双闸板闸阀。

(2)手动、外螺纹连接、浮动直通式,阀座密封面材料为氟塑料,公称压力 $p_N = 4.0$MPa、阀体材料为 1Cr18Ni9Ti 的球阀:Q21F-40P 外螺纹球阀。

(3)气动常开式、法兰连接、屋脊式结构并衬胶、公称压力 $p_N = 0.6$MPa、阀体材料为灰铸铁的隔膜阀:G6K41J-6 气动常开式衬胶隔膜阀。

(4)液动、法兰连接、垂直板式、阀座密封面材料为铸铜、阀瓣密封面材料为橡胶、公称压力 $p_N = 0.25$MPa、阀体材料为灰铸铁的蝶阀:D741X-2.5 液动蝶阀。

(5)电动驱动对接焊连接、直通式、阀座密封面材料为堆焊硬质合金、工作温度 540℃时工作压力为 17.0MPa、阀体材料为铬钼钒钢的截止阀:J961Y-P54170V 电动焊接截止阀。

3.阀门选用特点

(1)截止阀选用特点:结构比闸阀简单,制造、维修方便,也可以调节流量,应用广泛。但其流阻力大,为了防止堵塞和磨损,不适用于带颗粒和黏性较大的介质。

(2)闸阀选用特点:密封性能好,流体阻力小,开启、关闭力较小,也有一定调节流量的性能,并且能从阀杆的升降高低看出阀的开度大小,主要适合一些大口径管道。

(3)止回阀,又名单流阀或逆止阀。根据结构的不同,可分为升降式止回阀和旋启式止回阀。升降式止回阀的阀体与截止阀的阀体相同。升降式止回阀只能用在水平管道上,垂直管道应用旋启式止回阀,安装时应注意介质的流向,它在水平或垂直管路上均可应用。选用特点:一般适用于清洁介质,对于带固体颗粒和黏性较大的介质不适用。

(4)旋塞阀选用特点:结构简单,外形尺寸小,启闭迅速,操作方便,流体阻力小,便于制造三通或四通阀门,可作分配换向用。但其密封面易磨损,开关力较大。此种阀门不适用于输送高压介质(如蒸汽),只适用于一般低压流体作开闭用,不宜用于调节流量。

(5)节流阀选用特点:阀的外形小巧,重量轻。该阀主要用于仪表调节和节流,制作精度要求高,密封较好;不适用于黏度大和含有固体悬浮物颗粒的介质。该阀可用于取样,公称直径小,一般在 25mm 以下。

(6)安全阀,是一种安全装置,一般分为弹簧式安全阀和杠杆式安全阀两种。选用安全阀的主要参数是排泄量,排泄量取决于安全阀的阀座口径和阀瓣开启高度。

(7)减压阀称调压阀,用于管路中降低介质压力。分为减压阀有活塞式减压阀、波纹管式减压阀及薄膜式减压阀等几种。选用特点:减压阀只适用于蒸汽、空气和清洁水等清净介质。在选用减压阀时要注意,不能超过减压阀的减压范围,保证其在合理情况下使用。

任务三　管道图纸

一、认知管道工程图纸的重要性

这里讲的管道工程主要是指建筑内部的给排水管道工程、采暖管道工程及通风与空调管道工程。这些工程都是由各种不同的管道组成的,故称作管道工程,也称作暖卫管道工程。管道工程识图是进行工程造价计算的关键,因为只有对管道工程施工图的阅读掌握以后,才能顺利熟练地进行管道工程量的统计和做出准确的工程造价。因此掌握管道工程图纸基础知识是非常重要的。

二、管道工程施工图的主要内容

1.基本图纸部分

所谓基本图纸,就是设计人员对暖卫管道工程设计绘制的图纸。该部分图纸包括以下 6 项内容。

(1)图纸目录。图纸目录是由设计人员按照图纸名称及顺序编排的一张表。在表中先排列新设计的图纸的序号,再排列标准图的序号(按国标、部标、省标和院标的顺序进行排列),见表 1.33。图纸目录的作用是便于施工安装人员对施工图进行阅读与查找,同时也便于档案管理。

表 1.33　图纸目录

序　号	图　号	图纸名称(图纸内容)
1	TS-01	图纸目录,设计与施工说明

续 表

序 号	图 号	图纸名称(图纸内容)
2	TS-02	一层通风空调平面图
3	TS-03	二层通风空调平面图

(2)设计与施工说明。图纸无法说明与表示的技术问题,必须通过语言文字说明。一般有以下需要叙述的内容。

1)工程设计参数:如空调室内设计温度 $t_N = (25\pm2)℃$;室内设计相对湿度 $\Psi_N = 50\% \pm5\%$。

2)施工采用的技术规范和施工质量要求。

3)系统运行控制顺序。

4)系统压力实验参数及要求。

5)管道与设备的连接方法。

6)系统保温要求及所选用的保温材料种类和保温厚度。

7)系统所选用的管材及连接方法。

8)设备减振方法及减振材料(设备)的选用。

(3)主要设备及材料表。主要设备及材料表的作用是便于工程施工备料。要说明的是,该表所列的设备与材料不能作为工程预算的完全依据,因为管道工程施工还涉及许多辅助材料。另外,该表所列的设备材料也不一定完备。主要设备及材料表的形式见表1.34。

1.34 设备及材料表

序号	设备及材料名称	型号规格及参数	单位	数量	重量/kg	备注
1	冷水机组	LB75-P $Q_0 = 879kW$ $L_0 = 151m^3/h$ $L = 188m^3/h$ $N = 180kW$	台	2	8 500	
2	柜式空调器	BFL35(8排) $Q_0 = 326kW$ $L = 35\,000m^3/h$ $P = 630Pa$ $N = 7.5\times2kW$	台	2	1 800	

(4)平面图。平面图的作用是表示暖卫管道工程图中的设备、管道在平面图上的布置和走向,以及管道的坡度坡向、管径的大小等。平面图上具体画的内容及所用的线型要求如下:

1)与暖卫管道工程有关的建筑轮廓及主要尺寸,用细线条绘制;

2)暖卫管道工程中的管道在平面上的布置及走向,单线绘制的水管用粗线条绘制,双线绘制的风管用中粗线条绘制;

3)暖卫管道工程中的设备在平面图上的布置,用中粗线条按比例绘制;

4)管道及设备在平面上的定位尺寸,用细线条按规定标注;

5)各管段管径的标注,用数字按规定标注。

(5)系统图。系统图的作用是表示管道、设备在三维空间的布置及走向。系统图要以轴侧图(正等侧或斜等侧)的方式绘制。这种图完全反映了暖卫管道工程的管路系统与设备在三维空间的相对位置及走向。同时,从系统图中完全可以看清楚流体在管道与设备中的流动路线,以及每根水平管道及设备的安装标高,所以在暖卫管道工程施工图中系统图一般是必不可少的。管道工程系统图需要画的主要内容及所用的线型如下：

1)管道在三维空间的布置及走向,用粗线条绘制;

2)管道工程中的设备在三维空间的布置位置,用中粗线条绘制;

3)各管段管径的标注,用数字按规定标注;

4)每根水平管及设备的安装标高,用数字按规定标注;

5)每根水平管的坡度坡向,用箭头加数字表示。

要注意的是,暖卫管道工程施工图中,有些工程的设备不画在系统图上。例如:室内给排水工程系统图,只画管道系统图。

(6)立面图。立面图(或剖面图)的作用是表示管道及设备在某一立面(正立面、左立面、右立面)上的排列布置及走向,或在某剖面上的排列布置及走向;也可以说它表示的是管道、设备在某垂直方向上的排列布置情况。立面图(或剖面图)要画的主要内容如下:

1)与管道工程有关的某立面(或剖面)的建筑轮廓及主要尺寸,用细线条绘制;

2)管道在某立面(或剖面)上的排列布置及走向,单线绘制的水管用粗线条绘制,双线绘制的风管用中粗线条绘制;

3)设备在某立面(或剖面)上的布置,用中粗线条按比例绘制;

4)某立面(或剖面)上每根水平管和设备的安装标高,用数字按规定标注;

5)某立面(或剖面)上每段管子管径的标注,用数字按规定标注。

2.详图部分

在暖卫管道工程施工图中,由于局部位置管道布置复杂,或因图纸比例太小(如管道与设备的连接处),在平面、立面、剖面或系统图上都无法表示清楚时,就必须用详图表示,以便施工安装人员进行正确的施工与安装。详图有以下3种。

(1)节点放大图(一般是由设计人员绘制完成的)。节点放大图就是管道工程施工图中局部位置管线布置或连接复杂,在平面图、立面图、剖面图或系统图上都无法表示清楚时,而采用节点放大图给施工人员说明清楚的图,一般比例较大,有时将管道用双线条按实绘制。用双线条按实绘制的节点放大图给人一种立体感。节点在平面图、立面图、剖面图上所在的位置要用代号表示出来,例如节点"A"、节点"B"等,阅读的时候要与平面图、立面图、剖面图上的代号对应起来进行阅读。

(2)大样图(一般也是由设计人员完成的)。大样图与节点图表示的内容稍有不同,节点放大图是指某一节点的管道布置或与设备的连接情况,大样图是指一组或一套设备的配管或一组管件组合安装时的详细图纸。大样图的管道一般要求用双线条按实绘制,所以立体感很强。

注意:大样图和节点图都是详图,只是表示的内容稍有区别,目的是要将暖卫管道工程的某一部位向施工安装人员详细表达清楚。

(3)标准图。标准图是一种具有通用性的图样,一般都是由设计研究单位编绘,属于国家或国家有关部、委颁发生效的标准图。这种图为设计施工提供了极大的方便,使设计与施工达到了标准化、统一化。

三、管道工程图的制图标准与基本标注方法

1.制图标准

暖卫管道工程施工图是一种工程语言,是设计技术人员向施工安装技术人员表达设计思想和设计意图的重要工具。因此,国家制定了专门的管道工程制图标准,各设计单位必须按国家制图标准进行管道工程施工图的绘制。暖卫管道工程的制图标准有以下两种:《暖通空调制图标准》(GB/T 50114—2010)和《建筑给水排水制图标准》(GB/T 50106—2010)。

2.管道工程施工图的基本标注方法

(1)管子管径的标注。暖卫管道最常用的是钢管。钢管又分焊接钢管(也称有缝钢管)和无缝钢管。无缝钢管大都用在管径较大的空调水系统和消防给水系统上。因此先介绍这两种钢管的管径表示方法和在施工图上的标注方法。

1)钢管管径的表示方法和在施工图上的标注方法。

a.焊接钢管管径的表示方法。焊接钢管的管径用公称直径表示,记作 DN。工程中用得最多的焊接钢管的公称直径为 DN15～DN150。焊接钢管的管径在施工图上的标注是直接用公称直径符号加直径数字,例如:DN15,DN25,DN32,DN40,DN50,DN80 等。

在过去工程实际中,焊接钢管的管径还有用英寸表示的,英寸的单位符号是 in,它与公称直径之间没有直接的换算关系,它们的对应关系见表 1.35。

表 1.35　公称直径表示方法对照表

公称直径/mm	15	20	25	40	50	100
对应英制直径/in	$\frac{1}{2}$	$\frac{3}{4}$	1	$1\frac{1}{2}$	2	4

b.无缝钢管管径的表示方法。无缝钢管的直径表示方法是"D 外径×壁厚",例如 $D89×4,D108×4,D133×4.5,D159×6,D325×8$ 等。

c.施工图上钢管管径的标注方法。施工图上钢管管径的标注有三种,如图 1.24 所示。

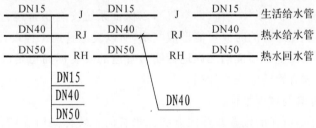

图 1.24　施工图上钢管管径的标注

2)风管断面尺寸的表示方法和在施工图上的标注方法。通风空调工程中使用的风管有矩形和圆形两种。无论是圆形风管还是矩形风管都采用双线条按比例绘制(也有用粗的单线条绘制的)。

a.矩形风管断面尺寸的表示方法。总的原则是,可见尺寸×不可见尺寸。具体方法是,平面图上是矩形风管宽×矩形风管高;立面图或剖面图上是矩形风管高×矩形风管宽。

b.圆形风管断面尺寸的表示方法。直接用圆形风管直径表示,即 D 后面写直径数字。

c.风管断面尺寸在施工图上的标注方法。风管断面尺寸在施工图上的标注方法如图1.25 和图 1.26 所示。

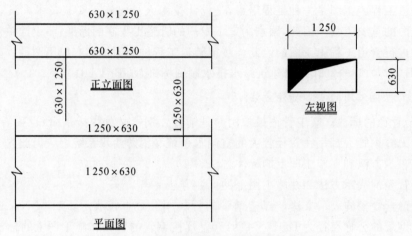

图 1.25 矩形风管断面尺寸的标注方法

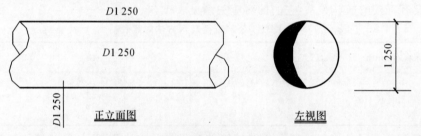

图 1.26 圆形风管断面尺寸的标注方法

(2)管道安装标高与坡度坡向在施工图上的标注。暖卫管道工程施工图中的管道或设备的安装标高及坡度坡向是不可缺少的施工技术参数。其中,管道的坡度坡向关系到暖卫管道能否有效地排出系统中的不凝性气体(即空气),以保证系统安全正常运行。如果管道的坡度坡向不正确,管道系统在运行的时候可能会形成气塞,所以暖卫管道工程设计时必须按照规范要求设计坡度,并在施工图上必须准确无误地标明。管道的安装标高也是施工安装必不可少的尺寸,施工图中也必须有管道的安装标高。

1)水管的安装标高与坡度坡向。

a.水管的安装标高所在的位置及标注方法。水管的安装标高所在的位置:标注在管道水平拐弯处或管道的末端。水管的安装标高的标注方法如图 1.27 所示。

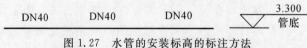

图 1.27 水管的安装标高的标注方法

要注意的是,管道或设备的安装标高的单位是米(m),但要精确到小数点后 3 位,或精确到毫米(mm)。

b.水管坡度坡向的标注方法。水管坡度坡向的标注方法是,直接用箭头表示坡向,并且是由高到低的方向标注,再用 $i=$ 小数表示坡度,如图 1.28 所示。

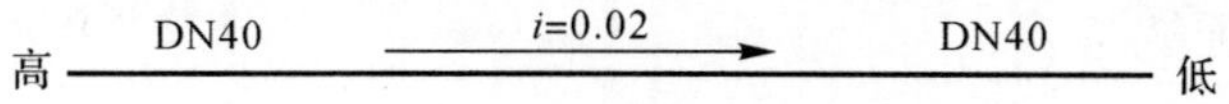

高 —— DN40 ——— $i=0.02$ ———→ DN40 —— 低

图 1.28　水管坡度坡向的标注方法

2)风管的安装标高的标注方法。风管标高标注在水平风管的拐弯处或水平风管的末端。标注方法如图 1.29 所示。

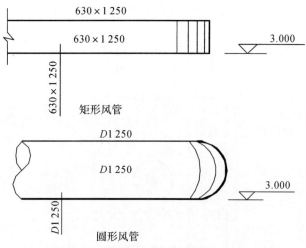

图 1.29　风管的安装标高的标注方法

(3)管道入口及出口、管道系统及立管的编号。在某一张暖卫管道施工图中,管道形成的系统、管道的入口(引入管)或出口(排出管)、管道系统中的立管可能不是一个或一根,而是有很多立管、很多系统、很多引入管和很多排出管。为了阅读施工图时有比较清晰的思路,不至于发生混乱,要对它们进行编号。

1)暖通工程系统与系统入口的编号。

a.编号的组成。暖通工程系统与系统入口的编号由以下两部分组成:

☆系统代号:系统代号一般是用汉语拼音的大写字母表示,具体字母代号见表 1.36。

表 1.36　管道系统代号表

序　号	系统名称	字母代号	序　号	系统名称	字母代号
1	室内供暖系统	N	9	新风系统	X
2	制冷系统	L	10	回风系统	H
3	热力系统	R	11	排风系统	P
4	空调系统	K	12	加压送风系统	JS
5	通风系统	T	13	排烟系统	PY
6	净化系统	J	14	排风兼排烟系统	P(Y)

续 表

序　号	系统名称	字母代号	序　号	系统名称	字母代号
7	除尘系统	C	15	人防送风系统	RS
8	送风系统	S	16	人防排风系统	RP

☆系统顺序号:系统顺序号就用数字编写。

b. 系统编号标注的位置。系统编号标注的位置一般在系统的总管处。

c. 系统编号的方法。施工图中系统编号的方法有以下两种。

☆用中粗实线画一直径为 8mm 的圆,圆内写系统代号加顺序号,如图 1.30 所示。

 X:系统代号
n:系统顺序号

图 1.30　管道编码示例

例如:空调系统 1 就用图 1.31 表示。

图 1.31　空调系统管道编码示例

☆用中粗实线画一直径为 8mm 的圆,在圆内用细线通过圆心画一 45°斜线,斜线左上方写系统顺序号,斜线右下方写系统代号,如图 1.32 所示。

 X:系统代号
n:系统顺序号

图 1.32　管道编码示例

例如:空调系统 1 就用图 1.33 表示。

图 1.33　空调系统管道编码示例

2)给排水工程系统入口(引入管)、出口(排出管)以及立管的编号。给排水工程中系统一般只对引入管(入口)、排出管(出口)和立管进行编号,并且平面图、立(剖)面图、系统图上都要相互对应,这样才能便于施工图的阅读。给排水工程中的这种编号有以下 3 种情况。

a. 给水引入管(入口)和排出管(出口)的编号。建筑的给水系统引入管或排水系统排出管数量在两根或两根以上才进行编号。

☆编号标注位置:标注在引入管的始端或排出管的末端。

☆编号方法:编号方法如图 1.34 所示。

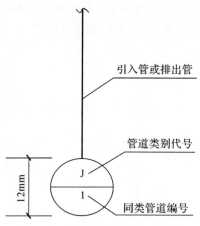

图 1.34　给水管道编码方法示例

例如:给水系统 1 的引入管可用图 1.35 表示。

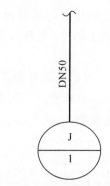

图 1.35　给水管道编码示例

排水系统 1 的排出管可用图 1.36 表示。

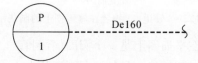

图 1.36　排水管道编码示例

　　b.给排水立管的编号。建筑内部的给排水系统的立管往往是两根或两根以上;立管太多时,为了使阅读施工图方便,也要对其立管进行编号,并且平面图、立面图、系统图、剖面图上的立管编号要相互对应。立管的编号有以下两种情况。

　　☆平面图上立管的编号。立管在平面图上是一个直径为 2~3mm 的圆,它的编号可用图 1.37 表示。

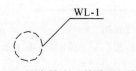

图 1.37　污水排水立管编号示例

☆立面图、剖面图与系统图上立管的编号。在立面图、剖面图和系统图上立管,是一条铅垂的直线,并且是要穿越各层楼的楼板,立管的编号可用图 1.38 表示。

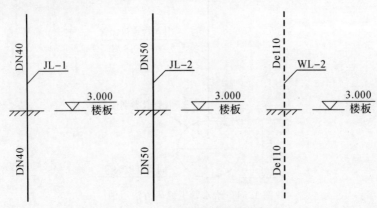

图 1.38 给排水立管编号示例

(4)管道拐弯(或称转向)在施工图上的标注。管道拐弯分两种情况:一种是 90°拐弯(其中又分在平面图上的 90°拐弯和在立面图上的 90°拐弯);另一种是小于 90°的拐弯(也分在平面图上和立面图上小于 90°的拐弯)。

1)管道 90°拐弯在施工图上的画法。我们知道任何工程图在空间都有四个方向的视图(正立面图、左立面图、右立面图、平面图)。只要有三个方向的视图就完全可以确定它的几何形状;管道工程图也是这样。其表示方法如图 1.39 所示。

图 1.39 管道 90°拐弯在施工图上的画法示例

因为 1 号管是立管,所以在平面图上是一个圆圈(看到管口),2 号管不能画到圆的中心;2 号管在左立面图上只能看到管背,所以 1 号管要画到圆的中心。

2)管道小于 90°拐弯的画法。在工程实际中,有时管道拐弯小于 90°,这种情况的画法如图 1.40 所示。

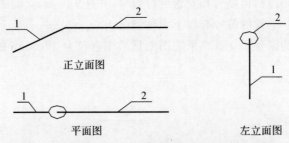

图 1.40 管道小于 90°拐弯在施工图上的画法示例

由此可见,它的画法与 90°拐弯稍有不同,它没有垂直拐弯,在某一个方向的一根管道的画法只能用半圆来表示。

(5)管道连接在施工图上的画法。暖卫管道工程中,管道垂直连接有两种可能的情况:一种是两根管道垂直相交形成三通连接;另一种是四根管道垂直相交形成四通连接。三通或四通连接在施工图上的画法是根据制图投影原理绘制的。

1)两根管道垂直相交形成三通连接的画法。这种情况的画法如图1.41所示。

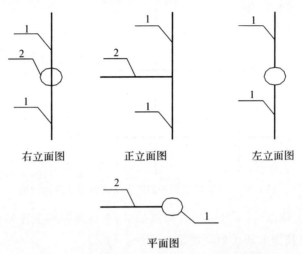

图 1.41　两根管道垂直相交形成三通连接示例

要注意的是,不同视图用圆表示管道的区别,2号管在左右立面图上的画法是完全不同的。因为在左立面图上可以看到2号管的管口,所以1号管不能穿过圆圈;在右立面图上可以看到2号管的管背,所以1号管要穿过圆圈。

2)四根管道垂直相交形成四通连接的画法。四根管道垂直相交形成四通连接的画法如图1.42所示。

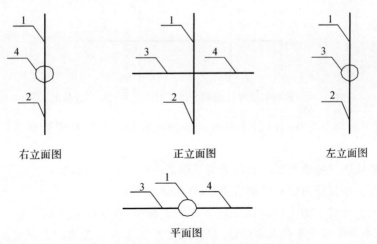

图 1.42　四根管道垂直相交形成四通连接示例

(6)管道交叉但不连接在施工图上的画法。这里讲的交叉不是前面讲的形成三通、四通连接的交叉,而是指两根或两根以上的管道在空间的标高不同,或前后距离不同的交叉。这种交叉在施工图上采取断开或加断裂线的方法绘制。

1)平面图上。由于在平面图上管道交叉但不连接的位置关系是高低关系,所以绘制原则是断(开)低不断高,如图1.43所示。

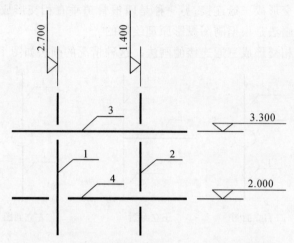

图1.43　四根管道在平面图上交叉但不连接的示例

如果图上1号、2号、3号、4号管没有标高的话,也可根据平面图断(开)低不断高的绘制原则判断四根管道从高到低的排列顺序是3→1→4→2。

2)立面图上或剖面图上。由于在立面图上或剖面图上管道交叉但不连接的位置关系是前后关系,所以绘制原则是断(开)后不断前,如图1.44所示。

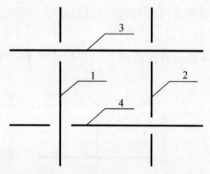

图1.44　四根管道在立面图上或剖面图上交叉但不连接的示例

根据立面图和剖面图断(开)后不断前的绘制原则判断四根管道从前到后的排列顺序是3→1→4→2。

另外,在系统图上的绘制要结合以上两项原则进行,也就是说,如果管道位置是高低关系,就用断低不断高;如果管道位置是前后关系,就用断后不断前。

(7)管道重叠在施工图上的画法。暖卫管道工程中,在空间某断面上管道重叠的情况很多。如果管道在某断面上重叠太多的话,只能用立面图来表示管道的上下或前后关系。如果重叠的管道在四根以内,而又不想画立面图或剖面图的时候,就可以用断裂线的方式表示出管道的高低关系和前后关系。这里也分两种情况。

1)平面图上的重叠。平面图上重叠的管道位置关系也是高低关系,所以绘制原则是断(断裂线)高不断低,如图1.45所示。

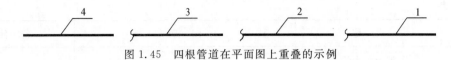

图 1.45 四根管道在平面图上重叠的示例

图 1.45 中四根管道从高到低的顺序是 1→2→3→4。如果两根管道在平面图上重叠,可以采用图 1.46 的绘制方法。

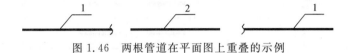

图 1.46 两根管道在平面图上重叠的示例

图 1.46 中图两根管道的高低顺序是 1→2。

2)立面图上的重叠。立面图上重叠的管道位置关系是前后关系,所以绘制原则是断(断裂线)前不断后。

四、管道工程常见图例

要想熟练地读懂管道工程的图纸,就必须熟悉管道工程图纸中管道、管件、阀门、管道连接方法、附件常用的表示符号。下面是常用的一些表示图例。

1. 管道图例(见表 1.37)

表 1.37 管道图例

序 号	名 称	图 例	备 注
1	生活给水管	—— J ——	
2	热水给水管	—— RJ ——	
3	热水回水管	—— RH ——	
4	中水给水管	—— ZJ ——	
5	循环给水管	—— XJ ——	
6	循环回水管	—— XH ——	
7	热媒给水管	—— RM ——	
8	热媒回水管	—— RMH ——	
9	蒸汽管	—— Z ——	
10	凝结水管	—— N ——	
11	废水管	—— F ——	可与中水源水管合用

续 表

序 号	名 称	图 例	备 注
12	压力废水管	—— YF ——	
13	通气管	—— T ——	
14	污水管	—— W ——	
15	压力污水管	—— YW ——	
16	雨水管	—— Y ——	
17	压力雨水管	—— YY ——	
18	膨胀管	—— PZ ——	
19	保温管	～～～～～	
20	多孔管		
21	地沟管		
22	防护套管		
23	管道立管	XL-1　　XL-1 平面　　系统	X:管道类别 L:立管 1:编号
24	伴热管		
25	空调凝结水管	—— KN ——	
26	排水明沟	坡向 ——→	
27	排水暗沟	坡向 ——→	

注:分区管道用加注角标方式表示:如 J1,J2,RJ1,RJ2,…。

2.管道附件的图例(见表1.38)

表 1.38 管道附件图例

序 号	名 称	图 例	备 注
1	套管伸缩器		
2	方形伸缩器		
3	刚性防水套管	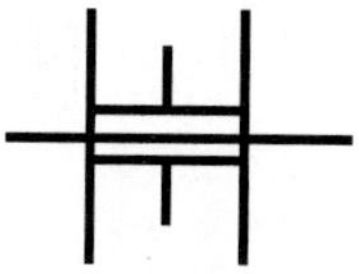	
4	柔性防水套管	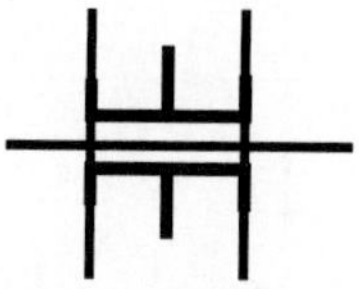	
5	波纹管		
6	可曲挠橡胶接头	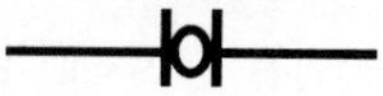	
7	管道固定支架		
8	管道滑动支架		
9	立管检查口		
10	清扫口	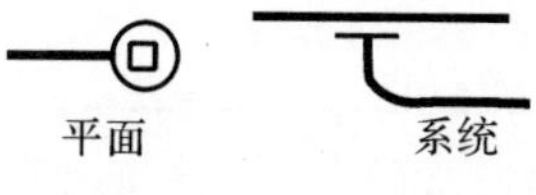 平面　系统	
11	通气帽	 成品　铅丝球	
12	雨水斗	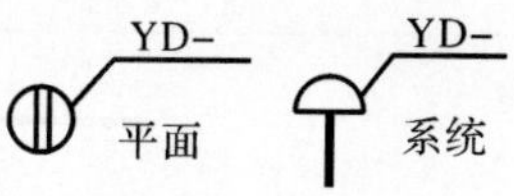 YD-平面　YD-系统	

续　表

序　号	名　称	图　例	备　注
13	排水漏斗	 平面　系统	
14	圆形地漏	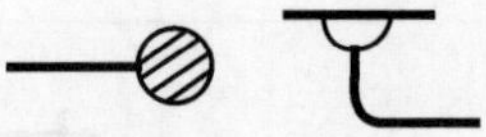	通用；如为无水封， 地漏应加存水弯
15	方形地漏	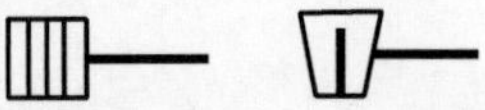	
16	自动冲洗水箱	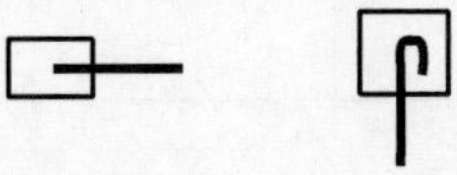	
17	挡墩		
18	减压孔板	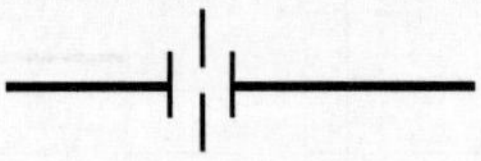	
19	Y形除污器		
20	毛发聚集器	 平面　　系统	
21	防回流污染止回阀		
22	吸气阀		

3. 管道连接的图例（见表1.39）

表 1.39　管道连接图例

序　号	名　称	图　例	备　注
1	法兰连接	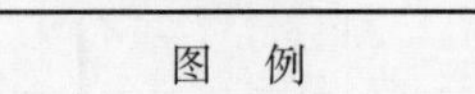	
2	承插连接	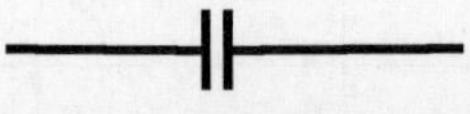	

续 表

序 号	名 称	图 例	备 注
3	活接头		
4	管堵		
5	法兰堵盖		
6	弯折管		表示管道向后及向下弯转 90°
7	三通连接		
8	四通连接		
9	盲板		
10	管道丁字上接		
11	管道丁字下接		
12	管道交叉		在下方和后面的管道应断开

4.管件的图例(见表 1.40)

表 1.40 管件图例

序 号	名 称	图 例	备 注
1	偏心异径管		
2	异径管		

续 表

序 号	名 称	图 例	备 注
3	乙字管		
4	喇叭口		
5	转动接头		
6	短管		
7	存水弯		
8	弯头		
9	正三通		
10	斜三通		
11	正四通		
12	斜四通		

续　表

序　号	名　称	图　例	备　注
13	浴盆排水件		

5.阀门的图例(见表1.41)

表 1.41　阀门图例

序　号	名　称	图　例	备　注
1	闸阀		
2	角阀	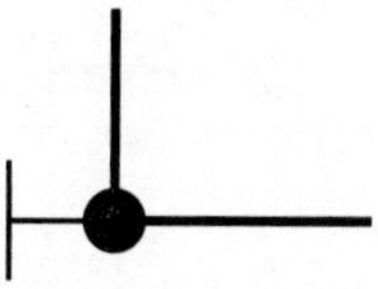	
3	三通阀		
4	四通阀	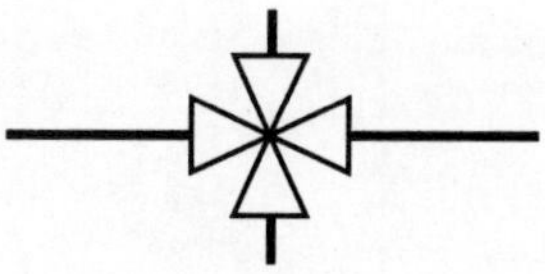	
5	截止阀	 DN≥50 　　　DN<50	
6	电动阀		

续　表

序　号	名　称	图　例	备　注
7	液动阀		
8	气动阀		
9	减压阀		左侧为高压端
10	旋塞阀	平面　　　　系统	
11	底阀		
12	球阀		
13	隔膜阀		
14	气开隔膜阀		
15	气闭隔膜阀		

续表

序 号	名 称	图 例	备 注
16	温度调节阀		
17	压力调节阀		
18	电磁阀		
19	止回阀		
20	消声止回阀		
21	蝶阀		
22	弹簧安全阀		
23	平衡锤安全阀		
24	自动排气阀	平面 系统	

续　表

序　号	名　称	图　例	备　注
25	浮球阀	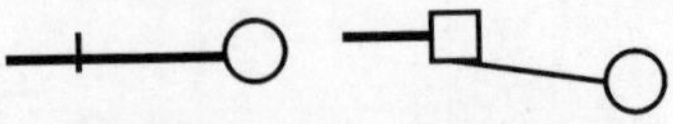 平面　　　　系统	
26	延时自闭冲洗阀	 平面　　　　系统	
27	吸水喇叭口		
28	疏水器		

6.通风空调工程常用图例(见表1.42)

表1.42　通风空调工程常用图例

名　称	图　例	名　称	图　例
带导流叶片弯头		消声弯头	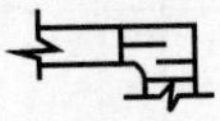
伞形风帽		送风口	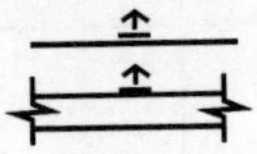
回风口	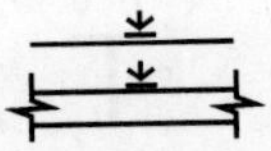	圆形散流器	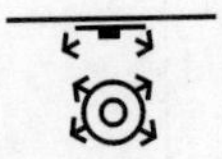
方形散流器		插板阀	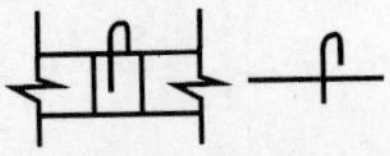
蝶阀	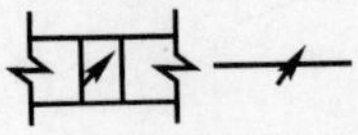	对开式多叶调节阀	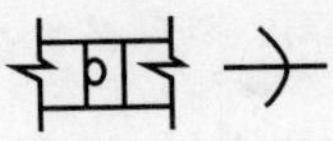
光圈式启动调节阀	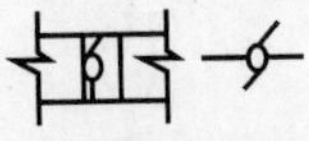	风管止回阀	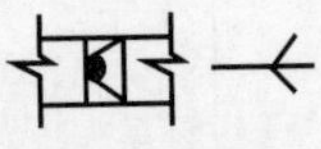
防火阀	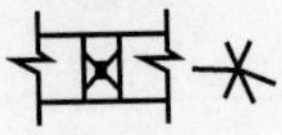	三通调节阀	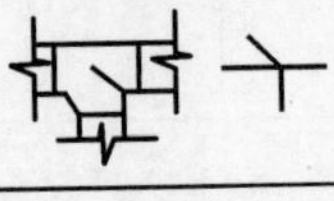

7.给排水、采暖常用图例(见表 1.43)

表 1.43 给排水、采暖常用图例

名　称	图　例	名　称	图　例
闸阀		化验盆 洗涤盆	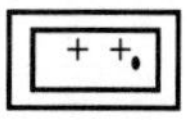
截止阀	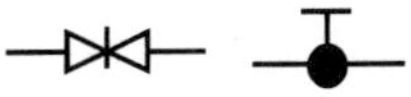	污水池	
延时自闭冲洗阀		带沥水板洗涤盆	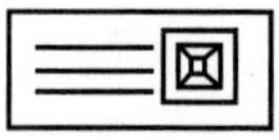
减压阀	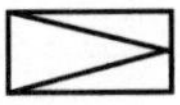	盥洗盆	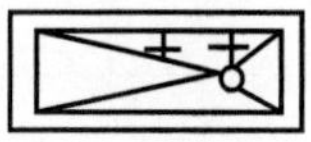
球阀		妇女卫生盆	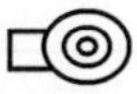
止回阀		立式小便器	
消声止回阀		挂式小便器	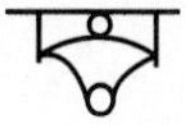
蝶阀		蹲式大便器	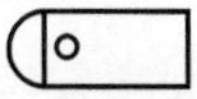
柔性防水套管	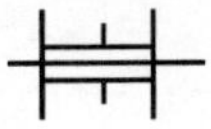	坐式大便器	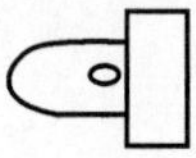
检查口		小便槽	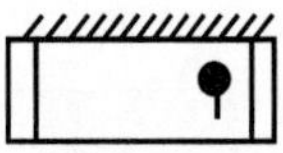
清扫口	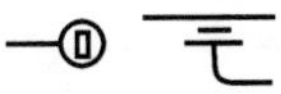	引水器	
通气帽	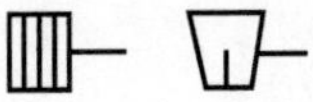	淋浴喷头	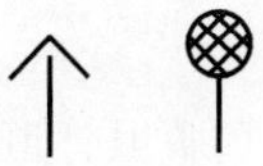

续　表

名　称	图　例	名　称	图　例
圆形地漏		雨水口	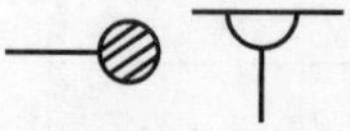
方形地漏		水泵	
水锤消除器	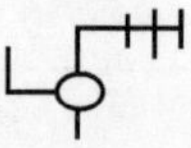	水表	
可曲挠橡胶接头		防回流污染止回阀	
水表井		水龙头	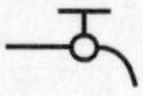

8.消防工程图例(见表1.44)

表1.44　消防工程图例

名　称	图　例	名　称	图　例
手提式灭火器	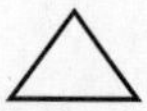	灭火设备安装处所	
推车式灭火器		控制和指示设备	
固定式灭火系统 （全淹没）	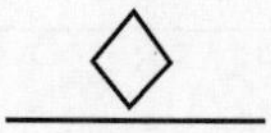	报警息动	
固定式灭火系统 （局部应用）		火灾报警装置	
固定式灭火系统 （指出应用区）	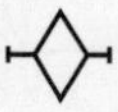	消防通风口	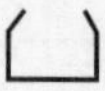

思考与练习

1.暖卫管道工程的两个制图标准的名称分别是什么？分别写出它们的编号。

2.焊接钢管(又称有缝钢管、水煤气输送管、低压流体输送管)的公称直径用什么符号表示？

　　3.无缝钢管的管径是如何标识的？

　　4.施工图中钢管的管径标注方法有几种？请用图表示出来。

　　5.矩形风管的断面尺寸在施工图上的标注原则是什么？根据该标注原则,施工平面图上标注的是矩形风管的"什么尺寸×什么尺寸"？施工立面图上标注的是矩形风管的"什么尺寸×什么尺寸"？

　　6.水管和设备的安装标高标注的位置在哪里？标高的单位是什么？需要精确到什么程度？

　　7.说出水管的坡度坡向的标注方法。

　　8.暖通工程系统和系统的入口是由哪两部分组成的？暖通工程系统编号标注在什么位置？

　　9.管道90°拐弯在施工图上是怎样绘制的？

　　10.在平面图上管道交叉但不连接的位置关系是什么？在施工图上是怎样绘制的？

　　11.在立面图上管道交叉但不连接的位置关系是什么？在施工图上是如何绘制的？

　　12.在平面图上管道重叠的位置关系是什么？在施工图上是如何绘制的？

　　13.暖卫管道工程施工图是由哪两部分组成的？

　　14.暖卫管道工程施工图中的基本图纸有哪六部分？各部分的内容是什么？

　　15.暖卫管道工程施工图中的详图有哪三部分？各部分的内容是什么？

项目二 管道工程造价的基础知识

知识目标

通过本项目的学习,了解基本建设的概念、工程造价的构成及其计价程序,以及工程建设定额的概念、作用和分类;熟知工程造价的构成及其计价程序、建筑安装工程费用的组成、管道消耗量定额组成及量的确定、管道工程消耗量定额套用时注意事项、各种按系数计取费用的规定、常见措施费类型;掌握管道工程造价计价的程序、管道消耗量的使用和注意事项。

能力目标

能够熟练使用陕西省关于管道工程的相关消耗量定额来确定分部分项工程中的人工、材料、机械台班的消耗量,会计算管道安装工程的各项费用。

任务一 基本建设

管道安装工程是基本建设的重要组成部分,学习管道工程造价就必须了解基本建设的有关知识。

一、基本建设的含义

基本建设是指固定资产的扩大再生产,具体来讲,就是建造、购置和安装固定资产的活动及与之相联系的工作。基本建设是发展社会生产、增强国民经济实力的物质技术基础,是改善和提高人民群众物质生活水平和文化水平的重要手段,是实现社会扩大再生产的必要条件。基本建设是指国民经济各部门利用国家预算拨款、自筹资金、国内外基本建设贷款及其他专项基金进行的、以扩大生产能力(或增加工程效益)为主要目的的新建、扩建、改建、技术改造、更新和恢复工程及有关工作。基本建设投资是为了进行固定资产再生产活动而预付的货币资金,是为取得预期效益而进行的一种经济行为,是反映基本建设规模和增长速度的综合性指标。

二、基本建设的分类

基本建设的分类方法很多,常见的有以下几种分类方式。

(1)按建设项目用途分类,可分为生产性建设项目和非生产性建设项目。

(2)按建设项目性质分类,可分为新建项目、扩建项目、改建项目、迁建项目和恢复项目。

　　(3)按建设规模分类,可分为大型项目、中型项目和小型项目。这种分类方法主要依据投资额度。

　　(4)按资金来源分类,可分为国家预算内拨款和贷款、自筹资金、中外合资和外商独资等建设项目。

三、基本建设程序

　　基本建设程序,是指基本建设项目从前期的决策到设计、施工、竣工验收、投产的全过程中各项工作必须遵循的先后次序和科学规律。进行基本建设,坚持按科学的基本建设程序办事,就是要求基本建设工作必须按照符合客观规律要求的一定顺序进行,正确处理基本建设工作中从制定建设规划、确定建设项目、勘察、定位、设计、建筑、安装、试车,直到竣工验收交付使用等各个阶段、各个环节之间的关系。

　　我国项目建设程序依次分为决策、设计、建设实施、竣工验收和后评价5个阶段。

　　1. 决策阶段

　　决策阶段又称为建设前期工作阶段,主要包括编报项目建议书和可行性研究两项工作内容。

　　(1)编报项目建议书。编报项目建议书是项目建设最初阶段的工作。项目建议书是要求建设某一具体工程项目的建议文件,是投资决策前对拟建项目的轮廓设想。其主要作用是为了推荐一个拟建项目,以便在一个确定的地区或部门内,以自然资源和市场预测为基础,选择建设项目。项目建议书经批准后,可进行可行性研究工作,但并不表明项目非上不可,项目建议书不是项目的最终决策。

　　(2)可行性研究。可行性研究是在项目建议书批准后,对项目在技术上和经济上是否可行所进行的科学分析和论证。可行性研究主要评价项目技术上的先进性和适用性,经济上的盈利性和合理性,建设的可能性和可行性,是一个由粗到细的分析研究过程,可以分为初步可行性研究和详细可行性研究两个阶段。

　　可行性研究工作完成后,需要编写出反映其全部工作成果的"可行性研究报告"。报告内容应包括:①建设项目提出的背景和依据;②市场需求情况和拟建规模;③资源、原材料、燃料及协作情况;④厂址方案和建厂条件;⑤设计方案;⑥环境保护;⑦生产组织、劳动定员;⑧投资估算和资金筹措;⑨产品成本估算;⑩经济效益评价及结论。可行性研究报告经过审批通过后,方可进入项目建设下一阶段的工作。

　　2. 设计阶段

　　落实建设地点,通过设计招标或设计方案选定设计单位后,即开始初步设计文件的编制工作。根据建设项目的不同情况,设计过程一般划分为两个阶段:初步设计阶段和施工图设计阶段。对于大型复杂项目,可根据不同行业的特点和需要,增加技术设计阶段(扩大初步设计阶段)。初步设计是设计的第一步,如果初步设计提出的总概算超过投资估算10%或其他主要指标需要变动时,要重新报批可行性研究报告。

　　3. 建设实施阶段

　　建设实施阶段主要进行施工前的准备工作、组织施工和竣工前的生产性项目准备工作3项工作。

(1)施工前的准备工作。项目在开工建设之前,要切实做好各项准备工作。其重要内容包括征地,拆迁,"三通(水、电、道路通)一平(场地平整)",组织施工材料订货,准备必要的施工图纸,组织施工招投标,择优选定施工单位。

(2)组织施工。项目经批准开工建设后,便进入建设实施阶段。项目新开工时间,按设计文件中规定的任何一项永久性工程第一次正式破土开槽时间而定,不需开槽的以正式打桩时间作为开工时间,铁路、公路、水库等以开始进行土石方工程时间作为正式开工时间。

(3)竣工前的生产性项目准备工作。在生产性建设项目竣工投产之前,适时地由建设单位组织专门班子或机构,有计划地做好生产准备工作,包括招收、培训生产人员,落实原材料供应,组建生产管理机构,健全生产规章制度。生产准备是由建设阶段转入经营阶段前的一项重要工作。

4.竣工验收阶段

工程竣工验收是建设程序的最后一步,是全面考核项目建设成果、检验设计和施工质量的重要步骤,也是建设项目转入生产和使用的标志。根据国家规定,建设项目的竣工验收按规模大小和复杂程度,分为初步验收和竣工验收两个阶段进行。规模较大、较复杂的工程项目应先进行初验,然后进行全项目的竣工验收。验收时可组成验收委员会或验收小组,由银行、物资、环境保护、劳动、规划、统计及其他有关部门组成,建设单位、接收单位、施工单位、勘察单位、监理单位参加验收工作。验收合格后,建设单位编制竣工决算,项目正式投入使用。

5.后评价阶段

建设项目后评价是工程项目竣工投产、生产运营一段时间后,对项目的立项决策、设计、施工、竣工投产、生产运营等全过程进行系统评价的一种技术活动,是固定资产管理的一项重要内容,也是固定资产投资管理的最后一个环节。通过建设项目后评价,可以达到肯定成绩、总结经验、研究问题、吸取教训、提出建议、改进工作、不断提高项目决策水平和投资效果的目的。

四、建设项目的划分

大、中、小各种类型的建设项目,往往都是由若干部分组成的。为了有利于建设预算的编审以及基本建设计划、统计、会计和基本建设拨款等工作,按照组成部分的内容不同,从大到小,从粗到细,将基本建设项目划分为建设项目、单项工程、单位工程、分部工程和分项工程。

1.建设项目

基本建设项目简称"建设项目",它是指具有计划任务书和总体设计,经济上实行独立核算,行政上具有独立组织形式的建设单位,通常是以一个企业、事业单位或独立工程作为一个建设项目。例如:在工业建设中,一般以一个工厂、一座矿山或一条铁路等作为一个建设项目,如建设××钢铁厂、××化工厂等;在民用建筑中,一般以一个学校、一个医院或一个商场等作为一个建设项目,如建设××科技大学新校区。

2.单项工程

单项工程是指在一个建设项目中具有独立的设计文件,竣工后可以独立发挥生产能力或效益的工程。它是建设项目的组成部分,如工业项目中的各个车间、办公楼、食堂、住宅等,民用项目中学校的教学楼、图书馆、食堂等。单项工程的价格通过编制单项工程综合预算确定。

3.单位工程

单位工程是指竣工后一般不能独立发挥生产能力或效益,但具有独立的设计图纸,可以独立组织施工的工程。它是单项工程的组成部分,按其构成,又可将其分解为建筑工程和设备安装工程。如车间的土建工程是一个单位工程,设备安装又是一个单位工程,电气照明、室内给排水、工业管道、线路敷设都是单项工程中所包含的不同性质的单位工程。一般情况下,单位工程是进行工程成本核算的对象。单位工程的产品价格通过编制单位工程施工图预算来确定。

4.分部工程

分部工程是单位工程的组成部分,按照工程部位、设备种类、使用材料的不同,可将一个单位工程分解为若干个分部工程。如房屋的土建工程,按其工种的不同、结构和部位的不同可分为基础工程、砖石工程、混凝土及钢筋混凝土工程、木结构及木装修工程、金属结构制作及安装工程、混凝土及钢筋混凝土构件运输及安装工程、楼地面工程、屋面工程、装饰工程等。

5.分项工程

分项工程是分部工程的组成部分。按照不同的施工方法,不同的材料,不同的规格,可将一个分部工程分解为若干个分项工程。如可将砖石分部工程分为砖砌体、毛石砌体两类,其中砖砌体又可按部位不同分为外墙和内墙等分项工程。

分项工程是计算工、料、机及资金消耗的最基本的构造要素。建设工程预算的编制就是从最小的分项工程开始,由小到大逐步汇总而成的。

任务二　工程造价的构成及其计价程序

一、工程造价费用组成

建设项目费用是指进行工程项目的建造所需要花费的全部费用,即从工程项目确定建设意向直至建成、竣工验收为止的整个建设期间所支付的总费用,也即建设项目有计划地进行固定资产再生产和形成相应的无形资产和铺底流动资金。一般工程造价费用是指固定资产投资部分,其费用组成见表2.1。

表 2.1　我国现行工程造价构成

费用构成	费　用
设备、工器具及生产家具购置费用	1.设备购置费; 2.工器具及生产家具购置费
建筑安装工程费用	1.分部分项工程费; 2.措施项目费; 3.其他项目费; 4.规费; 5.税金

续　表

费用构成	费　用
工程建设其他费用	1.土地使用费； 2.与工程建设有关的其他费用； 3.与未来企业生产经营有关的其他费用
预备费	1.基本预备费； 2.涨价预备费
建设期投资贷款利息	

1.设备、工器具及生产家具购置费用

(1)设备购置费的组成与计算。设备购置费是指为工程建设项目购置或自制的、达到固定资产标准的各种国产或进口设备、工具、器具的购置费用。确定固定资产标准的设备是,使用年限在一年以上,单位价值在2 000元以上的新建项目和扩建项目购置或自制的全部设备,均计入设备购置费中。它由设备原价和设备运杂费组成,则有

设备购置费＝设备原价(或进口设备抵岸价)＋设备运杂费

式中,设备原价是指国产设备或进口设备的原价;设备运杂费是指除设备原价之外的关于设备采购、运输、途中包装及仓库保管等方面支出费用的总和。国产设备原价一般是指设备制造厂的交货价或订货合同价,分为国产标准设备原价和国产非标准设备原价。

国产标准设备是指按照主管部门颁布的标准图纸和技术要求,由我国设备生产厂批量生产的,符合国家质量检测标准的设备。国产标准设备原价有两种:带有备件的原价和不带有备件的原价,计算时一般采用带有备件的原价。国产非标准设备是指国家尚无定型标准,各设备生产厂不可能在工艺过程中采用批量生产,只能按一次订货,并根据具体的设计图纸制造的设备。常使用成本计算估价法对单台设备的原价进行估算。

进口设备的原价是指进口设备的抵岸价,以及抵达买方边境港口或边境车站,且交完关税等税费后形成的价格。

设备运杂费通常由运费、装卸费、包装费、设备供销部门的手续费、采购与仓库保管费组成,则有

设备运杂费＝设备原价×设备运杂费费率

式中,设备运杂费费率按照各部门及省、市等规定计取。

(2)工器具及生产家具购置费。工器具及生产家具购置费是指新建项目或扩建项目初步设计规定,保证生产初期正常生产所必须购置的、没有达到固定资产标准的设备、仪器、工卡模具、器具、生产家具和备品备件等的购置费用。以设备购置费为计算基数,按照行业(部门)规定的工器具及生产家具定额费率计算,则有

工器具及生产家具购置费＝设备购置费×工器具及生产家具定额费率

2.建筑安装工程费用

我国现行建筑安装工程费用项目的具体组成主要有5部分:分部分项工程费、措施项目费、其他项目费、规费和税金。

(1)分部分项工程费。分部分项工程费是指各专业工程的分部分项工程应予列支的各项费用。

1)专业工程,是指按现行国家计量规范划分的房屋建筑与装饰工程、仿古建筑工程、通用安装工程、市政工程、园林绿化工程、矿山工程、构筑物工程、城市轨道交通工程、爆破工程等各类工程。

2)分部分项工程,是指按现行国家计量规范对各专业工程划分的项目,如房屋建筑与装饰工程划分的土石方工程、地基处理与桩基工程、砌筑工程、钢筋及钢筋混凝土工程等。各类专业工程的分部分项工程划分见现行国家或行业计量规范。

$$分部分项工程费=\sum(分部分项工程量×综合单价)$$

式中,综合单价包括人工费、材料费、施工机具使用费、企业管理费和利润及一定范围的风险费用。

(2)措施项目费。措施项目费是指为完成建设工程施工,发生于该工程施工前和施工过程中的技术、生活、安全、环境保护等方面的费用。常见的措施费主要有以下几种。

1)安全文明施工费。

a.环境保护费,是指施工现场为达到环保部门要求所需要的各项费用。

b.文明施工费,是指施工现场文明施工所需要的各项费用。

c.安全施工费,是指施工现场安全施工所需要的各项费用。

d.临时设施费,是指施工企业为进行建设工程施工所必须搭设的生活和生产用的临时建筑物、构筑物和其他临时设施费用。它包括临时设施的搭设费、维修费、拆除费、清理费或摊销费等。

2)夜间施工增加费,是指因夜间施工所发生的夜班补助费、夜间施工降效、夜间施工照明设备摊销及照明用电等费用。

3)二次搬运费,是指因施工场地条件限制而发生的材料、构配件、半成品等一次运输不能到达堆放地点,必须进行二次或多次搬运所发生的费用。

4)冬雨季施工增加费,是指在冬季或雨季施工需增加的临时设施、防滑、排除雨雪、人工及施工机械效率降低等费用。

5)已完工程及设备保护费,是指竣工验收前,对已完工程及设备采取的必要保护措施所发生的费用。

6)工程定位复测费,是指工程施工过程中进行全部施工测量放线和复测工作的费用。

7)特殊地区施工增加费,是指工程在沙漠或其边缘地区、高海拔、高寒、原始森林等特殊地区施工增加的费用。

8)大型机械设备进出场及安拆费,是指机械整体或分体自停放场地运至施工现场或由一个施工地点运至另一个施工地点,所发生的机械进出场运输及转移费用及机械在施工现场进行安装、拆卸所需的人工费、材料费、机械费、试运转费和安装所需的辅助设施的费用。

9)脚手架工程费,是指施工需要的各种脚手架搭、拆、运输费用以及脚手架购置费的摊销(或租赁)费用。

措施费的计算方法有以下两种:

1)国家计量规范规定应予计量的措施项目,其计算公式如下:

$$措施项目费=\sum(措施项目工程量×综合单价)$$

2)国家计量规范规定不宜计量的措施项目计算方法如下：

$$措施项目费＝计算基数×措施项目费费率(\%)$$

（3）其他项目费。

1)暂列金额，是指建设单位在工程量清单中暂定并包括在工程合同价款中的一笔款项。用于施工合同签订时尚未确定或者不可预见的所需材料、工程设备服务的采购，施工中可能发生的工程变更、合同约定调整因素出现时的工程价款调整以及发生的索赔、现场签证确认等的费用。

2)计日工，是指在施工过程中，施工企业完成建设单位提出的施工图纸以外的零星项目或工作所需的费用。

3)总承包服务费，是指总承包人为配合协调建设单位进行的专业工程发包，对建设单位自行采购的材料、工程设备等进行保管以及施工现场管理、竣工资料汇总整理等服务所需的费用。

（4）规费。规费是指根据国家、省级政府和省级有关主管部门规定必须缴纳的，应计入建筑安装工程造价的费用。其内容包括养老保险、失业保险、医疗保险、工伤保险、残疾人就业保险、女工生育保险、住房公积金和危险作业意外伤害保险等八项内容。作为不可竞争的费用，必须按规定计价程序、规定计价费率计取。陕西省的规定各项规费的费率合计为4.67%。

（5）税金。税金是指国家税法规定的应计入建筑安装工程造价内的营业税、城市维护建设税、教育费附加以及地方教育附加费。

3.工程建设其他费用

工程建设其他费用，是指从工程筹建起到工程竣工验收交付使用为止的整个建设期间，除建筑安装工程费用和设备及工、器具购置费用以外的，为保证工程建设顺利完成和交付使用后能够正常发挥效用而发生的各项费用。

工程建设其他费用大体可分为三类：①土地使用费；②与项目建设有关的其他费用；③与未来企业生产经营有关的其他费用。

（1）土地使用费。任何一个建设项目都固定于一定地点与地面相连接，必须占用一定量的土地，也就必然要发生为获得建设用地而支付的费用，这就是土地使用费。它是指通过划拨方式取得土地使用权而支付的土地征用及迁移补偿费，或者通过土地使用权出让方式取得土地使用权而支付的土地使用权出让金。

1)土地征用及迁移补偿费。土地征用及迁移补偿费，是指建设项目通过划拨方式取得无限期的土地使用权，依照《中华人民共和国土地管理法》等规定所支付的费用。其总和一般不得超过被征土地年产值的20倍，土地年产值则按该地被征用前三年的平均产量和国家规定的价格计算。其内容包括以下3项：①土地补偿费，青苗补偿费和被征用土地上的房屋、水井、树木等附着物补偿费；②安置补助费，缴纳的耕地占用税或城镇土地使用税、土地登记费及征地管理费等；③征地动迁费，水利水电工程水库淹没处理补偿费。

2)土地使用权出让金。土地使用权出让金，指建设项目通过土地使用权出让方式，取得有限期的土地使用权，依照《中华人民共和国城镇国有土地使用权出让和转让暂行条例》规定，支付的土地使用权出让金。

（2）与项目建设有关的其他费用。根据项目的不同，与项目建设有关的其他费用的构成也不尽相同，一般包括以下各项。在进行工程估算及概算中可根据实际情况进行计算。

　　1)建设单位管理费。建设单位管理费是指建设项目从立项、筹建、建设、联合试运转、竣工验收、交付使用及后评估等全过程管理所需的费用。其内容包括建设单位开办费和建设单位经费。建设单位管理费按照单项工程费用之和(包括设备工、器具购置费和建筑安装工程费)乘以建设单位管理费费率计算。建设单位管理费费率按照建设项目的不同性质、不同规模确定。有的建设项目按照建设工期和规定的金额计算建设单位管理费。

　　2)勘察设计费。勘察设计费是指为本建设项目提供项目建议书、可行性研究报告及设计文件等所需费用,内容包括:编制项目建议书、可行性研究报告及投资估算、工程咨询、评价以及为编制上述文件所进行的勘察、设计、研究实验等所需费用;委托勘察、设计单位进行初步设计、施工图设计及其概预算编制等所需费用;在规定范围内由建设单位自行完成的勘察、设计工作所需费用。

　　3)研究实验费。研究实验费是指为建设项目提供和验证设计参数、数据、资料等所进行的必要的实验费用以及设计规定在施工中必须进行实验、验证所需费用,包括自行或委托其他部门研究实验所需人工费、材料费、实验设备及仪器使用费等。这项费用按照设计单位根据本工程项目的需要提出的研究实验内容和要求计算。

　　4)建设单位临时设施费。建设单位临时设施费是指建设期间建设单位所需临时设施的搭设费用、维修费用、摊销费用或租赁费用。临时设施包括临时宿舍、文化福利及公用事业房屋与构筑物、仓库、办公室、加工厂以及规定范围内的道路、水、电、管线等临时设施和小型临时设施。

　　5)工程监理费。工程监理费是指建设单位委托工程监理单位对工程实施监理工作所需费用。根据原国家物价局、建设部《关于发布工程建设监理费用有关规定的通知》等文件规定,一般情况应按工程建设监理收费标准计算,即按所监理工程概算或预算的百分比计算。

　　6)工程保险费。工程保险费是指建设项目在建设期间根据需要实施工程保险所需的费用,包括以各种建筑工程及其在施工过程中的物料、机器设备为保险标的的建筑工程一切保险,以安装工程中的各种机器、机械设备为保险标的的安装工程一切保险,以及机器损坏保险等。根据不同的工程类别,分别以其建筑、安装工程费乘以建筑、安装工程保险费费率计算。

　　7)引进技术和进口设备其他费用。引进技术及进口设备其他费用,包括出国人员费用、国外工程技术人员来华费用、技术引进费、分期或延期付款利息、担保费以及进口设备检验鉴定费。

　　8)工程承包费。工程承包费是指具有总承包条件的工程公司,对工程建设项目从开始建设至竣工投产全过程的总承包所需的管理费用。

　　(3)与未来企业生产经营有关的其他费用。

　　1)联合试运转费。联合试运转费是指新建企业或新增加生产工艺过程的扩建企业在竣工验收前,按照设计规定的工程质量标准,进行整个车间的负荷或无负荷联合试运转发生的费用支出大于试运转收入的亏损部分。

　　2)生产职工培训费。生产职工培训费包括培训人员和提前进厂人员的工资、工资附加费、各种补贴、差旅费、实习费和劳动保护费等。

　　3)办公和生活家具购置。办公及生活家具购置费是指为保证建设项目初期正常生产、生活和管理所必须补充的办公和生活家具、用具费用,包括办公室、会议室、资料档案室、阅览室、卫生所、单身宿舍、食堂等家具、用具、器具购置费。

4.预备费(不可预见费)

预备费用包括基本预备费和涨价预备费两部分。

(1)基本预备费。基本预备费是指在初步设计和概算中难以预料的费用。基本预备费的具体内容包括:进行技术设计、施工图设计和施工过程中,在批准的初步设计范围内所增加的工程及费用;由于一般自然灾害所造成的损失和预防自然灾害所采取的措施费用;工程竣工验收时,为鉴定工程质量,必须开挖和修复的隐蔽工程的费用。基本预备费的计算方法,一般以工程费用和其他费用之和为计算基数,乘以基本预备费费率进行计算。基本预备费费率的取值应执行国家及部门的有关规定。

(2)涨价预备费。涨价预备费是指从估算时到项目建成期间内因物价上涨而引起的投资费用增加数额。涨价预备费的测算方法,一般根据国家规定的投资综合价格指数,以估算年份价格水平的投资额为基数,采用复利方法计算,计算公式为

$$PF = \sum_{t=1}^{n} I_t \left[(1+f)^m (1+f)^{0.5} (1+f)^{t-1} - 1 \right]$$

式中,PF——涨价预备费;

　　n——建设期年份;

　　I_t——第 t 年静态投资额;

　　f——年均投资价格上涨率;

　　m——建设前期年限。

在涨价预备费的评估中,有条件的项目可以区分各类工程费用或不同年份,采用单项价格指数加权预测的方法估算项目的涨价预备费。国外设备、材料进口费用的平均价格指数和涨价预备费用,一般应与国内投资分别计算。

5.建设期投资贷款利息

建设期利息,是指建设项目建设投资中有偿使用部分在建设期间内应偿还的借款利息及承诺费。借款利息计算中采用的利率,应为实际利率。建设期利息的计算可按当年借款在年中支用考虑,即当年借款按半年计息,上年贷款按全年计息,计算公式为

本年应计利息=(年初借款累计金额十当年借款额/2)×年利率

【例题1】 某项目建设期三年,建设期内各年均衡获得的贷款,第一年贷款1 000万元,第二年贷款2 000万元,第三年贷款1 000万元,贷款年利率为10%,每年计息一次,求建设期贷款利息。

【解】建设期各年利息计算如下:

第1年贷款利息:

$$q_1 = \left(p_0 + \frac{1}{2}A_1\right)i = \left(0 + \frac{1}{2} \times 1\,000\right) \times 10\% = 50(万元)$$

第2年贷款利息:

$$q_2 = \left(p_1 + \frac{1}{2}A_2\right)i = \left(1\,000 + 50 + \frac{1}{2} \times 2\,000\right) \times 10\% = 205(万元)$$

第3年贷款利息:

$$q_3 = \left(p_2 + \frac{1}{2}A_2\right)i = \left(1\,000 + 50 + 2\,000 + 205 + 1\,000 \times \frac{1}{2}\right) \times 10\% = 375.5(万元)$$

建设期贷款利息之和为

$$50+205+375.5=630.5(万元)$$

二、工程造价计价程序

1.建设单位工程招标控制价计价程序

建设单位工程招标控制价计价程序见表2.2。

表2.2 建设单位工程招标控制价计价程序

序号	项目	计算方法	金额/元
1	分部分项工程费	按计价规定计算	
2	措施项目费	按规定标注计算	
2.1	其中安全文明施工费	(1+2)×规费的费率	
3	其他项目费用	按计价规定估算	
4	规费	按规定标注计算	
5	税金	(1+2+3+4)×规定税率	

注:招标控制价合计=1+2+3+4+5。

2.施工企业工程投标报价计价程序

施工企业工程投标报价计价程序见表2.3。

表2.3 施工企业工程投标报价计价程序

序号	项目	计算方法	金额/元
1	分部分项工程费	自主报价	
2	措施项目费	自主报价	
2.1	其中安全文明施工费	(1+2)×规费的费率	
3	其他项目费用	按招标文件提供金额计列	
4	规费	按规定标注计算	
5	税金	(1+2+3+4)×规定税率	

注:投标报价合计=1+2+3+4+5。

任务三　工程建设定额

一、工程建设定额的概念

工程建设定额是指在正常的施工条件下,完成单位合格产品所必须消耗的人工、材料、机械设备及其资金的数量标准。它反映了完成某项合格产品与各种生产消耗之间特定的数量关系。"正常施工条件"是指绝大多数施工企业和施工队、班组,在合理组织施工(按照定额规定的劳动组织条件来组织人员、设备的配置等,并达到相应质量标准),遵守国家现行的施工规范、规程和标准等所能够保证的施工条件。"单位合格产品"中的"单位"是指定额子目中所规定的定额计量单位。"合格"是指施工生产所完成的成品或半成品必须符合国家或行业现行的施工验收规范和质量评定标准的要求。"产品"指的是所规定的定额计量单位所对应的"工程建设产品"。

二、工程建设定额的作用

工程建设定额是一种客观存在的计量标准,是一定时期的生产力的综合反映,它的表现形式可以多样,但内涵是一致的,它和经济体制、社会制度没有直接的因果关系,只是建设工程生产和消耗的客观反映。它的作用表现在以下几方面。

(1)工程建设定额是宏观调控的有效手段;

(2)工程建设定额是自主报价的重要基准;

(3)工程建设定额是价格评判、比较设计方案经济合理性的社会尺度;

(4)工程建设定额是执法监督的技术依据。

三、工程建设定额的分类

工程建设定额的种类很多,根据内容、用途和使用范围的不同,可分为以下几种类型。

(1)按生产要素分类:①劳动定额;②材料消耗定额;③机械台班使用定额。这三种定额是编制其他各种定额的基础,也称为基础定额。

(2)按编制程序和用途分类:①工序定额;②施工定额;③预算定额;④概算定额;⑤概算指标;⑥投资估算指标。

(3)按制定单位和执行范围分类:①全国统一定额;②行业统一定额;③地区统一定额;④企业定额;⑤补充定额。

(4)按适用专业分类:①建筑工程定额;②安装工程定额;③市政工程定额;④仿古建筑及园林定额;⑤装饰工程定额;⑥维修工程定额。

综上所述,工程建设定额分类如图2.1所示。

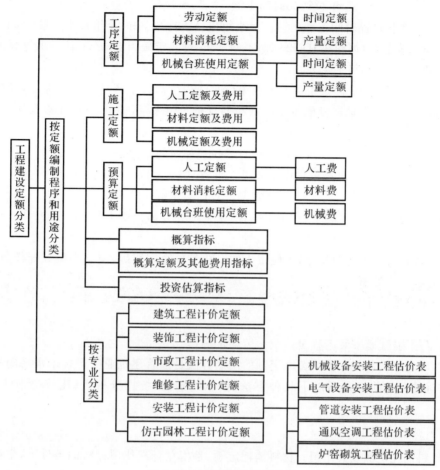

图 2.1　工程建设定额的分类

四、基础定额

1. 劳动定额

（1）劳动定额及其作用。劳动定额是指在一定的技术装备和劳动组织条件下，生产单位合格产品或完成一定工作所必需的劳动消耗量的额度或标准，或在单位时间内生产合格产品的数量标准。劳动定额的作用体现在以下五方面。

1）劳动定额是计划管理的基础；

2）劳动定额是科学组织施工生产与合理组织劳动的依据；

3）劳动定额是衡量工人劳动生产率的尺度；

4）劳动定额是贯彻按劳分配原则的重要依据；

5）劳动定额是企业实行经济核算的依据。

（2）劳动定额的表现形式。

1）时间定额。时间定额是指在一定施工技术和组织条件下，完成单位合格产品所需消耗工作时间的数量标准。一般用"工时"或"工日"作为计量单位，每个工日的工作时间按现行劳动制度规定为 8h。时间定额公式为

$$单位产品时间定额（工日）=1/每工产量$$

或 $$单位产品时间定额（工日）=小组成员工日数总和/小组每班产量$$

例如：钢管安装（室内螺纹）DN25 以内，每 10m 时间定额为 0.37 工日。小组成员为初级工 6 人，中级工 3 人，高级工 1 人。

2）产量定额。产量定额是指劳动者在单位时间内生产合格产品的数量标准，或指完成工作任务的数量额度。产量定额的单位以产品的计量单位表示，如 m^2，mg，t 以及块，套，组，台等，其计算公式为

$$每工产量=1/单位产品时间定额$$

或 $$小组每班产量=小组成员工日数总和/单位产品时间定额$$

即 $$时间定额=1/产量定额$$

时间定额的特点是，单位统一，便于综合，便于计算分部分项工程的总需工日数和计算工期，核算工资。

产量定额具有形象化的特点，可使工人的奋斗目标直观明确，便于小组分配任务，编制作业计划和考核生产效率。

例如：钢管安装 DN25 以内，时间定额为 0.37 工日，则每工产量为 $1/0.37≈2.7m$，$1/2.7≈0.37$ 工日。

现行定额为"建筑安装工程全国统一劳动定额"。

（3）劳动定额的制定方法。劳动定额的制定方法是随着建筑业生产技术水平的不断提高而不断改进的。目前仍采用以下几种方法：技术测定法、统计分析法、比较类推法、经验估计法。

2. 材料消耗定额

（1）材料消耗定额及其作用。材料消耗定额，是指在合理使用材料的条件下，生产单位合格产品所必须消耗一定品种、规格的材料的数量标准，包括各种原材料、燃料、半成品、构配件、周转性材料摊销等。材料消耗定额作为材料消耗数量的标准，具有以下重要作用：

1）材料消耗定额是企业确定材料需要量和储备量的依据；

2）材料消耗定额是企业编制材料需要计划和材料供应计划不可缺少的条件；

3）材料消耗定额是施工队向工人班组签发限额领料单，实行材料核算的标准；

4）材料消耗定额是实行经济责任制进行经济活动分析，促进材料合理使用的重要资料。

（2）材料消耗定额的分类。按使用性质、用途和用量大小划分为四类：主要材料、辅助材料、周转性材料、次要材料。

（3）材料消耗定额的制定方法：技术测定法、实验法、统计分析法、理论计算法。

3. 机械台班使用定额

（1）机械台班使用定额及其作用。机械台班使用定额，是指在正常的施工条件下，由技术熟练工人操纵机械，生产单位合格产品所必须消耗的机械工作时间标准。其作用如下：

1）机械台班使用定额是企业编制机械需要量计划的依据；

2）机械台班使用定额是考核机械生产率的尺度；

3）机械台班使用定额是实行计件工资，签发施工任务书的依据。

（2）机械台班使用定额的表现形式。

1)机械时间定额。机械时间定额是指在前述条件下,某种机械生产单位合格产品所必须消耗的作业时间。机械时间定额以"台班"为单位,即一台机械作业一个工作班为一个台班(8h),用公式表示为

$$机械时间定额＝1/机械每台班的产量$$

2)机械产量定额。机械产量定额是指在前述条件下,某种机械在一个台班内必须生产的合格产品的数量。机械产量定额的单位以产品的计量单位来表示,如 m^3,m^2,m,t 等,用公式表示为

$$机械产量定额＝1/机械时间定额$$

五、管道安装工程消耗量定额

当前,在陕西地区使用的安装工程消耗量定额是由陕西省建设工程造价总站编制,并由陕西省建设厅颁发的 2004 年《陕西省安装工程消耗量定额》,其中管道安装工程消耗量定额为:第六册《工业管道工程》,第七册《消防设备安装工程》,第八册《给排水、采暖、燃气工程》,第九册《通风空调工程》,与管道安装工程消耗量定额配套使用的是第十四册《刷油、防腐蚀、绝热工程》。管道安装工程造价编制人员只有正确理解以上各册管道安装工程消耗量定额的有关规定,熟悉管道安装工程消耗量定额中包括与不包括的工作内容,掌握工程量计算规则,才有利于正确使用管道安装工程消耗量定额,有利于正确划分消耗量定额项目和正确计算各分部分项工程量清单项目的实物工程量,有利于完整、准确地编制管道安装工程工程量清单项的综合单价,并进行工程量清单计价,作为施工企业的工程造价编制人员还应熟悉本企业的消耗量定额,以利于编制出符合本企业实际的投标报价,才能参与市场竞争。

对于管道安装工程造价编制人员来讲,除了要正确理解各册管道安装工程消耗量定额有关规定、工程量计算规则和消耗量定额项目划分原则以外,还应熟悉各册消耗量定额执行中的相关规定。

1. 关于人工费用的确定

(1)本消耗量定额中的人工工日不分工种和技术等级,一律以综合工日表示,其内容包括基本用工、超运距用工和人工幅度差。

1)基本用工是指生产工人完成一定计量单位合格产品的施工工艺过程所消耗的基本工作时间。

2)超运距用工是指消耗量定额中取定的材料、成品、半成品的水平运距超过规定的运距所增加的用工。

3)人工幅度差是指各个工种之间的工序搭接,土建专业与安装专业之间的交叉配合中不可避免的停歇时间,施工中水电维修用工,隐蔽工程验收质量检查时掘开及修复的时间,施工现场操作地点转移影响操作的时间,施工过程中不可避免的少量用工等。

(2)人工费用的确定。招标人在编制招标工程的最高限价时,按本消耗量定额取定的人工工日用量乘以建设行政主管部门发布的基期综合人工单价计取人工费,建设行政主管部门发布的人工费调整单价与基期综合人工单价的差额部分按差价处理。而投标人在编制投标报价时,应参考本消耗量定额的人工工日用量或企业消耗量定额中的人工工日用量乘以投标人自主确定的人工工日单价来计取人工费。

2.关于材料费用的确定

(1)本消耗量定额中的材料消耗量包括直接消耗在安装工作内容中的主要材料、辅助材料和零星材料等,并计入了相应的损耗,其内容和范围包括从工地仓库、现场集中堆放地点或现场加工地点到操作或安装地点的运输损耗、施工操作损耗、施工现场堆放损耗等。

(2)对于用量很少,对基价影响很小的零星材料,已计入其他材料费内。

(3)对于计价材料(辅材费)费用的确定。招标人在编制招标工程最高限价时,应按2004年《陕西省安装工程消耗量定额》配套的2009年《陕西省安装工程价目表》确定计价材料(即辅材)的材料费。

(4)对于未计价材料(主材费)费用的确定。凡2004年《陕西省安装工程消耗量定额》在材料栏中"( )"内所列材料的用量,均为主要材料,无论是招标人编制招标工程的最高限价,还是投标人编制投标报价,均应按当时当地的材料价格另行计算其主材费用。

3.关于施工机械、仪器仪表台班费用的确定

(1)本消耗量定额中机械台班消耗量是按正常合理的机械配备和大多数施工企业的机械化程度综合取定的。

(2)凡单位价值在200元以内,使用年限在两年以内的不构成固定资产的工具用具未列入本消耗量定额,已包含在企业管理费用中。

(3)本消耗量定额中的施工仪器仪表消耗量是按大多数施工企业的现场、校验性仪器仪表配备情况综合取定的。实际与消耗量定额不符时,招标人编制招标工程的最高限价时均不做调整,而投标人编制投标报价时可按实调整。

(4)施工机械,仪器仪表台班费用的确定。施工机械台班单价,是按现行2009年《陕西省建设工程施工机械台班价目表》计算的。招标人在编制招标工程最高限价时,应按2004年《陕西省安装工程消耗量定额》配套的2009年《陕西省安装工程价目表》规定的施工机械费计取,如果施工机械台班单价与实际市场施工机械台班单价有差异时,应按实调整。

六、关于各种系数计取费用的规定

1.超高增加费

(1)消防管道工程。消耗量定额中对工作物的操作高度均以5m为界,如果超过5m,应按其超过部分(指由5m至工作物高度)的定额人工乘以表2.4的调整系数。

表2.4 消防管道工程超高增加费系数表

标高/m	8	12	16	20
超高系数	1.10	1.15	1.20	1.25

(2)给排水、供暖、燃气工程。消耗量定额中对工作物的操作高度均以3.6m为界,如果超过3.6m,按其超过部分(指由3.6m至工作物高度)的定额人工乘以表2.5中的调整系数。计取超高增加费时应扣除3.6m以下的工程量。

表2.5 给排水、供暖、燃气工程超高增加费系数表

标高/m	3.6~8	3.6~12	3.6~16	3.6~20	3.6~20以上
超高系数	1.10	1.15	1.20	1.25	1.30

(3)各类水箱。水箱底座的安装标高,如果超过地平面±10m,则定额人工和机械乘以表2.6中的调整系数。

表 2.6 各类水箱超高增加费系数表

水箱底/m	15	20	25	30	35	40	50	60	70	80	80 以上
超高系数	1.25	1.30	1.35	1.40	1.45	1.50	1.60	1.70	1.80	1.90	2.00

(4)通风、空调工程。超高增加费(指操作物的高度距离楼地面6m以上的工程)按人工费的15%计取。通风空调设备超高费用的计取,凡是设备底座的安装标高超过地平面±10m时,则定额人工和机械乘以表2.7的调整系数。

表 2.7 各类通风空调设备超高增加费系数表

设备底/m	15	20	25	30	35	40	50	60	70	80	80 以上
超高系数	1.25	1.30	1.40	1.45	1.50	1.60	1.70	1.80	1.90	2.00	2.20

(5)刷油、防腐蚀、绝热工程。超高降效增加费,以设计标高正负零为准,若安装高度超过±6m,则定额人工和机械乘以表2.8的调整系数。

表 2.8 刷油、防腐蚀、绝热工程超高增加费系数表

安装高度/m	20	30	40	50	60	70	80	80 以上
超高系数	1.30	1.40	1.50	1.60	1.70	1.80	1.90	2.20

以上规定超高增加费计取时应注意以下两方面:

1)凡各册消耗量定额中规定工作物的操作高度,有楼层的以楼层地面至工作物的操作高度计算,无楼层的以设计正负零至工作物的操作高度计算。

2)凡各册消耗量定额中规定水箱或设备底座的安装标高超过±10m时,则定额人工和机械乘以规定系数计取超高增加费。这条不受楼层地面限制,均按设计正负零至设备底座的高度计算。

2.高层建筑增加费

高层建筑增加费是指高度在6层或20m以上的工业与民用建筑工程施工中应增加的人工降效、材料及工具垂直运输的机械台班费用。按表2.9~表2.11规定计取。

表 2.9 消防管道工程高层建筑增加费系数表

层 数	9 层以下 (40m)	12 层以下 (40m)	15 层以下 (50m)	18 层以下 (60m)	21 层以下 (70m)	24 层以下 (80m)
按人工费的比例/(%)	18	26	37	41	45	75
其中人工工资占比/(%)	10	12	15	17	19	21
其中机械费占比/(%)	90	88	85	83	81	79
层 数	27 层以下 (90m)	30 层以下 (100m)	33 层以下 (110m)	36 层以下 (120m)	39 层以下 (130m)	42 层以下 (140m)
按人工费的比例/(%)	79	84	96	108	122	128
其中人工工资占比/(%)	25	27	29	31	33	35

续　表

层　数	27 层以下 (90m)	30 层以下 (100m)	33 层以下 (110m)	36 层以下 (120m)	39 层以下 (130m)	42 层以下 (140m)
其中机械费占比/(%)	75	73	71	69	67	65

层　数	45 层以下 (150m)	48 层以下 (160m)	51 层以下 (170m)	54 层以下 (180m)	57 层以下 (190m)	60 层以下 (200m)
按人工费的比例/(%)	142	146	153	166	173	182
其中人工工资占比/(%)	37	39	41	43	45	48
其中机械费占比/(%)	63	61	59	57	55	52

表 2.10　给排水、采暖、燃气管道工程高层建筑增加费系数表

层　数	9 层以下 (40m)	12 层以下 (40m)	15 层以下 (50m)	18 层以下 (60m)	21 层以下 (70m)	24 层以下 (80m)
按人工费的比例/(%)	20	22	31	38	45	76
其中人工工资占比/(%)	12	15	16	18	20	22
其中机械费占比/(%)	88	85	84	82	80	78

层　数	27 层以下 (90m)	30 层以下 (100m)	33 层以下 (110m)	36 层以下 (120m)	39 层以下 (130m)	42 层以下 (140m)
按人工费的比例/(%)	81	84	90	96	124	127
其中人工工资占比/(%)	23	25	27	29	31	33
其中机械费占比/(%)	77	75	73	71	69	67

层　数	45 层以下 (150m)	48 层以下 (160m)	51 层以下 (170m)	54 层以下 (180m)	57 层以下 (190m)	60 层以下 (200m)
按人工费的比例/(%)	131	136	150	156	171	176
其中人工工资占比/(%)	35	37	39	42	45	48
其中机械费占比/(%)	65	63	61	58	55	52

表 2.11　通风、空调工程高层建筑增加费系数表

层　数	9 层以下 (30m)	12 层以下 (40m)	15 层以下 (50m)	18 层以下 (60m)	21 层以下 (70m)	24 层以下 (80m)
按人工费的比例/(%)	18	26	39	44	46	65
其中人工工资占比/(%)	8	12	14	16	18	20
其中机械费占比/(%)	92	88	86	84	82	80

续 表

层 数	27层以下 （90m）	30层以下 （100m）	33层以下 （110m）	36层以下 （120m）	39层以下 （130m）	42层以下 （140m）
按人工费的比例/（%）	81	84	90	96	124	127
其中人工工资占比/（%）	23	25	27	29	31	33
其中机械费占比/（%）	77	75	73	71	69	67
层 数	45层以下 （150m）	48层以下 （160m）	51层以下 （170m）	54层以下 （180m）	57层以下 （190m）	60层以下 （200m）
按人工费的比例/（%）	131	136	150	156	171	176
其中人工工资占比/（%）	35	37	39	42	45	48
其中机械费占比/（%）	65	63	61	58	55	52

（1）高层建筑是指高度在6层以上（不含6层）的多层建筑物，单层指自室外地坪（无地下室时）至檐口高度在20m以上（不含20m）的建筑物。只要符合以上条件其中之一，均可计取高层建筑增加费。

（2）算高层建筑物的高度时不包括屋顶水箱间、电梯间、屋顶平台出入等局部建筑物，但应包括地下建筑物。

（3）高层建筑增加费发生的范围是给排水、采暖、燃气工程，电气及消防设备安装工程，通风空调工程，建筑智能化系统设备安装工程及相应配套使用的刷油、防腐、绝热工程。其费用内容包括人工降效、材料工具垂直运输增加的机械台班费用，施工用水加压泵的台班费用，工人上、下所乘坐升降设备的台班费用。

（4）高层建筑增加费的计取，应包括6层或20m以下全部工程人工费，并将其作为计取基数。

（5）同一建筑物中主楼和附楼高度不同时，不分别计取，而是按主楼高度确定的费率计取。

（6）高层建筑增加费的费率中除人工费所占比例外，其余均为材料、工具垂直运输及工人上、下所乘坐升降设备的机械费用。

3. 主体结构系数

主体结构凡属框架、框剪结构的工程，其定额人工乘以系数1.05。

主体结构是指建筑物的结构符合框架、框剪结构时，其安装工程要配合土建预留孔洞，预埋配件时所发生的配合费用，按消耗量定额人工乘以1.05的含义是指在定额人工费的基础上净增加人工费5%。

主体结构系数主要适用于2004年《陕西省安装工程消耗量定额》第八册《给排水、采暖、燃气工程》及第七册《消防设备安装工程》中第一章水灭火管道系统安装工程。

4. 脚手架搭拆费

脚手架搭拆费均以人工费为基础，按表2.12中的规定系数计取。

表 2.12 脚手架搭拆费系数表

安装专业	计取基础	计取费率/(%)	其　中		
			人工费占比/(%)	材料费占比/(%)	机械费占比/(%)
工业管道工程	人工费	9	25	65	10
消防设备安装工程	人工费	7	25	65	10
给排水、燃气工程	人工费	6	25	65	10
采暖工程	人工费	8	25	65	10
通风、空调工程	人工费	7	25	65	10
刷油工程	人工费	8	25	65	10
防腐工程	人工费	12	25	65	10
绝热工程	人工费	20	25	65	10

(1)各册消耗量定额在测算脚手架搭拆费时均已考虑了以下因素。

1)各专业工程交叉作业施工时,可以相互利用脚手架。

2)测算安装工程脚手架费用时,大部分按简易脚手架考虑的因素施工时部分或者全部利用土建脚手架的因素。因此,脚手架搭拆系数是综合考虑的,也是属于综合系数,除第六册《工业管道工程》消防定额规定单独承担室外地沟、埋地管道工程,不应计取脚手架搭拆费以外,其余各消耗量定额规定不论是室内、室外,架空还是埋地均应计取脚手架搭拆费用;另外,无论实际搭拆与否,或是利用土建或者其他专业的脚手架,都应计取脚手架搭拆费用。

(2)单独承包刷油、绝热、防腐蚀工程时,其脚手架搭拆费应按第十四册《刷油、防腐蚀、绝热工程》消耗量定额规定的系数计取,如果和其他册的安装消耗量定额配套使用时,不再单独计算,应按所配套的相关安装册的消耗量定额规定的脚手架搭拆系数计取。

5.安装与生产同时进行增加费

安装与生产同时进行增加费是指改建、扩建工程在生产车间、装置区或建筑物内施工,因周围环境对操作者有一定影响或受到生产条件的限制(如不准动火)等干扰了安装工程的正常进行而增加的降效费用,按人工费的10%计取。

6.在有害身体健康的环境中施工降效增加费

在有害身体健康的环境中施工降效增加费是指在施工现场范围内,由于种种原因产生的有害气体或高分贝的噪声超过国家规定标准以致影响施工人员的身体健康而增加的降效费用,按人工费的10%计取。

7.系统调整费

系统调整费是指安装工程在交工验收之前,对所安装的工程项目按规范要求进行调整、调试所发生的费用。按表2.13的规定系数计取。

表 2.13 各类管道安装工程系统调整费系数表

安装专业	计取基础	计取费率/(%)	其 中		
			人工费占比/(%)	材料费占比/(%)	机械费占比/(%)
采暖管道工程	人工费	13	25	25	50
消防管道工程	人工费	13	25	25	50
通风空调工程	人工费	13	25	25	50

采暖工程、消防管道工程、通风空调工程系统调整费计取的范围是室内采暖工程、室内消防管道工程、室内通风空调及空调配管(冷热水、冷凝水管道)工程,而不包括室外管网工程。对消防管道工程中的泡沫灭火系统调试费应按批准的施工组织设计或施工方案另行计算。

8.站类工艺管道系统调整费

站类工艺管道系统调整费按各站工艺系统内全部安装工程人工费的 35%计取,其中,人工工资占比 50%,材料费占比 15%,机械费占比 35%。

9.车间内整体封闭式地沟管道增加费

车间内整体封闭式地沟管道增加费按其定额人工和机械乘以系数 1.20。

注意:整体封闭地沟是指在通行地沟、半通行地沟、管道井、管廊间内敷设的工业管道。随管道施工的阀门、法兰、支架制作安装、除锈、刷油、绝热工程,其定额人工和机械也应计取 1.20 的系数。先安装管道后盖地沟盖板的封闭地沟不得计取封闭式地沟管道增加费用。

10.管道间、管廊系数

设置于管道间、管廊内的管道、阀门、法兰、支架制作安装,其定额人工乘以系数 1.30。

管道间、管廊系数主要是指采暖、给水、排水、雨水、燃气管道、水灭火管道、阀门、法兰、支架等在管道间内施工部分的工程量,套用消耗量定额时,其定额的人工费提高(增加)30%;或者是指一些民用高级建筑物如宾馆、饭店内封闭的天棚、竖向通道、封闭地沟等即视为管廊,凡进入管廊内施工部分的工程量也应对相应消耗量定额人工乘以系数 1.30。同时,随管道施工而发生的刷油、防腐、绝热工程等也应按相应消耗量定额人工乘以系数 1.30。

11.圆弧形管道安装增加费

圆弧形管道安装增加费应按相应消耗量定额项目的人工费、机械费乘以系数 1.30。

圆弧形管道安装增加费主要是指管道施工中需要煨制圆弧形弯而增加的费用。直径仅限于 DN200 以内,对于管道直径大于 DN200 以上需要煨制圆弧形弯时,其相应增加的费用应另行计算。

七、管道工程消耗量定额套用时注意事项

1.消防管道工程消耗量定额

《陕西省安装工程消耗量定额》第七册《消防设备安装工程》在使用中除应按消耗量定额的有关规定及工程量计算规则执行以外,应注意以下事项:

(1)本册消防灭火管道系统主要划分为以下三大类。

1)水灭火系统,主要内容包括自动喷淋水灭火管道系统、自动喷雾水灭火管道系统、消火栓消防管道系统。凡属于水灭火系统的均应计取系统调整费。

2)气体灭火系统,主要内容包括二氧化碳灭火管道系统、卤代烷1211灭火管道系统、卤代烷1301灭火管道系统。

3)泡沫灭火系统,主要内容包括泡沫喷淋灭火管道系统、泡沫喷雾灭火管道系统。

(2)各种管道安装均按设计管道中心线长度以 m 为单位计算,不扣除阀门、管件及各种组件所占长度。主材数量应按消耗量定额用量计算。

(3)水灭火系统中的自动喷淋水灭火管道安装,当管道公称直径小于DN100采用螺纹连接,大于DN100采用法兰连接时,应套用第一章消耗量定额相应项目。当管道公称直径大于DN100采用焊接连接时,应执行第六册《工业管道工程》消耗量定额相应项目。对于自动喷淋水灭火管道系统中的阀门、法兰、泵房间管道安装及管道系统强度实验、严密性实验等,应执行第六册《工业管道工程》消耗量定额相应项目。对于自动喷淋水灭火管道系统中的系统组件(如喷头、湿式报警装置、温感式水幕装置、水流指示器、减孔板、末端试水装置)、系统管网水冲洗、管道支架制作安装等,均套用该册第一章消耗量定额相应项目。管道、支架、法兰焊口的除锈、刷油应执行第十四册《刷油、防腐蚀、绝热工程》消耗量定额相应项目。

(4)水灭火系统中的自动喷雾水灭火管道系统中的管道、阀门、法兰及管道系统强度实验、严密性实验等应执行第六册《工业管道工程》消耗量定额相应项目。而对于自动喷雾水灭火管道系统中的系统组件、管道支架制作安装、系统管网水冲洗等,均套用该册第一章消耗量定额相应项目。管道、支架、法兰焊口的除锈、刷油应执行第十四册《刷油、防腐蚀、绝热工程》消耗量定额相应项目。

(5)水灭火系统中的室内外消火栓消防管道系统中的管道安装及消防水箱制作安装执行第八册《给排水、采暖、燃气工程》消耗量定额相应项目。对于消火栓消防管道系统中的阀门、法兰安装,应执行第六册《工业管道工程》消耗量定额相应项目。而对消火栓消防管道系统中的室内外消火栓安装、系统管网水冲洗等,均套用该册第一章消耗量定额相应项目。管道、法兰焊口的除锈、刷油应执行第十四册《刷油、防腐蚀、绝热工程》消耗量定额相应项目。

(6)水灭火系统中的沟槽式卡箍连接管道安装,应执行第八册《给排水、采暖、燃气工程》消耗量定额相应项目。

(7)水灭火管道安装消耗量定额内所含水压实验内容主要是配合主干管及立管安装时的压力实验,施工完成后的整体试压执行第六册《工业管道工程》消耗量定额相应项目。

(8)水灭火管道穿墙、穿楼板,如果设计要求采用一般套管,应执行第八册《给排水、采暖、燃气工程》消耗量定额相应项目;如果设计要求采用柔性、刚性防水套管,应执行第六册《工业管道工程》消耗量定额相应项目。

(9)水灭火管道镀锌钢管法兰连接项目中,管件是按成品、弯头两端是按接短管接法兰考虑的。定额中包括直管、管件、法兰等全部安装工序内容,但管件及法兰应按设计用量另行计算主材费,而螺栓应按实际用量加3%损耗另计材料费。

(10)气体灭火系统中的卤代烷1211及1301灭火系统中的管道、管件及组件安装应套用本册第二章消耗量定额相应项目。对卤代烷1211及1301灭火系统中的阀门、法兰、各种套管制作安装及管道系统强度实验、气密性实验、吹扫等,应执行第六册《工业管道工程》消耗量定额项目。而对管道支架制作安装,应套用该册第一章消耗量定额相应项目。管道、支架、法兰焊口的除锈、刷油应执行第十四册《刷油、防腐蚀、绝热工程》消耗量定额相应项目。

(11)气体灭火系统中的高压二氧化碳灭火系统管道、管件及组件(如喷头、选择阀、贮存装置)等安装应套用该册第二章消耗量定额相应项目乘以系数1.20计算。管道支架制作安装套用该册第一章消耗量定额相应项目。阀门、各种套管制作安装及管道系统强度实验、气密性实验、管道吹扫等应执行第六册《工业管道工程》消耗量定额相应项目。管道、支架、法兰焊口的除锈、刷油应执行第十四册《刷油、防腐蚀、绝热工程》消耗量定额相应项目。

(12)气体灭火系统中的低压二氧化碳灭火系统管道、管件、阀门、各种套管制作及管道系统强度实验、气密性实验、管道吹扫等应执行第六册《工业管道工程》消耗量定额相应项目。管道支架制作安装套用该册第一章消耗量定额相应项目。管道、支架、法兰焊口的除锈、刷油应执行第十四册《刷油、防腐蚀、绝热工程》消耗量定额相应项目。

(13)对于气体灭火系统,如果设计要求采用碳钢焊接、不锈钢管、铜管焊接或法兰连接时,其管道及管件安装均执行第六册《工业管道工程》消耗量定额相应项目。

(14)气体灭火系统中所采用的灭火剂由于种类较多,且用途各不相同,所以本消耗量定额中均未列入灭火剂用量,发生时可按实际需要量另行计算。

(15)该册消耗量定额中水灭火系统管道、气体灭火系统管道安装消耗量定额内均未包括管道支架制作安装,管道支架制作安装应执行该册第一章消耗量定额相应项目。而对于水灭火系统中的消火栓消防管道安装,应执行第八册《给排水、采暖、燃气工程》消耗量定额相应项目,但第八册《室内管道安装项目》消耗量定额已包括管道支架制作安装,所以不得重复计算。

(16)泡沫灭火系统中的泡沫喷淋灭火系统中的管道、组件、气压水罐、管道支架制作安装及管网水冲洗等应套用该册第一章消耗量定额相应项目。对于阀门、法兰及管道系统强度实验、严密性实验等,应执行第六册《工业管道工程》消耗量定额相应项目。而泡沫发生器、泡沫比例混合器等套用该册第三章消耗量定额相应项目。管道、支架、法兰焊口的除锈、刷油应执行第十四册《刷油、防腐蚀、绝热工程》消耗量定额相应项目。

(17)泡沫灭火系统中的泡沫喷雾灭火系统中的管道、管件、法兰、阀门、管道支架制作安装及管道系统水冲洗、强度实验、严密性实验等均执行第六册《工业管道工程》消耗量定额相应项目。而泡沫发生器、泡沫比例混合器安装等套用本册第三章消耗量定额相应项目。管道、支架、法兰焊口的除锈、刷油应执行第十四册《刷油、防腐蚀、绝热工程》消耗量定额相应项目。

(18)对于第七册消耗量定额中所有项目内的人工、材料、施工机械台班消耗量是否可做调整,原则是招标人编制最高限价时均不得调整,而投标人在进行投标报价时,可自主确定是否调整,若需调整,但对其中材料消耗量中的材料净用量不得调整,对于损耗量可自主调整。

(19)第七册消耗量定额中缺项的内容,应执行其他相关册的安装工程消耗量定额项目,但是在计算主体结构系数、高层建筑增加费、脚手架搭拆费、系统调整费时,均按第七册消耗量定额中的相关规定计取,但对于超高增加费,应按其他相关册的安装工程消耗量定额规定计取。

2.给排水、供暖、燃气工程消耗量定额

《陕西省安装工程消耗量定额》第八册《给排水、采暖、燃气工程》在使用中除应按消耗量定额中的有关规定及工程量计算规则执行以外,应注意以下事项。

(1)主体结构凡属框架、框剪结构的工程,其定额人工乘以系数1.05。

(2)室内、外给水、雨水铸铁管安装项目内,已包括接头零件安装所需的人工,但接头零件及雨水漏斗的材料费应按实际用量加1%的损耗另计材料费。

（3）室内柔性抗震铸铁排水管安装项目内，已包括各种管件安装所需的人工及材料，但未包括A形、W形、H形的透气管件，应按实际用量加1%的损耗另计材料费。

（4）两种不同材质管道连接时，其转换接头应按实际用量加1%的损耗另计材料费。

（5）室内承插塑料排水管安装项目内，均未包括阻火圈、止水环的安装，应按本册相应项目另行计算。

（6）室内钢复不锈钢管螺纹连接，应执行室内钢塑复合管螺纹连接相应项目。当管径DN<50时，项目中的材料费应乘以系数1.50，其他不变；当管径DN>50时，项目中的材料费应乘以系数1.80，其他不变。

（7）室内薄壁不锈钢管螺纹连接，应执行室内钢塑复合管螺纹连接相应项目，项目中的人工费、机械费应乘以系数1.25，材料费应乘以系数0.20，其管件按实际用量加1%的损耗另计材料费。

（8）室内钛美高管黏结、热熔电熔连接，应执行室内塑料给水管黏结、热熔电熔连接相应项目，当管径DN≤75时，项目中的材料费应乘以系数0.40，其管件按实际用量加1%的损耗另计材料费，其他不变；当管径DN>75时，项目中的材料费应乘以系数0.35，其管件按实际用量加1%的损耗另计材料费，其他不变。

（9）室内PE塑料给水管热熔电熔连接，应执行室内塑料给水管热熔电熔连接相应项目，当管径DN≤75时，项目中的人工费应乘以系数1.15，材料费应乘以系数0.40，其管件按实际用量加1%的损耗另计材料费，机械不变；当管径DN>75时，项目中的人工费应乘以系数1.10，材料费应乘以系数0.35，其管件按实际用量加1%的损耗另计材料费，机械不变。室外PE塑料给水管热熔电熔连接，应执行本册第七章PE管安装相应项目。

（10）室内塑料排水管零件柔性连接，应执行室内塑料排水管零件黏结相应项目，当管径DN≤75时，项目中的人工费应乘以系数0.90，材料费应乘以系数0.35，其管件按实际用量加1%的损耗另计材料费，机械不变；当管径DN>75时，项目中的人工费乘以系数0.95，材料费应乘以系数0.25，其管件按实际用量加1%的损耗另计材料费，机械不变。

（11）室内雨水采用柔性抗震铸铁排水管柔性接口时，应执行室内柔性抗震铸铁排水管柔性接口相应项目，但项目中的人工费、机械费应乘以系数0.85，材料费应乘以系数0.30，其管件按实际用量加1%的损耗另计材料费。

（12）室外铝塑复合管安装，应执行室内铝塑复合管安装相应项目，但项目中人工费、机械费应乘以系数0.65，材料费应乘以系数0.15，其管件按实际用量加1%的损耗量另计材料费。

（13）室外聚丙烯（PP-R）塑料管热熔电熔连接，应执行室内聚丙烯（PP-R）塑料管热熔电熔连接相应项目，当管径DN≤75时，项目中的人工费应乘以系数0.65，材料费应乘以系数0.40，其管件按实际用量加1%的损耗另计材料费，机械不变；当管径DN>75时，项目中的人工费应乘以系数0.65，材料费应乘以系数0.35，其管件按实际用量加1%的损耗另计材料费，机械不变。

（14）室外排水管采用双壁波纹管胶圈接口，当管径DN≤250时，应执行室外排水管胶圈接口相应项目；当管径DN>250时，应执行本册补充定额相应项目。

（15）凡室内管道水平敷设采用吊架、屋面管道水平敷设采用门型支架时，可对室内管道安装项目进行调整。其方法为应扣除室内管道安装项目中所含成品管卡及支架的材料费后，按本册相应项目另行计算管道支架制作安装费。

(16)钢管组成(冷水、冷热水)洗脸盆、台式(冷水、冷热水)洗脸盆、铜管冷热水洗脸盆安装项目中的水嘴,均按 DN15 的立式水嘴计入,如设计要求采用混合水嘴,扣除定额项目中DN15 的立式水嘴每个单价 29.80 元材料费后,另行计算其材料费。

(17)延时自闭式小便器安装应执行普通式小便器安装相应项目,但应扣除挂斗式小便器定额项目中的 DM5 小便器角阀每个单价 21.26 元或立式小便器定额项目中的 DN15 角式长柄截止阀每个单价 32.25 元材料费后,另行计算延时自闭式冲洗阀的材料费。

(18)阻火圈安装适用于室内排水管道设计要求采用阻火圈的安装项目,同时亦适用于止水环的安装项目。

(19)铸铁柱型、M132 型散热器,如果是已组装成组,只需要安装时,应执行钢制柱式散热器安装相应项目,其中人工费、材料费、机械费乘以系数 1.30。

(20)室外燃气管道与市政燃气管道的界限,以两者的碰头点为界,入口处设调压箱为界。室内管道(承插铸铁给水管除外)安装项目内,均已包括管卡及支架的制作安装,管卡及支架已按成品计入,不得另计除锈、刷油费用,除另有规定者外,均不得调整。

(21)区分管道安装项目内是否包括管件安装及管件材料费的方法是依据管道安装项目的编制说明来判断。凡定额说明中注明“×××管道安装项目均已包括直管及管件的安装工作内容”者,则该管道安装项目内均已包括管件的安装及材料费在内,不得重复计。凡定额说明中注明“×××管道安装项目均已包括直管及管件的安装人工,但管件价格应按设计用量另行计算”者,则该管道安装项目只包括管件的安装费用,而所有的管件的材料费就必须按设计用量另行计算。

(22)管道消毒、冲洗项目适用的范围和条件是《设计与施工验收规范》中有要求的管道安装项目。

(23)管道安装项目中均已包括水压实验工作内容,主要是指管道施工完成后的整体试压,在管道安装项目中均已包括不得另行计算。但对敷设在地沟内、管道间、管廊内及隐蔽工程中的给水、排水、采暖热源管道,在隐蔽之前需要单独进行压力实验的项目,应执行第八册《给排水、采暖、燃气工程》管道压力实验相应定额项目。

(24)管道间、管廊内增加系数的计取原则是,土建单位先施工管道井、管廊间,而安装单位后进行管道安装时,就应计取管廊间系数,若安装单位先进行管道安装、阀门安装,待试压合格后,土建单位再砌筑封闭管道井,就不应计取管廊间系数。

(25)管道安装项目内均已包括各种管件的安装费,只有部分管道安装项目内已包括管件的材料费,而且管件的数量是综合考虑的,如果实际管件数量大于或小于定额含量时是否可做调整,原则是招标人编制最高限价时,均不做调整,而投标人在进行投标报价时可自主确定。

(26)室内承插塑料排水管(零件黏结)、隔声多孔塑料排水管(零件黏结)安装项均已包括立管检查口(有门管)、伸缩节的安装及材料费,不得重复计算。但另增加的阻火圈、止水环等,管道安装项目内均未包括,应另行计算。

(27)管道穿墙及穿过楼板时采用的镀锌铁皮套管、钢套管、塑料套管均以“个”为单位计算,其套管规格应比管道规格大两号。如果管道穿过地下建筑物基础或穿过屋面,采用套管的长度大于本定额规定的长度(300mm),其制作安装费不变,但应按设计套管长度另行计算超出规定长度的材料费。

(28)台式洗脸盆安装应执行钢管组成(冷水、冷热水)洗脸盆安装相应项目。

(29)建筑物柱子一般都突出墙面,而管道绕柱施工,如果绕柱形式属于方形补偿器形式,可按方形补偿器计算工程量,套用方形补偿器制作、安装消耗量定额相应项目。

(30)法兰、阀门安装项目中,已包括法兰及带帽螺栓的安装费及材料费,不得重复计算。

(31)低压器具、水表组成与安装项目中,均已包括按标准图集配套的阀门、法兰、带帽螺栓等安装费及材料费,不得重复套用阀门及法兰安装项目。

(32)对于《给排水、采暖、燃气工程》消耗量定额中所有项目内的人工、材料、施工机械台班消耗量是否可调整,原则是招标人编制最高限价时均不得调整,而投标人在进行投标报价时可自主确定是否调整,若需调整,但对其中材料消耗量中的材料净用量不得调整,对于损耗量可自主调整。

(33)凡与给排水、采暖、燃气工程配套使用的除锈、刷油、防腐蚀、绝热工程项目,在计算主体结构系数、高层建筑增加费、脚手架搭拆费、系统调整费时,均按本册消耗量定额中的相关规定计取;但对于超高增加费,应按配套使用第八册《给排水、采暖、燃气工程》的安装工程消耗量定额规定计取。

3.通风空调工程消耗量定额

《陕西省安装工程消耗量定额》第九册《通风空调工程》在使用中除应按消耗量定额中的有关规定及工程量计算规则执行以外,应注意以下事项。

(1)带调节阀的风口安装,应执行相应风口安装项目,其人工消耗量、材料消耗量、机械消耗量乘以系数1.40。

(2)若安装的各型调节阀,其实际周长大于本定额所列调节阀项目的周长,执行最大周长的调节阀安装项目,但其人工消耗量、材料消耗量、机械消耗量应乘以实际周长与最大安装项目周长之比的系数。若安装的各型风口,实际周长大于本定额所列项目的周长,应执行最长的风口安装项目,但其人工消耗量、材料消耗量、机械消耗量应乘以实际周长与最大风口安装项目两周长之比的系数。

(3)卡式风机盘管安装,应执行吊顶式风机盘管安装项目,但其中人工、机械应乘以系数1.25。

(4)电动手摇两用风机安装,应执行离心式通风机安装相应项目,但其中人工消耗量、机械消耗量应乘以系数1.30;电动脚踏(双人)两用风机安装,应执行离心式通风机安装相应项目,但其中人工消耗量、材料消耗量、机械消耗量应乘以系数1.50;电动脚踏(四人)两用风机安装,应执行离心式通风机安装相应项目,但其中人工消耗量、材料消耗量、机械消耗量应乘以系数1.80。

(5)各类风管长度一律以施工图所示中心线长度计算,均不扣除各种管件(如弯头、三通、四通、变径管、天圆地方等)所占长度,但应扣除各种部件(如调节阀、消声器、消声弯头、静压箱等)所占长度。

(6)计算风管长度时,主管与支管以其中心线交点划分,变径管长度计算到大管径风管延长米内,弯头长度按两风管中心线交点计算。

(7)薄钢板通风管道、净化通风管道制作安装项目中,已包括弯头、三通、变径管、天圆地方等管件及法兰、加固框和吊、托支架的制作安装,但不包括过跨风管落地支架制作安装,落地支架安装执行设备支架制作安装相应项目。

(8)不锈钢风管、铝板风管、塑料风管的制作安装项目中不包括吊、托支架制作安装,应另行计算。

(9)净化通风管道制作安装项目中已包括制作安装过程中对风管内表面清洗两遍及用塑料布将风管管口封闭所需人工及材料费,不得另行计算。

(10)通风管道安装项目内均不包含风管穿墙、穿楼板的孔洞修补费用,发生时应执行《陕西省建筑工程消耗量定额》中的相应项目。

(11)通风管道及部件的场外运输费用,均未包括在定额项目内,应按有关规定另行计算。

(12)高、中、低效过滤器安装项目中均不包括过滤器框架制作安装,应另行计算。

(13)风机盘管配管(冷、热水供、回水管,冷凝水管)应执行第八册《给排水、采暖、燃气工程》相应项目,而空调机组、制冷机组、冷却塔、循环水泵配管等应执行第六册《工业管道工程》相应项目。

(14)制冷机组、冷却塔、循环水泵等安装应执行第一册《机械设备安装工程》相应项目。

(15)如果各类风管本身设计不要求刷油,而法兰、加固框、吊托支架等需要单独刷油漆时,其除锈刷油工程量应按各类风管制作安装项目中各类型钢的消耗量计算。

(16)各类风管制作安装项目中均未包括木垫式支架的制作安装费用,如果设计要求采用木垫式支架,其工料费应另行计算。

(17)整个通风管道系统设计要求采用渐缩风管均匀送风者,圆形风管应按平均直径,矩形风管应按平均周长执行相应规格的风管制作安装项目,其人工消耗量乘以系数 2.50。本条不适用于通风管道工程中局部采用异径管的制作安装项目。

(18)对于第九册《通风空调工程》消耗量定额中所有项目内的人工、材料、施工机械台班消耗量是否可调整,原则是招标人编制最高限价时均不得调整,而投标人在进行投标报价时,可自主确定是否调整,若需调整,但对其中材料消耗量中的材料净用量不得调整,对于损耗量可自主调整。

(19)凡属于通风空调工程中的管道安装、阀门安装、除锈、刷油、防腐蚀、绝热工程项目,计算高层建筑增加费、脚手架搭拆费、系统调整费时,均应按本册消耗量定额中的相关规定计取;但对超高增加费,可按配套使用第十四册《刷油、防腐蚀、绝热工程》的安装工程消耗量定额规定计取。

4.刷油、防腐蚀、绝热工程消耗量定额

《陕西省安装工程消耗量定额》第十四册《刷油、防腐蚀、绝热工程》,在使用中除应按消耗量定额中的有关规定及工程量计算规则执行以外,还应注意以下事项。

(1)第十四册《刷油、防腐蚀、绝热工程》消耗量定额与其他册(如与第六、七、八、九册)消耗量定额配套使用时,在计算主体结构系数、管廊间系数、高层建筑增加费、脚手架搭拆费、系统调整费等,均应按其他册(如第六、七、八、九册)消耗量定额的规定计取。

(2)除锈、刷油、防腐蚀工程中的一般钢结构项目,其范围包括梯子、平台、栏杆、管道及设备支架、金属构件等。

(3)铸铁散热器的除锈、刷油面积均按散热器的散热面积计算。

(4)采用镀锌铁皮做绝热保护层或通风管道,在刷油漆时,应增加对镀锌铁皮表面人工除油、除尘内容,按手工除轻锈项目乘以系数 0.20 计算。

(5)如果只采用钢管制作钢结构、管道支架等,其除锈、刷油、防腐蚀工程量应按照管道展开面积乘以系数 1.20 计算,并套用管道除锈、刷油、防腐工程相应定额项目。

(6)对于一般钢结构,管廊钢结构应以重量(g)为计量单位,若需以面积 m² 为计量单位时,钢结构的展开面积按 5.80m²/100kg 计算。

(7)压制金属瓦楞板消耗量定额是指绝热保护层金属压筋在制作时增加的人工、机械耗用量定额,其中未计价材料项目中的铁皮用量是每 10m² 金属保护层因为需要压筋制作而增加 0.96m² 的主材用量。

(8)除锈工程的脚手架搭拆费计算应分别随刷油工程或防腐蚀工程计算,即刷油工程的脚手架搭拆费中应包括除锈工程中所发生的人工费;防腐蚀工程的脚手架搭拆费的计算也应包括除锈工程中所发生的人工费。

(9)钢管及圆形风管的除锈、刷油、绝热工程量可按第十四册《刷油、防腐蚀、绝热工程》消耗量定额附录一"无缝管绝热、刷油工程量计算表"、附录二"焊接钢管绝热、刷油工程量计算表"进行计算。

但对于矩形管道的绝热工程量,应按下列公式计算:

1)绝热体积为

$$V = 2[a + b + 2(\delta + 0.033)] \times 1 \times (0.033 + \delta)L$$

式中:V——绝热层体积(m³);

　　a,b——矩形风管管口边长(m);

　　δ——绝热层厚度(m);

　　L——风管(加管件及部件)长度(m);

0.033%——规范允许的绝热层厚度正偏差值的加权平均值。

2)保护层面积为

$$S = 2[a + b + 4(0.05 + \delta)]L$$

式中:S——保护层外表面积(m²);

　　a,b——矩形风管管口边长(m);

　　δ——绝热层厚度(m);

　　L——风管(加管件及部件)长度(m);

0.05%——规范允许的绝热层厚度正偏差值的加权平均值。

(10)绝热工程施工厚度介于两个厚度之间,套用消耗量定额时应按大于实际厚度执行。例如:直径为 57mm 的管道,保温层厚度为 45mm,介于定额厚度 40~50mm 之间,应套用直径为 57mm、保温层厚度为 50mm 以内的消耗量定额项目。

(11)第十四册《刷油、防腐蚀、绝热工程》价目表中规定的超高降效增加费,主要适用于装置区、罐区及所有室外设备、管道、钢结构等除锈、刷油、绝热工程项目。

(12)第十四册《刷油、防腐蚀、绝热工程》消耗量定额与其他册安装工程消耗量定额配套使用时,脚手架搭拆费的计取,应按其他册安装工程消耗量定额的规定计取。只有单独承担刷油、防腐蚀、绝热工程时,其脚手架搭拆费方可按本册消耗量定额的规定计取。

(13)对于第十四册《刷油、防腐蚀、绝热工程》消耗量定额中所有项目内的人工、材料、施工机械台班消耗量是否可做调整,原则是招标人编制最高限价时均不得调整,而投标人在进行投标报价时可自主确定是否调整,若需调整,但对其中材料消耗量中的材料净用量不得调整,对于损耗量可自主调整。

思考与练习

1. 基本建设主要有哪些程序?

2. 基本建设划分为哪些项目?

3. 建设项目费用组成有哪些内容?

4. 什么叫措施费? 措施费有哪些?

5. 管道工程造价费用的组成有什么?

6. 某建设项目,建设期为 3 年,建设期内各年均衡获得的贷款额分别为 1 000 万元、1 000 万元、800 万元,贷款年利率为 8%,建设期内只计息不支付,建设期第 3 年应计利息为多少?

7. 编制投标报价的计价程序是什么?

8. 工程建设定额有哪些分类?

9. 管道工程消耗量定额套用时应注意哪些事项?

10. 水暖管道消耗量定额使用时应注意哪些事项?

项目三　管道工程工程量清单编制和清单计价方法

知识目标

通过本项目的学习，了解工程量清单的定义、编制原则、编制依据，清单计价的依据和表格组成，编制投标报价和编制工程最高限价不同，影响工程价款调整因素；熟悉工程量清单的编制内容、步骤和方法，依据《计价规范》，各种管道工程清单项目划分成哪些部分；掌握管道工程工程量清单的编制和管道工程量清单计价的方法。

能力目标

能够熟练列出各类管道工程分部分项工程项目内容；会编制各类管道工程工程量清单；会依据管道工程工程量清单编制投标报价书和工程最高限价。

任务一　工程量清单

一、工程量清单

1.定义

工程量清单是招标文件的组成部分，主要由分部分项工程量清单、措施项目清单、规费项目和税金项目的名称和相应数量等的明细清单组成，是编制标底和投标报价的依据，是签订工程合同、调整工程量和办理竣工结算的基础。

工程量清单的描述对象是拟建工程，并以表格为主要表现形式。由有编制招标文件能力的招标人或受其委托具有相应资质的工程造价咨询机构、招标代理机构依据有关计价办法、招标文件的有关要求、设计文件和施工现场实际情况进行编制。

2.组成

(1)工程量清单封面；

(2)填表须知；

(3)总说明；

(4)分部分项工程量清单；

(5)措施项目表；

(6)其他项目清单;

(7)零星工作项目表。

3.编制原则

公正性和可操作性是编写工程量清单中应遵循的基本原则。在工程量清单的编写过程中还应满足下述要求:

(1)遵守有关法律法规的原则。清单的编制不能违背国家的有关法律法规,否则会使得工程结算工作变得非常复杂,而最终受损失最大的是发包人。

(2)严格按照《建设工程工程量清单计价规范》进行清单编制。在编制清单时,必须按《建设工程工程量清单计价规范》规定设置清单项目名称、编码、计量单位和计算工程数量,对清单项目进行必要的全面的描述,并按规定的格式出具工程量清单文本。

(3)遵守招标文件相关要求的原则。工程量清单作为招标文件的重要组成部分,必须与招标文件的原则保持一致,与投标须知、合同条款、技术规范等相互照应,较好地反映本工程的特点,完整体现招标人的意图。

(4)编制依据齐全的原则。受委托的编制人要检查招标人提供的设计图纸、设计资料、招标范围等编制依据是否齐全。容易忽视的是设计图纸的表达深度是否满足准确、全面计算工程量的要求,若设计图纸存在问题,可采取两种方式解决:补充完善图纸或编制清单时做特别说明,预留计价口子。当然,这有可能会对招标人不利。此外,必要的情况下还应到现场进行调查取证,保障工程量清单编制依据的齐全性。

(5)力求准确合理的原则。工程量的计算应力求准确,清单项目的设置应力求合理、不漏不重。从事工程造价咨询的中介咨询单位还应建立健全工程量清单编制审查制度,确保工程量清单编制的全面性、准确性和合理性,提高工程量清单编制质量和服务质量。

4.编制依据

(1)《建设工程工程量清单计价规范》;

(2)国家或省级、行业建设主管部门颁发的计价依据和办法;

(3)建设工程设计文件;

(4)与建设工程项目有关的标准、规范、技术资料;

(5)招标文件及其补充通知、答疑纪要;

(6)施工现场情况、工程特点及常规施工方案;

(7)其他相关资料。

5.编制步骤及具体要求

(1)熟悉了解情况,做好各方面准备工作:

1)掌握工程所在地省、市有关规定和文件;

2)熟悉、了解施工图、标准图集、地质勘探报告等资料,并对施工现场进行踏勘、咨询。

(2)分部分项工程量清单的编制。分部分项工程量清单的编制主要取决于两个方面:一是项目的划分和项目名称的定义及项目内容的描述;二是清单项目实体工程量的计算。

分部分项工程量清单的项目设置,原则上是以形成生产或工艺作用的工程实体为主。清单编制时可按《计价规范》各附录的相关内容及拟建工程的实际确定。

1)项目编码。《计价规范》对每一个分部分项工程量清单项目均给定一个编码,项目编码应采用 12 位阿拉伯数字表示,1~9 位为统一编码,应按相应附录的规定设置;10~12 位为清单项目名称顺序码,应根据拟建工程的实际由编制人设置,并自 001 起顺序编制。如果同一规格、同一材质的项目,特征不同时应分别编码列项,此时项目编码的前 9 位相同,后 3 位不同。

2)项目名称。项目名称应严格按《计价规范》规定设置,不得随意改变。在描述清单项目名称时,可根据实际情况进一步阐述,如建筑工程项目编码 010302004 为"填充墙",清单的项目名称可表示为"空心砖填充墙""加气块填充墙"等。

3)项目特征。分部分项工程量清单的项目特征是清单项目设置的基础和依据,作为项目名称的补充,在设置清单项目时,应对项目的特征做全面的描述,通过对项目特征的描述,使清单项目名称清晰化、具体化、详细化。即使是同一规格、同一材质,如果施工工艺或施工位置不同时,原则上分别设置清单项目,做到具有不同特征的项目应分别列项。只有描述清单项目清晰、准确,才能使投标人全面、准确地理解招标人的工程内容和要求,做到正确报价。

以管道工程为例,其项目特征主要表现在以下几方面:

a.项目的自身特征。属于这些特征的主要是项目的材质、型号、规格,甚至品牌等,这些特征对工程计价影响较大,若不加以区分,会造成计价混乱。

b.项目的工艺特征。对于项目的安装工艺,在工程量清单编制时有必要进行详细说明。例如:DN≤100mm 的镀锌钢管采用螺纹连接,DN>100mm 的管道连接可采用法兰连接或卡套式专用管件连接,在清单项目名称中,必须描述其连接方法。

c.项目的施工方法特征。有些特征直接涉及施工方法,从而影响工程计价,例如设备的安装高度、室外埋地管道工程地下水的有关情况等。

d.在项目特征一栏中,很多以"名称"作为特征。此处的名称系指形成实体的名称,而项目名称不一定是实体的本名,而是同类实体的统称,在设置具体清单项目时,要用该实体的本名称。如编码 030204031,其项目名称为"小电器"安装,小电器是这个项目的统称,它包括按钮、照明开关、插座、电笛、电铃、电风扇、水位电气信号装置、测量表计、继电器、电磁锁、小型安全变压器等。在设置清单项目时,就要按具体的名称设置,并表述其特征(如型号、规格等)且各自编码。项目名称与项目特征中的名称不矛盾,特征中的名称是对项目名称的具体表述,是不可缺少的。

4)工程内容。由于清单项目原则上是按实体设置的,而实体是由多个项目综合而成的,所以清单项目的表现形式,是由主体项目和辅助项目构成。《计价规范》对各清单项目可能发生的辅助项目均做了提示,列在"工程内容"一栏内,作为项目名称的补充,供清单编制人根据拟建工程实际情况有选择地对项目名称进行描述。如果实际完成的工程项目与《计价规范》附录工程内容不同时,可以进行增减,不能以《实施细则》附录中没有该工程内容为理由不予描述,也不能把《计价规范》附录中未发生的工称内容在项目名称中全部描述。

5)计量单位。《实施细则》中,计量单位均为基本计量单位,如 m,kg,m² 等,不能使用扩大单位,如 10m,100kg 等,清单编制时应按《实施细则》相关附录规定的计量单位和保留位数计量。各专业有特殊计量单位的,需另行加以说明。

计算重量——吨或千克(t 或 kg)。以 t 为单位时,保留小数点后 3 位数字,第 4 位四舍五入;以 kg 为单位时,保留小数点后两位数字,第 4 位四舍五入。

计算体积——立方米(m³),保留小数点后两位数字,第 3 位四舍五入。

计算面积——平方米(m²),保留小数点后两位数字,第 3 位四舍五入。

计算长度——米(m),保留小数点后两位数字,第 3 位四舍五入。

其他——个、套、块、樘、组、台……,取整数。

没有具体数量的项目——系统、项……,取整数。

6)工程量计算。工程量计算是工程量清单编制的关键。工程量主要通过工程量计算规则计算得到。工程量计算规则是指对清单项目工程量的计算规定。对于分部分项工程量清单项目的工程量应以实体工程量为准,并以完成后的净值计算。在计算工程量清单时,必须遵循一定的顺序和要求,避免漏算和重复计算,计量单位应符合《计价规范》的要求。工程量计算的方法有很多,常用的主要有:按工程量计算依据的编排顺序列项计算;按施工顺序列项计算;按施工平面顺时针方向列项计算;按先横后纵、先上后下、从左到右的顺序列项计算;按构件的分类和编号顺序计算等。

(3)措施项目清单编制。《计价规范》2013 版中列出了 9 条通用措施项目以及各专业工程的措施项目。对于措施项目清单的编制,编制人员应根据拟建工程的实际情况列项。能够精确计量的项目,宜参照分部分项工程量清单的方式编制,列出项目编码、项目名称、项目特征、计量单位和工程量计算规则。对不能计算出工程量的措施项目,则采用以"项"为计量单位进行编制。

(4)编制补充的工程量清单。根据《计价规范》及《实施细则》规定:编制工程量清单,出现了附录中未包括的项目,编制人可作相应补充,并应报省、自治区、直辖市工程造价机构备案。

(5)编制其他清单项目表。其他项目清单一般按照下列内容列项:

1)暂列金额;

2)暂估价,包括材料暂估价、专业工程暂估价;

3)计日工;

4)总承包服务费。

(6)规费和税金项目清单编制。规费项目清单应按照以下内容列项:

1)工程排污费;

2)工程定额测定费;

3)社会保障费,包括养老保险费、失业保险费、医疗保险费;

4)住房公积金;

5)危险作业意外伤害保险。

税金项目清单应包括以下内容:

1)营业税;

2)城市维护建设税;

3)教育费附加。

(7)工程量汇总。在进行工程量汇总时,应先将工程本身的分部分项工程量清单、措施项目清单、其他项目清单、规费项目清单及税金项目清单进行归类整理,然后再按规定要求进行排序、编码和汇总。在汇总中尽量做到不出现重、漏、错的现象。

(8)编写总说明。在完成上述工作的基础上,编写总说明,以便将有关方面的问题、需要说明的共性问题阐述清楚。工程量清单的总说明应包括以下内容:

1)工程概况:如建设地址、建设规模、工程特征、计划工期、施工现场实际情况(如三通一平、构件加工等)、自然地理条件、环境保护要求等;

2)工程发包和分包范围；

3)工程量清单编制依据，如采用的标准、施工图纸、标准图集等；

4)使用材料设备、施工的特殊要求等；

5)其他需要说明的问题。

任务二　工程量清单计价

一、工程量清单报价书的编制

1.工程量清单计价的概念

工程量清单计价是指投标人完成由招标人提供的工程量清单所需的全部费用，包括分部分项工程费、措施项目费、其他项目费、规费和税金。工程量清单计价的基本过程可以描述为：在统一的工程量清单项目设置的基础上，制定工程量清单计量规则，根据具体工程的施工图纸计算出各个项目的工程量，再根据各个渠道所获得的工程造价信息和经验数据，计算得出工程造价。工程量清单计价具有动态性和阶段性(多次性)的特点，根据先后发生顺序包括招标控制价的编制、投标报价。

2.投标报价的编制

(1)投标报价格式的内容。投标报价格式的内容包括填写封面，工程项目招标控制价/投标报价汇总表，单项工程招标控制价/投标报价汇总表，单位工程招标控制价/投标报价汇总表，分部分项工程量清单与计价表，工程量清单综合单价分析表，措施项目清单与计价表，其他项目清单与计价汇总表，规费、税金项目清单与计价表。具体见表3.1～表3.5。

表 3.1　投标报价封面

| 投标总价：_____ |
| 招　标　人：_____ |
| 工程名称：_____ |
| 投标总价(小写)：_____ |
| （大写)：_____ |
| 投　标　人：_____ |
| （单位盖章) |
| 法定代表人 |
| 或其授权人：_____ |
| （签字或盖章) |
| 编　制　人：_____ |
| (造价人员签字盖专用章)　　　　　编制时间：　年　月　日表 |

表 3.2　工程项目招标控制价/投标报价汇总表

工程名称：　　　　　　　　　　　　　　　　　　　　　　　　　　　　第　页　共　页

序　号	单项工程名称	金额/元	其　中		
			暂估价/元	安全文明施工费/元	规费/元
合　计					

表 3.3　单项工程招标控制价/投标报价汇总表

工程名称：　　　　　　　　　　　　　　　　　　　　　　　　　　　　第　页　共　页

序　号	单位工程名称	金额/元	其　中		
			暂估价/元	安全文明施工费/元	规费/元
合　计					

表 3.4　单位工程招标控制价/投标报价汇总表

工程名称：　　　　　　　标段：　　　　　　　　　　　　　　　　　第　页　共　页

序　号	汇总内容	金额/元	其中:暂估价/元
1	分部分项工程		
1.1			
1.2			
2	措施项目		
2.1	安全文明施工费		
2.2			
3	其他项目		
3.1	暂列金额		
3.2	专业工程暂估价		
3.3	计日工		
3.4	总承包服务费		
4	规费		
5	税金		
招标控制价合计＝1＋2＋3＋4＋5			

表 3.5　工程量清单综合单价分析表

工程名称：　　　　　　　　标段：　　　　　　　　　　　　　第　页　共　页

项目编码				项目名称					计量单位		
清单综合单价组成明细											
定额编号	定额名称	定额单位	数量	单价				合价			
				人工费/元	材料费/元	机械费/元	管理费和利润/元	人工费/元	材料费/元	机械费/元	管理费和利润/元
人工单价				小　计							
元/工日				未计价材料费/元							
清单项目综合单价											
材料费明细	主要材料名称、规格、型号					单位	数量	单价/元	合价/元	暂估单价/元	暂估合价/元
	其他材料费/元										
	材料费小计/元										

　　(2)投标报价编制的一般规定。投标报价应由投标人或受其委托具有相应资质的工程造价咨询人按招标人提供的工程量清单编制。投标报价由投标人自主确定，但不得低于成本。投标报价应根据以下依据编制：

　　1)《计价规范》；

　　2)国家或省级、行业建设主管部门颁发的计价办法；

　　3)企业定额，国家或省级、行业建设主管部门颁发的计价定额；

　　4)招标文件、工程量清单及其补充通知、答疑纪要；

　　5)建设工程设计文件及相关资料；

　　6)施工现场情况、工程特点及拟定的投标施工组织设计或施工方案；

　　7)与建设项目相关的标准、规范等技术资料；

　　8)市场价格信息或工程造价管理机构发布的工程造价信息；

9)其他的相关资料。

(3)投标报价格式的填写规定。

1)投标总价封面。投标人编制投标报价时,由投标单位注册的造价人员编制。投标人盖单位公章,法定代表人或其授权人签字或盖章;编制的造价人员(造价工程师或造价员)签字盖执业专用章。

2)总说明。总说明应包括以下内容:

a.采用的计价依据;

b.采用的施工组织设计;

c.综合单价中包含的风险因素,风险范围(幅度);

d.措施项目的依据;

e.其他有关内容的说明。

3)汇总表。投标报价汇总表与投标函中投标报价金额应当一致。就投标文件的各个组成而言,投标函是最重要的文件,其他组成部分都是投标函的支持性文件,投标函是必须经过投标人签字画押,并且在开标会上当众宣读的文件。如果投标报价汇总表的投标总价与投标函填报的投标总价不一致,应当以投标函中填写的大写金额为准。实践中,对该原则一直缺少一个明确的依据,为了避免出现争议,可以在"投标人须知"中给予明确,用在招标文件中预先给予明示约定的方式来弥补法律、法规依据的不足。

4)分部分项工程量清单与计价表。编制投标报价时,投标人对表中的"项目编码""项目名称""项目特征""计量单位""工程量"均不应做改动。"综合单价""合价"自主决定填写,对其中的"暂估价"栏,投标人应将招标文件中提供了暂估材料单价的暂估价计入综合单价,并应计算出暂估单价的材料在"综合单价"及其"合价"中的具体数额,因此,为更详细反映暂估价情况,也可在表中增设一栏"综合单价"其中的"暂估价"。

5)工程量清单综合单价分析表。该表集中反映了构成每一个清单项目综合单价的各个价格要素的价格及主要的"工、料、机"消耗量。投标人在投标报价时,需要对每一个清单项目进行组价,为了使组价工作具有可溯性,需要表明每一个数据的来源。该分析表一般随投标文件一同提交,作为竞标价的工程量清单的组成部分。

6)措施清单计价表。对于适用以分部分项工程量清单项目综合单价方式计价的措施项目,参照使用。对于适用于以"项"计价的措施项目,除"安全文明施工费"必须按《计价规范》的强制性规定,按省级、行业建设主管部门的规定计取外,其他措施项目均可根据投标施工组织设计自主报价。投标人可根据工程实际情况结合施工组织设计,对招标人所列的措施项目进行增补。

7)其他项目清单与计价汇总表。应按招标文件工程量清单提供的"暂列金额"和"专业工程暂估价"填写金额,不得变动。"计日工""总承包服务费"自主确定报价。

8)材料暂估单价表。材料暂估价应按招标人在其他项目清单中列出的单价计入综合单价。一般来说,表中列明的材料设备的暂估价仅指此类材料、工程设备本身运至施工现场内工地地面价,但不包括这些材料设备的安装以及安装所必需的辅助材料以及发生在现场内的验收、存储、保管、开箱、二次搬运、从存放地点运至安装地点以及其他任何必要的辅助工作所发生的费用。与此所发生的费用应该包括在投标价格中并且固定包死。

9)专业工程暂估价表。专业工程暂估价应按招标人在其他项目清单中列出的金额填写。

专业工程暂估价应在表内填写工程名称、工程内容、暂估金额，投标人应将上述金额计入投标总价中。一般来说，专业工程暂估价是指分包人实施专业分包工程的含税金后的完整价，除了合同约定的承包人应承担的总包管理、协调、配合和服务责任所对应的总承包服务费用外，承包人为履行其总包管理、配合、协调和服务等所需发生的费用应该包括在投标价格中。

10)计日工表。人工、材料、机械台班单价由投标人自主确定，按招标人在其他项目清单中列出的项目和数量计算合价计入投标总价中。

11)总承包服务费计价表。总承包服务费根据招标文件中列出的内容和提出的要求自主确定。

12)规费、税金项目清单计价表。按建设部、财政部印发的《〈建筑安装工程费用组成〉的通知》(建标〔2003〕206号)列举的规费项目列项，在施工实践中，有的规费项目，如工程排污费，并非每个工程所在地都要征收，实践中可作为按实计算的费用处理。此外，按照国务院《工伤保险条例》，工伤保险建议列入，与"危险作业意外伤害保险"一并考虑。

(4)施工合同价款的约定。经开标、评标、定标后，招标人发出中标通知书。此后30天内承发包双方依据招、投标文件签订书面合同，合同的约定不得违背招投标文件中关于工期、造价、质量等方面的实质性内容。招标文件与中标人投标文件不一致的地方，以投标文件为准。

双方采用的合同形式宜为单价合同，对于规模不大、工序相对成熟、工期较短、施工图纸完备的施工项目，也可以采用总价合同。合同条款中应对下列事项进行约定：

1)预付工程款的数额、支付时间及抵扣方式；

2)工程计量与支付工程进度款的方式、数额及时间；

3)工程价款的调整因素、方法、程序、支付及时间；

4)索赔与现场签证的程序、金额确认与支付时间；

5)发生工程价款争议的解决方法及时间；

6)承担风险的内容、范围以及超出约定内容、范围的调整办法；

7)工程竣工价款结算编制与核对、支付及时间；

8)工程质量保证(保修)金的数额、预扣方式及时间；

9)与履行合同、支付价款有关的其他事项等。

3.招标控制价的编制

招标控制价是招标人根据国家或省级、行业建设主管部门颁发的有关计价依据和办法，按设计施工图纸计算的，对招标工程限定的最高工程造价。其实质就是以前通常所称的标底。两者的区别在于：标底是要保密的，而招标控制价是公开的，应当在招标文件中予以公布。招标控制价应由具有编制能力的招标人或其委托的具有相应资质的工程造价咨询人编制，不应上调或下浮。招标人应将招标控制价及有关资料报送工程所在地工程造价管理机构备查。对于国有资金投资工程建设项目，应该编制招标控制价。招标控制价超过批准的概算时，招标人应将其报原概算审批部门审核。投标人的投标报价高于招标控制价的，其投标应予以拒绝。

(1)招标控制价的编制依据。

1)《计价规范》；

2)国家或省级、行业建设主管部门颁发的计价定额和计价办法；

3)建设工程设计文件及相关资料；

4)招标文件中的工程量清单及有关要求；

5)与建设项目相关的标准、规范、技术资料；

6)工程造价管理机构发布的工程造价信息；工程造价信息没有发布的参照市场价；

7)其他的相关资料。

(2)招标控制价编制的相关规定。

1)分部分项工程费的计价。分部分项工程费的计价包括两个计算基数,即工程量与综合单价。其所采用的工程量应是招标文件中工程量清单提供的工程量。综合单价的确定应根据相关规范、标准、图集、技术资料,国家或省级、行业建设主管部门颁发的计价定额和计价办法等进行编制。综合单价中应包括招标文件中要求投标人承担的风险费用。招标文件提供了暂估单价的材料,按暂估的单价计入综合单价。

2)措施项目费的计价。措施项目费应根据招标文件中的措施项目清单进行编制。编制时应首先明确所采用的施工组织设计并在总说明表中注明。适用于以"项"计价的措施项目,计费基础、费率按省级、行业建设主管部门的规定计取。适用以分部分项工程量清单项目综合单价方式计价的措施项目,参照 2009《陕西省建设工程工程量清单计价规则》规定的综合单价组成确定,即

$$措施项目费 = \sum(措施项目清单工程量 \times 该措施项目的综合单价)$$

3)其他项目费计价。其他项目费应按下列规定计价:

a.暂列金额应根据工程特点,按有关计价规定估算;

b.暂估价中的材料单价应根据工程造价信息或参照市场价格估算;暂估价中的专业工程金额应分不同专业,按有关计价规定估算;

c.计日工应根据工程特点和有关计价依据计算;

d.总承包服务费应根据招标文件列出的内容和要求估算。

4)规费和税金的计价。按建设部、财政部印发的《〈建筑安装工程费用组成〉的通知》(建标〔2003〕206 号)及各地具体情况计取,工伤保险建议列入,与"危险作业意外伤害保险"一并考虑。

4.工程价款调整

在工程实践中,建设方与施工方签订的合同价往往并不是最终的结算价,特别是一些工期较长、施工情况比较复杂的大中型项目,受市场、政策因素影响较大,产生的工程变更较多,这就涉及工程价款的调整与最终的结算问题。

工程价款调整的相关规定。影响工程价款调整的因素主要包括以下四方面。

(1)工程量清单的原因造成价款调整。

1)图纸错误造成单价的调整。若施工中出现施工图纸(含设计变更)与工程量清单项目特征描述不符的,发、承包双方应按新的项目特征确定相应工程量清单项目的综合单价。

2)因分部分项工程量清单漏项或非承包人原因的工程变更。因分部分项工程量清单漏项或非承包人原因的工程变更,造成增加新的工程量清单项目,其对应的综合单价按下列方法确定:

合同中已有适用的综合单价,按合同中已有的综合单价确定;

合同中有类似的综合单价,参照类似的综合单价确定;

合同中没有适用或类似的综合单价,由承包人提出综合单价,经发包人确认后执行。

3)非承包人原因引起的工程量的变化。在合同履行过程中,因非承包人原因引起的工程

量的变化,对工程量清单项目的综合单价产生影响时,是否调整综合单价以及如何调整应在合同中约定。若合同未作约定,按以下原则办理:

当工程量清单项目工程量的变化幅度在 10% 以内时,其综合单价不做调整,执行原有综合单价。

当工程量清单项目工程量的变化幅度在 10% 以外,且其影响分部分项工程费超过 0.1% 时,其综合单价以及对应的措施费(如有)均应做调整。

调整的方法是由承包人对增加的工程量或减少后剩余的工程量提出新的综合单价和措施项目费,经发包人确认后调整。

4)措施项目变化时,措施费的调整,按以下原则办理:

原措施费中已有的措施项目,按原措施费的组价方法调整;

原措施费中没有的措施项目,由承包人根据措施项目变更情况,提出适当的措施费变更,经发包人确认后调整。

(2)施工期内人工单价及物价原因造成的价款调整。

1)人工单价的调整。施工期内,当人工单价发生变化时,依据合同约定按省级或行业建设主管部门或其授权的工程造价管理机构发布的人工成本信息进行调整。

2)物价波动,工程价款的调整。施工期内,当物价波动超出一定幅度时,应按合同约定调整工程价款;合同没有约定或约定不明确的,应按省级或行业建设主管部门或其授权的工程造价管理机构的规定调整。

承包人应在采购材料前将拟采购数量和新的材料单价递交发包人核对,发包人确认用于本合同工程时,应将确认的采购数量和调整材料单价通知承包人,作为双方调整工程价款的依据。但由于承包人原因致使工期延后的,不予调整。

(3)国家的法律、法规、规章和政策发生变化影响工程造价。招标工程以投标截止日前 28 天,非招标工程以合同签订前 28 天为基准日,其后国家的法律、法规、规章和政策发生变化影响工程造价的,应按省级或行业建设主管部门或其授权的工程造价管理机构发布的规定调整合同价款。

(4)发生不可抗力事件,工程价款的调整。因不可抗力事件导致的费用,发、承包双方应按以下原则分别承担并调整工程价款:

1)工程本身的损害、因工程损害导致第三方人员伤亡和财产损失以及运至施工场地用于施工的材料和待安装的设备的损害,由发包人承担;

2)发包人、承包人人员伤亡由其所在单位负责,并承担相应费用;

3)承包人的施工机械设备损坏及停工损失,由承包人承担;

4)停工期间,承包人应发包人要求留在施工场地的必要的管理人员及保卫人员的费用由发包人承担;工程所需清理、修复费用,由发包人承担。

任务三 管道安装工程量清单计价程序及方法

一、工程量清单计价的程序

工程量清单计价的程序是指工程量清单计价人在整个计价的过程中,各项计价工作必须遵循的先后顺序。

(1)进行材料、设备项目的划分。

(2)确定人工、材料、机械台班的单价。

(3)计算分部分项工程量清单项目的综合单价。

(4)计算分部分项工程费。

(5)计算措施项目费。

(6)计算其他项目费。

(7)计算单位工程造价。

(8)编写管道工程量清单计价总说明。

(9)填报投标总价或招标最高限价。

(10)填写封面、签字盖章、装订成册。

二、工程量清单计价的方法

1.进行材料、设备项目的划分

工程量清单计价人在计价前,先应根据招标人所发招标文件及工程量清单,对各分部分项工程量清单计价时所需要的材料、设备进行准确的划分;应分清招标人、投标人分别采购材料、设备的范围,其主要目的在于对投标人所采购的材料、设备进行市场调研、询价、定价、计价。

进行材料、设备项目划分时,通常用表 3.6 和表 3.7 的形式体现。

表 3.6　乙方供主要材料一览表

序　号	材料编号	材料名称、规格、型号	单　位	单价/元	备　注
1		焊接钢管 DN50	m		
2		截止阀 JW10T DN50	个		

表 3.7　乙方供主要设备一览表

序　号	设备编号	设备名称、型号	单　位	单价/元	备　注
1		水冷螺杆冷水机组 LsQw80z	台		
2		立式多级离心泵 65DL	台		

2.确定人工、材料、机械台班的单价

确定人工、材料、机械台班单价的主要目的是为了进行分部分项工程量清单项目综合单价的组价计算。因此,投标人在进行投标报价时,其人工、材料、机械台班单价均应按当时当地的市场价格来确定;而招标人在编制招标工程项目的最高限价时,应执行 2004 年《陕西省安装工程消耗量定额》配套的 2009 年《陕西省安装工程价目表》中规定的人工、材料、机械台班价格,发生差价时,其差价应计入可能发生的差价费内。

(1)人工工日单价的确定。目前陕西省建设厅规定建筑工程、安装工程、市政工程、园林绿化工程的人工工日单价应按 120 元/工日计。

1)编制招标工程项目最高限价时,其人工工日单价应按 120 元/工日计取,不得提高或降低人工工日单价。

2)编制招标工程项目投标报价时,其人工工日单价投标人可以在 120 元/工日的基础上,提高或降低人工工日单价。

(2)材料、设备单价的确定。依据 2009 年《陕西省建设工程工程量清单计价规则》规定如下:

1)编制招标工程项目的最高限价时,其材料单价应按相关信息价格计取。

2)编制招标工程项目的投标报价时,其材料单价应按当时当地市场价格或参照相关信息价格计取。

3)材料、设备单价的确定,通常用表 3.8 和表 3.9 形式体现。

表 3.8 乙方供主要材料价格表

序 号	材料编号	材料名称、规格、型号	单位	单价/元	备 注
1		焊接钢管 DN50	m	20.69	
2		截止阀 JW10T DN50	个	79.47	

表 3.9 乙方供主要设备价格表

序 号	设备编号	设备名称、型号	单位	单价/元	备 注
1		水冷螺杆冷水机组 LsQw80z	台	186 900.00	山东贝莱特
2		立式多级离心泵 65DL	台	6 800.00	华亭科技

(3)施工机械台班单价的确定。

1)编制招标工程项目的最高限价时,其施工机械台班的单价按 2009 年《陕西省施工机械台班价目表》中规定的单价计取。

2)编制招标工程项目的投标报价时,其施工机械台班的单价可参考《陕西省施工机械台班价目表》中规定的单价计取,或按投标人结合市场租赁信息价格,自主确定施工机械台班单价。

3.计算分部分项工程量清单项目的综合单价

分部分项工程量清单项目的综合单价,应依据 2009 年《陕西省建设工程工程量清单计价规则》规定的综合单价组价内容和组价程序,按工程量清单所提供的分部分项工程量清单项目中的工程内容、项目特征述及有关要求,并应包括招标文件中要求投标人承担的风险费用。

(1)依据分部分项工程量清单项目中的工程内容、项目特征描述及有关要求,列出相应需要计价项目。

(2)依据列出的计价项目,在编制招标工程最高限价时,套用 2004 年《陕西省安装工程消耗量定额》及配套的 2009 年《陕西省安装工程价目表》分别计算出相应项目的人工费和材料费、施工机械使用费。在编制投标报价时,可参考 2004 年《陕西省安装工程消耗量定额》及配套的 2009 年《陕西省安装工程价目表》或企业定额按已确定的人工、材料、机械台班单价分别计算出相应项目的人工费、材料费、施工机械使用费。

(3)依据招标文件中要求投标人承担的风险范围,计算确定综合单价中应包括的一定范围内的风险费。

(4)依据 2004 年《陕西省安装工程消耗量定额》及配套的 2009 年《陕西省安装工程价目表》规定,计取各种按系数计算的费用。

(5)计算分项直接工程费：

分项直接工程费＝人工费＋辅材料费＋主材料费＋机械费＋一定范围内的风险费

(6)计算管理费及利润：

1)编制招标工程最高限价时，应按 2009 年《陕西省建设工程工程量清单计价费率》中的相关规定，安装工程管理费应以人工费为取费基础，计取费率为 20.54%；利润以人工费为取费基础，计取费率为 22.11%。

2)编制投标报价时，应参考 2009 年《陕西省建设工程工程量清单计价费率》中规定的安装工程管理费率及利润率，自主确定费率并报价，则有

管理费＝人工费×管理费率

利润＝人工费×利润率

(7)确定分部分项工程量清单项目的综合单价。综合单价是指完成一个规定计量单位的工程量清单项目所需人工费、材料费、施工机械使用费和企业管理费与利润，以及一定范围内的风险费用，则有

综合单价＝人工费＋辅材料费＋主材料费＋机械费＋

一定范围内的风险费＋管理费＋利润

现以某建筑室内供暖工程中的管道及阀门安装项目为例，介绍分部分项工程综合单价的计算方法、计价程序。建筑为 7 层，建筑面积 4 568m²，采暖管道要求焊接钢管连接，管道穿墙穿楼板均加设有镀锌铁皮套管，管道采用手工除锈后刷红丹防锈漆两遍、银粉漆两遍；阀门采用截止阀 J11W－16TDN40。通过设计施工图计算得知 DN40 的管道延长米为 30.5m，穿墙过楼板的镀锌铁皮套管数量为 5 个，J11W－16TDN40 截止阀 2 个。

1)室内供暖管道安装工程工程量清单项目见表 3.10。

表 3.10 某建筑室内供暖工程分部分项工程量清单

序 号	项目编码	项目名称	计量单位	工程数量
1	030801002001	焊接钢管(螺纹连接)DN40 以上管道安装包括管道及管件安装，水压实验及消毒、冲洗，管道支架制作安装，镀锌铁皮套管制作安装，管道手工除锈后管道表面刷红丹防锈漆及银粉漆各两遍	m	30.50
2	030803001001	截止阀 J11W－16T DN40	个	2.00
3	030807001001	采暖工程系统调整费	系统	1

2)焊接钢管 DN40 的材料单价为 17.89 元/m，截止阀 J11W－16T 的单价为 92.0 元/个。

3)执行 2004 年《陕西省安装工程消耗量定额》及配套的 2009 年《陕西省安装工程价目表》。

4)管理费及利润按 2009 年《陕西省建设工程工程量清单计价费率》中规定的安装工程管理费及利润率下浮 6%。

5)请按上述规定计算某室内供暖管道及阀门安装工程工程量清单项目投标报价的综合单价。具体见表 3.11～表 3.13。

表 3.11 分部分项工程量清单综合单价计算表

工程名称:某建筑室内采暖工程   计量单位:m

项目编码:030801002001   工程数量:30.50

项目名称:焊接钢管 DN40   综合单价:30.82 元/m

序号	定额编号	项目名称	单位	数量	金额/元						
					人工费	材料费	机械费	管理费	利润	风险	小计
1	8-136	焊接钢管(焊接连接)DN40	m	30.50	142.04	72.90	24.49				
2	17.89	焊接钢管 DN40	m	31.11		556.56					
3	8-310	管道水冲洗	m	30.50	4.08	3.16					
4	8-901	镀锌铁皮套管制作安装 DN65	个	5.00	11.60	10.40					
5	14-1	管道手工除轻锈	m²	4.60	4.03	1.72					
6	14-51	管道刷红丹漆防轻锈第一遍	m²	4.60	3.20	8.95					
7	14-52	管道刷红丹漆防轻锈第二遍	m²	4.60	3.20	7.92					
8	14-56	管道刷银粉漆第一遍	m²	4.60	3.31	4.63					
9	14-57	管道刷银粉漆第二遍	m²	4.60	3.20	4.22					
		合计			174.66	670.46	24.49	34.44	36.16		940.21

表 3.12 分部分项工程量清单综合单价计算表

工程名称:某建筑室内采暖工程   计量单位:个

项目编码:030803001001   工程数量:2.00

项目名称:阀门安装 DN40   综合单价:110.49 元/个

序号	定额编号	项目名称	单位	数量	金额/元						
					人工费	材料费	机械费	管理费	利润	风险	小计
1	8-325	阀门安装 DN40	个	2.00	12.86	17.24					
2	92	截止阀 J11T-16DN40	个	2.02		185.84					
		合计			12.86	203.08		2.52	2.66		221.12

表 3.13　分部分项工程量清单综合单价计算表

工程名称:某建筑室内采暖工程　　　　　　　　　计量单位:系统

项目编码:030807001001　　　　　　　　　　　工程数量:1

项目名称:采暖系统调整费　　　　　　　　　　综合单价:26.81 元/系统

序号	定额编号	项目名称	单位	数量	金额/元						
					人工费	材料费	机械费	管理费	利润	风险	小计
1		采暖系统调整费	系统	1	6.09	6.09	12.18	1.18	1.27		26.81
		合计			6.09	6.09	12.18	1.18	1.27		26.81

4.计算分部分项工程费(见表3.14)

表 3.14　分部分项工程量清单综合单价计算汇总表

工程名称:某建筑室内采暖工程

序号	项目编码	项目名称	计量单位	数量	金额/元						
					人工费	材料费	机械费	管理费	利润	风险	小计
1	030801002001	焊接钢管(焊接连接)DN40	m	30.50	174.66	670.46	24.49	34.44	36.16		940.21
2	030803001001	截止阀 J11W-16TDN40	个	2	12.86	203.08	0	2.52	2.66		221.12
3	030807001001	采暖工程系统调整费	系统	1	6.09	6.09	12.18	1.18	1.27		26.81
		合计			195.61	879.63	36.67	38.14	40.09		1 187.94

5.计算措施项目费

措施项目费是指完成措施项目清单所需的费用。根据拟建工程的施工组织设计施工方案,参照 2009 年《陕西省建设工程工程量清单计价规则》规定的综合单价确定,则有

$$措施项目费 = \sum(措施项目清单工程量 \times 该措施项目的综合单价)$$

该建筑室内供暖工程的分部分项工程费合计为 1 187.94 元,其中人工费为 195.61 元。工程的其他项目费为 1 200.00 元,其措施项目中的安全文明施工措施费、脚手架搭拆费计算如下。

(1)安全文明施工措施费的综合单价计算。安全文明施工措施费是指施工现场安全施工和文明施工所需要的各项费用,其费用内容包括安全施工费、文明施工费、环境保护费、临时设施费四项。安全文明施工措施费作为不可竞争费,无论是编制招标工程的最高限价,还是编制招标工程的投标报价,都必须按规定计价程序、规定计价费率列项并计取,按 2009 年《陕西省建设工程工程量清单计价费率》规定:安装工程中的安全文明施工措施费合并按 3.80% 计取。安全文明施工措施费的计取方法为

$$安全文明施工措施费 = [分部分项工程费 + 措施项目费(不含安全文明施工措施费) +$$
$$其他项目费] \times 安全文明施工措施费费率$$

即

$$(1\ 187.94 + 17.21 + 1\ 200.00) \times 3.80\% = 252.39(元)$$

（2）脚手架搭拆费的综合单价计算。按 2004 年《陕西省安装工程消耗量定额》及配套的 2009 年《陕西省安装工程价目表》的规定,脚手架搭拆费属于综合系数,除第六册《工业管道工程》规定:单独承担室外地沟,埋地管道工程,不应计取脚手架搭拆费以外,其余各册安装工程消耗规定不论是室内还是室外,架空还是埋地均应计取脚手架搭拆费用;另外,无论实际是否需要搭拆,或是利用土建或者其他专业的脚手架,同样应计取脚手架搭拆费用,脚手架搭拆费的综合单价,应按安装工程消耗量定额规定的系数计算出脚手架搭拆费中的人工费、材料费、机械费,并用其中的人工费乘以管理费率、利润率,分别计算出脚手架搭拆费中的管理费和利润,并考虑一定范围内的风险费用。由表 2.12 可知,计取费率 8%,其中人工费 25%,材料费 65%,机械费 10%。具体计算方法如下:

脚手架搭拆费中的直接费:$195.61 \times 8\% = 15.65$(元)

脚手架搭拆费中的人工费:$15.65 \times 25\% = 3.91$(元)

脚手架搭拆费中的材料费:$15.65 \times 65\% = 10.17$(元)

脚手架搭拆费中的机械费:$15.65 \times 10\% = 1.57$(元)

脚手架搭拆费中的管理费:$3.91 \times 20.54\% \times 0.94 = 0.75$(元)

脚手架搭拆费中的利润:$3.91 \times 22.11\% \times 0.94 = 0.81$(元)

脚手架搭拆费:$15.65 + 0.75 + 0.81 = 17.21$(元)

6.计算其他项目费

其他项目费是指完成其他项目清单所需的费用。应按下列规定计算确定:

其他项目费＝暂列金额＋专业工程暂估价＋计日工＋总承包服务费

（1）暂列金额。暂列金额是指招标人在工程量清单中暂定并包括在合同价款中的一笔款项。用于施工合同签订时尚未确定或者不可预见的所需材料、设备、服务的采购,施工中可能发生的工程变更、合同约定调整因素出现时的工程价款调整以及发生的索赔、现场签证确认等的费用。暂列金额属于招标人部分的金额,应按招标人规定的工程总价暂估金额计入工程总价。

（2）专业工程暂估价。专业工程暂估价是指招标人在工程量清单中提供的用于支付必然发生但暂时不能确定价格的材料、设备(指计入建筑安装工程费的设备)的单价以及拟另行分包专业工程的金额。专业工程暂估价同样属于招标人部分的金额,应按拟建工程的具体情况或招标文件规定的估算金额计入工程总价。

（3）计日工。计日工是指在施工过程中,完成发包人提出的施工图纸以外的零星项目或工作。按照 2009 年《陕西省建设工程工程量清单计价规则》规定的综合单价法计算。

$$计日工费 = \sum(计日工表中的人工工日数量 \times 人工工日的综合单价 +$$
$$计日工表中材料数量 \times 相应材料的综合单价 +$$
$$计日工表中的机械台班数量 \times 相应机械台班的综合单价)$$

（4）总承包服务费。总承包服务费是指总承包人对发包人另行分包工程进行施工现场协调、服务,对发包人采购设备、材料管理、服务以及竣工资料汇总整理等服务所需的费用。总承包服务费属工程承包人部分的金额,应按招标人在招标文件中提出的工程分包情况。按下列规定确定其费用。

1)编制招标工程项目的最高限价时,总承包服务费中的总包管理费,可按招标分包的专业安装工程造价的 2%～4% 计取；总承包服务费中的材料、设备保管费,可按招标人采购供应材料、设备总价值的 0.80%～1.20% 计取。

2)编制招标工程项目的投标报价时,总承包服务费中的总包管理费、材料费、设备保管费等均由投标人参照 2009 年《陕西省建设工程工程量清单计价费率》中规定的费率范围自主确定费率并进行报价。

7.计算单位工程造价

单位工程造价是指完成一项单位工程所需的总费用。其费用内容包括分部分项工程费、措施项目费、其他项目费、规费和税金。

(1)分部分项工程费、措施项目费、其他项目费。分部分项工程费、措施项目费、其他项目费应分别按照招标人提供的相应工程量清单,以综合单价法计算确定。

(2)规费。规费是指根据国家、省级政府和省级有关主管部门规定必须缴纳的,应计入建筑安装工程造价的费用。规费包括养老保险、失业保险、医疗保险、工伤保险、残疾人就业保险、女工生育保险、住房公积金、意外伤害保险等 8 项内容。

作为不可竞争的费用,必须按规定计价程序、规定计价费率计取。其规费的费率合计为4.67%。

规费＝(分部分项工程费＋措施项目费＋其他项目费)×规费费率

从前面可知该建筑室内供暖工程的分部分项工程费为 1 187.94 元,措施项目费为 269.6 元,其他项目合计为 1 200.00 元,其规费计算如下:

规费＝(1 187.94＋269.60＋1 200.00)×4.67%＝124.11(元)

(3)税金。税金是指国家税法规定的应计入建筑安装工程造价内的营业税、城市维护建设税及教育费附加等。应按纳税地点的不同,分别选择不同的税率。2009《陕西省建设工程工程量清单计价费率》中规定:纳税地点在市区,税率为 3.41%;纳税地点在县城、镇,税率为3.35%;纳税地点在市区、县城、镇以外,税率为 3.22%。

税金＝(分部分项工程费＋措施项目费＋其他项目费＋规费)×税率

该建筑室内供暖工程所在地为陕西省宝鸡市的市区,所以其税率为 3.41%。税金计算如下:

税金＝(1 187.94＋269.60＋1 200.00＋124.11)×3.41%＝94.85(元)

(4)计算单位工程造价。

单位工程造价＝分部分项工程费＋措施项目费＋其他项目费＋规费＋税金

该建筑室内供暖工程的单位工程造价汇总见表 3.15。

表 3.15　单位工程造价汇总表

序 号	项目名称	造价/元
1	分部分项工程费	1 187.94
2	措施项目费	269.60
3	其他项目费	1 200.00
4	规费	124.11

续 表

序 号	项目名称	造价/元
5	税金	94.85
合计		2 876.50

8.编写管道工程量清单计价总说明

工程量清单计价总说明包括工程概况、编制依据等内容,应根据工程实际及采用的计价依据等方面,由工程量清单计价人据实编写。

9.填报投标总价或招标最高限价

10.填写封面、签字盖章、装订成册

思考与练习

1.简述工程量清单与清单计价的概念。它包含哪些内容?

2.工程量清单的费用构成及影响综合单价确定的因素有哪些?

3.简述工程量清单的编制步骤。

4.在编制招标控制价与投标报价时,两者的措施费取费有什么区别?

5.根据《计价规范》的规定,工程量清单的费用中哪些内容不得作为竞争性内容?

项目四　给排水工程计量与计价

知识目标

通过本项目的学习,了解室内给排水系统的组成,室内给排水系统的基本给水方式和管道布置形式;熟悉给排水工程量计算规则;掌握给排水系统工程量计算。

能力目标

能够熟练应用《计价规范》编制室内给排水工程工程量清单,熟练应用 2004 年《陕西省安装工程消耗量定额》及配套的 2009 年《陕西省安装工程价目表》对编制的给排水工程量清单进行计价。

任务一　建筑给排水工程

一、建筑给排水工程概况

1. 室内给排水系统的组成及作用

(1)室内给水系统的组成及作用。图 4.1 所示是一室内给水系统的系统图,结合该图来介绍室内给水系统的各组成部分及作用。

1)给水引入管(也称进户管、图 4.1 中编号 1)。给水引入管是连接室内给水系统与室外给水管网的管道,作用是将室外给水管网中的水引入到室内给水系统。

2)水表井(也称水表节点、图 4.1 中编号 2)。安装在给水引入管上的水表及水表前后的附件(称作水表节点),作用是记录室内给水系统的总用水量。

3)室内给水管道系统。室内给水管道系统包括以下内容:

a.给水干管(图 4.1 中编号 3)。给水干管是连接两根或两根以上给水立管的水平管道,作用是将引入管送来的水转送到每根给水立管。

b.给水立管(图 4.1 中编号 4)。给水立管是连接各楼层的给水横管的垂直管,作用是将给水干管输送来的水转送到各楼层的给水横管。

c.给水横管(图 4.1 中编号 5)。给水横管是设置在各楼层连接给水支管或用水龙头的水平管,作用是将给水立管输送来的水转送到给水支管或用水龙头。

d.给水支管。给水支管是指向一个用水设备或用水龙头供水的短管。

4)给水管道系统附件。给水系统附件分为以下两种:

a. 控制附件是指设置在给水管道上的各种阀门,作用是调节水量和水压,关断水流。

b. 配水附件是指各种用水龙头,作用是向各用水点按设计要求分配水量。

5)用水设备是指各种卫生器具、消防用水设备和各种生产用水设备。

6)升压储水设备(有时也称给水系统辅助设备)。升压储水设备对于某一个室内给水系统不一定有,因为只有室外给水管网的水压不能满足室内给水系统要求时才设置升压储水设备。例如,高层建筑的室内给水系统必须设置水泵、水箱或水池。

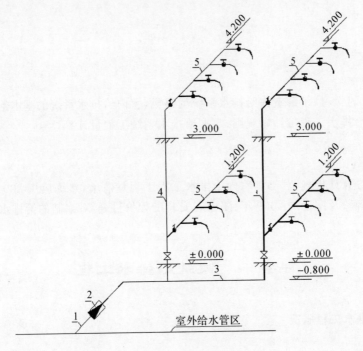

图 4.1 给水系统图

(2)室内排水系统的组成及作用。图 4.2 所示是一个室内污水排水系统图,我们结合该图介绍室内污水排水系统的组成及作用。

1)通气管(或通气系统、图 4.2 中编号 1)。通气管是指室内污水排水立管上部不过水和伸出屋面部分的管道,一般多用于建筑中的室内污水排水系统。

通气系统一般是对高层建筑的室内污水排水系统设置的专门用作通气的管道系统。通气管或通气系统的作用有以下两个:

a. 向室内排水系统补充空气,目的是平衡排水系统中的气压,以免设置在卫生器具排出管道上的水封遭到破坏。

b. 排除室内排水系统中产生的有害气体(臭气)。

2)排水支管(图 4.2 中编号 2)。排水支管是连接一个卫生器具的排水短管,一般在上面都设有水封(存水弯)。

3)排水横管(图 4.2 中编号 3)。排水横管是设在各楼层连接两个或两个以上卫生器具的水平排水管。排水横管的末端要设清扫口,清扫口的设法有两种:

a. 对埋地排水横管,清扫口要安装在地面上。

b.对安装在楼板下的排水横管,清扫口直接安装在排水横管的末端(参见图4.2)。

清扫口的作用是清扫排水横管内的堵塞物。

由于排水横管是设置在各楼层的水平排水管道,所以要按规范要求设置坡度。

4)排水立管(图4.2中编号4)。排水立管是指安装在室内的垂直排水管。按照规范要求,排水立管上要设立管检查口。设置的方法是:底层和顶层立管上必须设立管检查口,中间其余层每隔一层设一个。

立管检查口的作用是清扫和检查排水立管内的堵塞物。

5)排水干管(图4.2中编号5)。排水干管是连接两根或两根以上排水立管的水平排水管道。排水干管一般都是埋地敷设安装,或安装在建筑的地下室的顶棚内和高层建筑的管道转换层。由于排水干管是水平设置的管道,所以排水干管要按规范要求设置坡度。

6)排出管(图4.2中编号6)。排出管是室内排水系统与室外排水系统的连接管。要注意的是,高层建筑的排水系统中,由于高层建筑一般都有地下层(如地下负一、二、三层等),而地下层污水必须要设抽升设备(污水泵),才能将污水提升到地面,然后排入室外排水系统。由于排出管也是水平设置的管道,所以也要按规范要求设置坡度。

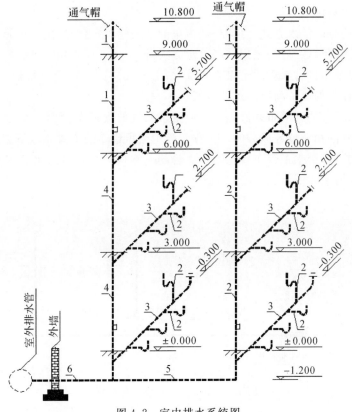

图4.2 室内排水系统图

2.室内给水系统的基本给水方式和管道布置形式

先要说明的是,我们只介绍工程实际中最常用的几种室内基本给水方式和管道的布置形式,供阅读室内给水工程施工图时进行判断。

（1）室内给水系统的基本给水方式及使用条件。室内给水系统的基本给水方式最常用的有四种：

1）直接给水方式。直接给水方式的适用条件：室外给水管网中的水量、水压、水质随时都能满足室内给水系统的要求，一般用于多层居住建筑和其他建筑。很明显这种给水系统是直接利用室外给水管网提供的水压进行工作的。

2）设有水箱的给水方式。设有水箱的给水方式的适用条件：室外给水管网中的水压间断不满足室内给水系统的要求。这种情况下，可在建筑的顶部设一个屋顶水箱。室内给水系统的工作情况分以下两种：

a.室外给水管网中的水压满足室内系统要求时，室内给水系统可直接由室外给水系统直接供水，同时也可向屋顶水箱供水（水箱中的水完全是靠这时充入的）。

b.室外给水管网中的水压不满足室内系统要求时，室内给水系统完全由设在屋顶的水箱供水。

3）设有水池、水泵和水箱的给水方式。设有水池、水泵和水箱的给水方式的适用条件为室外给水管网中的水量和水压完全不满足室内给水系统的要求。这种情况下，可在建筑的地下室设一个蓄水池和加压水泵，再在屋顶上设一个水箱（一般用于高层建筑）。室内给水系统的工作完全靠屋顶水箱供水。

4）高层建筑的分区供水方式。目前，城市里的高层建筑，由于它的高度超过了室外给水系统能够提供的水压，所以一般都采用分区供水方式，即下面几层采用室外管网直接供水方式供水；中间几层可以采用设有水箱的给水方式供水；上面几层则采用设有水池、水泵和水箱的给水方式供水。这样就形成了高层建筑的分区供水方式。

（2）室内给水系统的管道布置形式。室内给水系统的管道布置形式是根据给水系统的给水立管和给水干管的相对位置区分的。工程实际中用得最多的形式有以下三种：

1）下行上给式，即给水干管布置在给水立管的下端，例如，直接给水方式就可将管道布置成下行上给式，如图4.3所示。

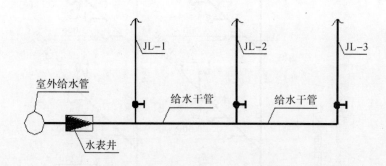

图4.3　下行上给式给水系统图

2）上行下给式，即给水干管布置在给水立管的上端，例如：设有水箱的给水方式可以将管道布置成上行下给式，如图4.4所示。

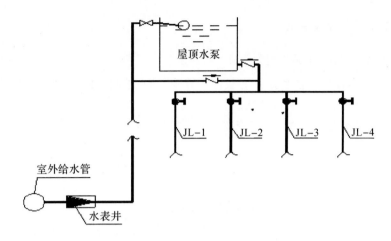

图 4.4 上行下给式给水系统图

任务二 给排水工程工程量计算

一、室内给排水工程施工图

1. 室内给排水工程施工图的特点

(1)对某些不可见管道不用虚线而是用粗实线表示,例如:埋地管道、暗装管道和穿墙管道。

(2)对某些管道及尺寸不按比例绘制,例如:水平管、立管、多根平行管道;管道与墙面的安装距离、管道与管道间的距离只是示意性地表示其位置。

(3)安装在下一层空间而为本层使用的管道绘制在本层平面图上。例如:二层的排水横管是安装在一层空间的二层楼板下,但却绘制在二层平面图上。

(4)绘制给水系统图时只绘制管道、用水龙头和开闭阀,不绘制用水设备的外轮廓线。

(5)绘制排水系统图时只绘制到卫生器具出口处的存水弯,不绘制卫生器具的外轮廓线。

2. 室内给排水工程施工图的阅读

室内给排水工程施工图的阅读一般是沿水流方向进行。

给水系统施工图的阅读是:给水引入管→水平干管→给水立管→给水横管→给水支管→用水设备。

排水系统施工图的阅读是:排水支管→排水横管→排水立管→排水干管→排出管。

同时,在阅读给排水工程施工图时,一般都要对照平面图、立面图和剖面图及系统进行。系统中的设备与附件可直接在平面图和系统图上进行统计,管道的长度统计方法有两种:①根据图纸比例丈量计算统计;②根据平面图、立面图所标注的尺寸计算统计。

为了便于介绍,我们将室内给水工程施工图和室内排水工程施工图分开画在两张图纸上,提供的图纸一张是室内给水平面图和系统图,另一张是室内排水平面图和系统图。

二、给排水工程量计算规则

1.管道安装的说明及计算规则

(1)各种管道,均以施工图所示中心长度计算延长米,不扣除阀门、管件(包括减压阀、疏水器、水表、伸缩器等组成安装)所占的长度。

(2)管道安装已经综合考虑了接头零件、水压实验、灌水实验及钢管弯管制作、安装(伸缩器除外)。

(3)室内 DN≤32mm 的给水、采暖管道均已包括管卡及托钩制作安装,支架防腐的工程量需要另计。

(4)钢套管的制作、安装,按室外管道(焊接)子目计算。

(5)管道消毒、冲洗,如设计要求仅冲洗不消毒时,可扣除材料费中漂白粉的价格,其余不变。

(6)室内外管道挖填土方及管道基础的工程量需另计,需参考土建定额。

(7)室内塑料排水管综合考虑了消声器安装所需的人工,但消声器本身的价格应按设计要求另计。

2.阀门、水位标尺安装的说明及计算规则

(1)螺纹阀门安装适用于各种内外连接的阀门安装。例如:管件材质与项目给定的材料不同时,可做调整。

(2)法兰阀门安装适用于各种法兰阀门的安装。例如:仅为一侧法兰连接时,法兰、带帽螺栓及钢垫圈数量减半。

(3)三通调节阀安装按相应阀门安装项目乘以系数1.5。

(4)各种阀门安装均以"个"为计量定额单位。浮球阀已包括联杆及浮球的安装。

3.低压器具、水表组成与安装的说明及计算规则

(1)减压器、疏水器组成安装。以"组"为计量定额单位,按标准图集 N108 编制,如实际组成与此不同时,阀门和压力表数量可按设计用量进行调整。

(2)法兰水表安装。按标准图集 S145 编制,其中已包括旁通管及止回阀的安装,如实际形式与此不同时,阀门及止回阀数量可按实际调整。

(3)水表安装。以"组"为计量定额单位,不分冷、热水表,均执行水表组成相应项目,如阀门、管件材质不同时,可按实际调整;螺纹水表安装已包括配套阀门的安装人工及材料,不应重复计算。

(4)减压器安装按高压侧的直径计算。

(5)远传式水表、热量表不包括电气接线。

4.卫生器具制作安装的说明及计算规则

(1)浴盆安装适用于各种型号和材质,但不包括浴盆支座和周边的砌砖、瓷砖的粘贴。

(2)洗脸盆、洗手盆、洗涤盆适用于各种型号,但台式洗脸盆不包括台板、支架。

(3)冷热水混合器安装项目中,包括温度计的安装,但不包括支架制作安装及阀门安装。

(4)蒸汽-水加热器安装项目中,包括莲蓬头安装,但不包括支架制作安装、阀门和疏水器安装。

（5）复合管连接的卫生器具安装，人工按热熔连接、黏结或卡套、卡箍连接综合取定，如设计管道和管件不同时，可做调整，其他不变。

（6）电热水器、开水炉安装项目内只考虑了本体安装，连接管、连接件等可按相应项目另计。

（7）饮水器安装项目中未包括阀门和脚踏开关的安装，可按相应项目另计。

（8）大、小便槽水箱托架安装已按标准图集计算在相应的项目内。

（9）蹲式大便器安装，已包括固定大便器的垫砖，但不包括大便器的蹲台砌筑。

三、室内给水工程工程量计算方法

室内给水工程施工顺序：引入管→干管→立管→支管→阀门类→水压实验→管道冲洗消毒。

1. 引入管（也称进户管）

（1）室内外管道界限划分。

1）入户处有阀门者以阀门为界（水表节点）。

2）入户处无阀门者以建筑物外墙皮 1.5m 处为界。

（2）防水套管。引入管在穿越地下室等外墙时，要设置防水套管，根据不同的防水要求分为刚性、柔性两种。刚性防水套管在一般防水要求时使用，柔性防水套管在防水要求较高时使用，如水池壁、与水泵连接处。按被套管的管径确定，单位是"个"。具体如图 4.5 所示。

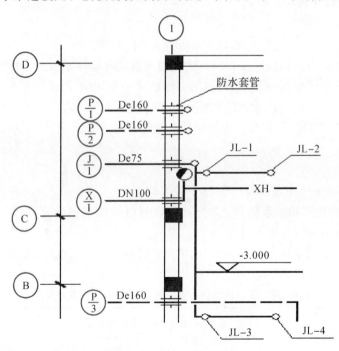

图 4.5　防水套管示意图

注意，入户管为 DN100，那么防水套管规格即为"DN100"的，该防水套管的规格虽是"DN100"，但其真正的管径不是 DN100 的，而应该是 DN150，比被套管的管径大，否则穿不过去。DN100 防水套管这一定额中已经按 DN150 的人工费、材料费和机械费计入。

2.管道计算(干管、立管、支管)

计算时,按不同材质、不同管径分别累计长度,单位是 m。准确计算管道长度的关键是找准管道变径点的位置,对于螺纹连接的管道来说,变径点发生在三通处。

(1)水平管计算:应根据平面图上标注的尺寸计算,因为图纸设计原因,安装工程施工图中很少有尺寸标注,或因计算太烦琐,实际工作中利用比例尺进行计量。将不同规格的管道分别计算,在平面图中用比例尺计量。先查看施工图比例,并复核。

(2)垂直管计算:根据系统图标注的标高,进行计算。系统图上切忌用比例尺量计。

3.管道的防腐、保温

不同的管材防腐的要求不同,焊接钢管:管道除锈后要刷防锈漆和银粉;镀锌钢管:丝扣处补刷防锈漆后刷银粉;塑料管:不用防腐。

(1)管道的防腐(除锈、刷油)。按管径分别计算管道的外表面积,计算方法有以下两种。

1)公式法:

$$S = \pi DL$$

式中:D 为管道外径;L 为管道的长度。

2)查表法:查表 4.1"焊接钢管绝热、刷油工程量计算表"中的保温厚度 δ 为 0 的一列刷油面积的数值(其数值是按公式法计算出来供大家使用的),单位为 m^2/m。

(2)管道保温(防结露做法同保温,只是保温厚度 δ 值较小)。按管径计算管道外保温材料的体积,计算方法有以下两种。

1)公式法:

$$V = \pi(D + 1.033\delta) \times 1.033\delta L$$

式中:D 为管道外径;δ 为绝热层厚度;3.3% 为保温材料允许超厚系数;L 为管道的长度。

2)查表法:查表 4.1"焊接钢管绝热、刷油工程量计算表"中不同保温厚度对应的那行保温体积的数值,单位为 m^3/m。(注意:有的表格中的单位是 $m^3/100$)。

(3)管道防潮层、保护层及刷漆。按管径计算管道保温外表面积,计算方法有以下两种:

1)公式法:

$$S = \pi(D + 2\delta + 2\delta \times 5\% + 2d_1 + 3d_2)L$$
$$= \pi(D + 2.1\delta + 0.0082)L$$

式中:5% 为保温材料允许超厚系数;d_1 为捆扎保温材料的金属钢丝直径($2d_1 = 0.0032$);d_2 为防潮层厚度($3d_2 = 0.005$);其他同上。

2)查表法:查表 4.1"焊接钢管绝热、刷油工程量计算表"中不同保温厚度对应的那行保温外刷油面积的数值,单位为 m^2/m。

表 4.1 焊接钢管绝热(m^3/m)、刷油(m^2/m)工程量计算表

公称直径	绝热层厚度 δ/mm							
	$\delta=0$	20	25	30	35	40	45	50
DN15	0.066 9	0.002 7	0.003 8	0.005 1	0.006 5	0.008 2	0.009 9	0.011 9
		0.224 6	0.257 6	0.290 6	0.323 6	0.356 6	0.389 6	0.422 5

续　表

公称直径	绝热层厚度 δ/mm							
	δ＝0	20	25	30	35	40	45	50
DN20	0.085 5	0.003 1	0.004 3	0.005 7	0.007 2	0.008 9	0.010 7	0.012 8
		0.243 2	0.276 1	0.309 1	0.342 1	0.375 1	0.408 1	0.441 1
DN25	0.105 9	0.003 5	0.004 9	0.006 3	0.008	0.009 7	0.011 7	0.013 8
		0.263 6	0.296 5	0.329 6	0.362 5	0.395 5	0.428 5	0.461 5
DN32	0.129 7	0.004	0.005 5	0.007	0.008 8	0.010 7	0.012 8	0.014 6
		0.287 5	0.320 4	0.353 4	0.386 4	0.419 4	0.452 1	0.485 4
DN40	0.150 7	0.004 4	0.006	0.007 6	0.009 6	0.011 6	0.013 8	0.015 1
		0.308 3	0.341 3	0.374 3	0.407 3	0.440 2	0.473 2	0.506 2
DN50	0.188 5	0.005 3	0.006 9	0.008 9	0.010 9	0.013 1	0.015 5	0.018 1
		0.346	0.379	0.412	0.444 9	0.477 9	0.510 9	0.543 8
DN65	0.237 6	0.006 3	0.008 3	0.010 4	0.012 7	0.015 2	0.017 9	0.020 7
		0.396 3	0.429 2	0.462 2	0.495 3	0.528 1	0.561 1	0.594 1
DN80	0.279 5	0.007 1	0.009 3	0.011 7	0.014 3	0.016 9	0.019 7	0.022 8
		0.437 1	0.470 1	0.503	0.536	0.569	0.601 9	0.634 9
DN100	0.358 0	0.008 8	0.011 4	0.014 2	0.017	0.020 1	0.023 4	0.026 9
		0.515 6	0.548 6	0.581 2	0.614 5	0.647 5	0.680 4	0.713 4
DN125	0.481 0	0.01	0.012 9	0.015 9	0.019 2	0.022 6	0.026 2	0.03
		0.575 2	0.608 2	0.641 2	0.680 4	0.707 1	0.740 1	0.773 1
DN150	0.518 1	0.012 1	0.015 5	0.019 1	0.022 8	0.026 8	0.030 9	0.035 1
		0.675 7	0.708 7	0.741 7	0.774 6	0.807 6	0.840 6	0.873 5
DN200	0.688 0	0.015 6	0.019 8	0.024 3	0.028 9	0.033 8	0.038 7	0.043 9
		0.845 3	0.878 2	0.911 2	0.644 2	0.977 2	1.010 1	1.043 1

4.管道支架

不同材质的管道,需要不同的支架支撑,钢管需要型钢支架,塑料管需要塑料管夹,工程量计算也不同。

(1)塑料管管夹。按不同管径分别计算数量,再汇总。

立管夹数量＝层高或垂直长度/立管最大间距数值

水平管夹数量＝管子水平长度/水平管最大间距数值

塑料管支架间距见表4.2。

表4.2 塑料管支架间距

管径/mm		12	14	16	18	20	25	32	40	50	63	75	90	110
最大间距/mm	立管	0.5	0.6	0.7	0.8	0.9	1.0	1.1	1.3	1.6	1.8	2.0	2.2	2.4
	水平管 冷水管	0.4	0.4	0.5	0.5	0.6	0.7	0.8	0.9	1.0	1.1	1.2	1.35	1.55
	水平管 热水管	0.2	0.2	0.25	0.3	0.3	0.35	0.4	0.5	0.6	0.7	0.8		

(2)型钢支架。分步进行,先统计不同规格的支架数量,再根据标准图集计算每个支架的重量,最后计算总重量。

1)第一步:统计支架数量。管道支架按安装形式一般有立管支架、水平管支架、吊架,见表4.3。

a.立管支架数量的确定,分不同管径计算。楼层层高≤4m时,每层设一个;楼层层高＞4m时,每层不得少于两个。

b.水平管支架数量的确定,分不同管径计算,有

$$支架数量＝\frac{某规格管子的长度}{该管子的最大支架间距}$$

c.吊架数量,同水平管支架数量的计算公式。

表4.3 水平钢管支架、吊架最大间距表

管子公称直径/mm		15	20	25	32	40	50	70	80	100	125	150
支架最大间距/m	保温管	1.5	2	2	2.5	3	3	4	4	4.5	5	6
	非保温管	2.5	3	3.5	4	4.5	5	6	6	6.5	7	8

2)第二步:重量计算。根据标准图集的具体要求,计算每个规格支架的单个重量,乘以支架数量,再求和计算总重量。不同类型的支架单个重量参考表4.4~表4.7的数据。

表4.4 砖墙上单管立式支架重量 （Ⅱ型） 单位:kg

公称直径/mm	DN15	DN20	DN25	DN32	DN40	DN50	DN65	DN80
保温	0.49	0.5	0.60	0.84	0.87	0.90	1.11	1.32
非保温	0.17	0.19	0.20	0.22	0.23	0.25	0.28	0.38

表4.5 砖墙上单管立式支架重量 单位:kg

公称直径/mm	DN50	DN65	DN80	DN100	DN125	DN150	DN200
保温	1.502	1.726	1.851	2.139	2.547	2.678	4.908
非保温	1.38	1.54	1.66	1.95	2.27	2.41	4.63

表 4.6　沿墙安装单管托架重量　　　　　　　单位:kg

管道	DN15	DN20	DN25	DN32	DN40	DN50	DN65	DN80	DN100	DN125	DN150
保温	1.362	1.365	1.423	1.433	1.471	1.512	1.716	1.801	2.479	2.847	5.348
非保温管	0.96	0.99	1.05	1.06	1.10	1.14	1.29	1.35	1.95	2.27	3.57

表 4.7　沿墙安装单管滑动支座重量　　　　　　单位:kg

管道	DN15	DN20	DN25	DN32	DN40	DN50	DN65	DN80	DN100	DN125	DN150
保温	2.96	3.0	3.19	3.19	3.36	3.43	3.94	4.18	5.02	7.61	10.68
非保温管	2.18	2.23	2.38	2.5	2.65	2.72	3.1	3.34	4.06	6.17	7.89

表 4.4～表 4.7 是根据国家建筑标准图集 03S402《室内管道支架及吊架》提供的有关数据汇总来,仅是个别型号的数据,供学习参考,实际工作时一定要根据最新的标准图集及施工图纸的具体要求认真计算单个重量。

【例 4.1】　某住宅给水工程,镀锌钢管 DN15 工程量为 100m,DN20 工程量为 150m,DN25 工程量为 150,DN32 工程量为 200m,均不保温;DN40 的水平长度为 135m,其中需保温部分为 90m,立管穿 3 个层高(按不保温考虑);DN50 的水平长度为 220m,其中需保温部分为 120m,立管穿 4 个层高(按不保温考虑)。计算管道支架制作、安装工程量。

【解】　因为室内 DN32mm 及以内给水、采暖管道均已包括管卡及托钩制作安装,所以计算管道支架制作、安装工程量时不考虑 DN15～DN32 的管。

第一步:统计数量。

(1)立管支架数量:DN40:3 个;DN50:4 个

(2)水平支架数量:DN40 保温的个数:90/3=30 个;非保温的个数:45/4.5=10 个。

DN50 保温的个数:120/3=40 个;非保温的个数:100/5=20 个。

第二步:由表 4.4 查得,立支架重量 DN40 为 0.23kg/个;DN50 为 0.25kg/个。

由表 4.6 查得:DN40 水平支架,保温为 1.471kg/个、非保温为 1.1kg/个。

DN50 水平支架,保温为 1.512kg/个、非保温为 1.14kg/个。

重量=0.23×3+0.25×4+1.471×30+1.1×10+1.512×40+1.14×20=140.1kg

5. 阀门类

(1)阀门。DN≤50mm 时宜采用截止阀,多为螺纹连接;DN>50mm 时宜采用闸阀或蝶阀,多为法兰连接,经常起闭的管段上宜采用截止阀。视其所在管道的管径大小而定,统计数量。

例如:DN25 的管子上的阀门一般为截止阀 DN25;DN100 的管子上的阀门一般为闸阀 DN100。

(2)水表、减压阀、疏水器。

1)定额单位:"组"。每组定额中包含的管件(阀门等)不应重复计算。

2)规格:视其所在管道的管径大小而定,统计数量。

6. 水箱

这里要讲解水箱制作。水箱的安装简单,直接按照体积的不同套相应的定额。

（1）水箱的制作。

1）标准产品：按照标准图集的重量数据。

2）非标产品：计算的方法为内插法（精确）和估算法（粗略）。

（2）水箱的防腐（两种方法）。

1）按重量计算：按照金属构件考虑。

2）按表面积 S_b 计算。

（3）水箱的保温（保温厚度 δ）：

$$V = S_b \delta$$

（4）水箱保温外的保护层。保护层在保温层的外面，计算保护层的面积应为保温外表面积，水箱保温后的表面尺寸增加了，每面都增了一个保温厚度 δ，则有

$$S_{bh} = (L+2\delta)(B+2\delta)\times 2 + (L+2\delta)(H+2\delta)\times 2 + (B+2\delta)(H+2\delta)\times 2$$

式中：S_{bh}——水箱保护层面积；

L——水箱长；

B——水箱宽；

H——水箱高。

四、室内排水工程量计算方法

室内排水工程施工顺序：排出管→立管→横管→支管→卫生器具→通水实验。

1. 排出管（也称出户管）

室内外管道界限划分应依据以下原则：

（1）以出户第一个检查井为界。

（2）没有检查井，以建筑物外墙皮 1.5m 处为界。

2. 管道

管道工程量计算方法与给水相同，分别按水平管和垂直管计算，然后汇总。排水管道的材料有排水塑料管、排水铸铁管，目前排水铸铁管要淘汰。

3. 卫生器具

卫生器具的定额含量是指每组卫生器具定额所含给排水管道的数量，卫生器具安装已按标准图计算过给水、排水管道连接的人工和材料，各种卫生器具安装项目中所包括的给水、排水管道与管道延长米计算的界线划分在哪里，这是做准水预算的关键，否则会重复计算或漏算，造成误差。

（1）洗脸盆、洗涤盆。定额主材有盆及排水配件（排水栓、S 形存水弯 DN32 及弯下软管）、水嘴或阀门类两项。定额辅材有角型阀、给水管及附件、承插塑料排水管、盆托架等内容。

1）给水管界线：上给水形式，水嘴与水平管的连接的三通处，标高一般为 1.0m；下给水形式，算至角阀，其标高一般为 0.45m，角阀以上部分的管包含在洗脸盆、洗涤盆内（见图 4.6）。

图 4.6　洗涤盆给水管界线示意图

2)排水管界线：一般是排水横支管与器具立支管的交接处,定额中每组洗脸盆(洗涤盆)包含 DN50 承插塑料排水管 0.4m;若排水横管安装高度 $h>0.4$m,则要计算立支管长度,其工程量是 $(h-0.4)$m(见图 4.7)。

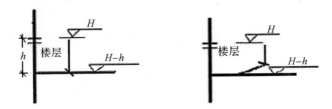

图 4.7　洗涤盆排水管界线示意图

(2)大便器。

1)给水管界线：高瓷水箱,水平管与水箱支管的交叉处;阀冲洗一般情况按标准图安装时是水平管与冲洗管交叉处,定额包含 1.0～1.5m 的冲洗管,特殊时按整个高度减去定额含量;坐便器：算至水箱进水管的角阀 0.25m 高处(见图 4.8)。

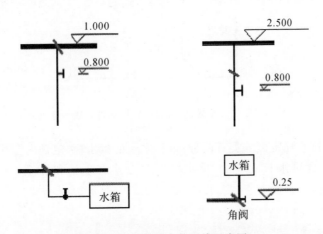

图 4.8　大便器给水管界线示意图

2)排水管界线。每组大便器的定额中包含 DN100 排水管 0.4m。蹲便器还含存水弯一个,应以存水弯排出口的三通为界;坐便器本身有水封设施,定额不含存水弯,应以排出口的三通为界;$(h-0.4)$m 计算排水管工程量,见图 4.9。

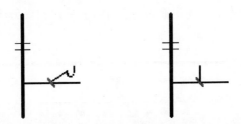

图 4.9　大便器排水管界线示意图

(3)浴盆。每组浴盆的安装中包含排水管 0.4m,也含一个存水弯;给水水平管与支管的交接处;排水以存水弯排出口的三通为界,同蹲便器的情况。

(4)小便器。给水参照蹲便器的高水箱或冲洗阀规定;排水横支管与器具立支管的交接处,定额中包含 DN50 排水管 0.4m。

(5)淋浴器。给水水平管与支管的交接处;排水地漏另计(见图 4.10)。

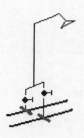

图 4.10　淋浴器给水管界线示意图

(6)地漏、地面清扫口。定额中包含排水管 0.4m,一般是排水横支管与器具立支管的交接处,特殊高度时要按 $(h-0.4)$m 计算管道工程量(见图 4.11)。

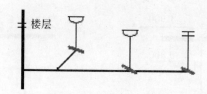

图 4.11　地漏、地面清扫口排水管界线示意图

(7)排水栓。排水栓定额分类有两种,带存水弯的排水栓,定额内含存水弯一个;不带存水弯的排水栓,定额含排水管 0.5m。排水栓安装形式有Ⅰ型和Ⅱ型,排水管分界如图 4.12 所示。

图 4.12　Ⅰ型、Ⅱ型排水栓排水管界线示意图

(8)小便槽。给水管算至冲洗花管的高度,阀门、冲洗花管另计算;排水一般按地漏的规定计算(见图 4.13)。

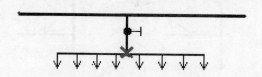

图 4.13　小便槽给水管界线示意图

任务三　给排水管道安装工程工程量清单项目

一、给排水管道安装工程工程量清单项目划分

根据分部分项工程量清单项目表 C8 规定,室内给排水管道安装工程分部分项工程量清单可以划分为以下 6 项:

(1)给水管道安装;

(2)排水管道安装;

(3)阀门安装;

(4)水表组成安装;

(5)卫生器具组成安装;

(6)给水箱制作安装。

二、室内给排水管道安装工程工程量清单项目划分应遵循的原则

(1)室内给水管道安装,应按设计要求采用的不同材质与连接方法,区别其不同公称直径分别列出工程量清单项目,计算工程量时应按设计图示管道中心线长度,以"m"为计量单位,不扣除各种阀门、管件(包括水表、伸缩器等组成安装)所占长度。

(2)室内排水管道安装,均按设计要求采用的不同材质、不同的接口密封材料区别其不同的公称直径分别列出工程量清单项目,计算工程量时应按设计图示管道中心线长度,以"m"为计量单位,不扣除各种井室所占的长度。

(3)卫生器具组成安装,均按设计要求采用的不同器具类型分别列出工程量清单项目,计算工程量时应按设计图示数量,以"组""套"或"个"为计量单位。

(4)阀门安装(除各类器具组成项目中配套的阀门外),均按设计要求采用的不同类型、不同的连接方法,区别其不同的公称直径分别列出工程量清单项目,计算工程量时应按设计图示数量,以"个"为计量单位。

(5)水表组成安装,均按设计要求采用的不同类型与连接方法,区别其不同的公称直径分别列出工程量清单项目,计算工程量时应按设计图示数量,以"组"为计量单位。

(6)钢板水箱制作、安装,应区分矩形、圆形,按水箱的不同重量分别列出工程量清单项目,计算工程量时应按设计图示数量,以"套"为计量单位。

(7)管道沟土、石方开挖、回填,管道沟基础、垫层,阀门井室、污水井室砌筑等应按建筑工程工程量清单项目有关规定列出工程量清单项目,并计算工程量。

三、建筑给排水工程分部分项工程量清单编制实例

【例 4.2】　如图 4.14～图 4.16 所示为某公共场所卫生间给排水平面图及系统图,给水管道采用镀锌钢管,排水管道采用排水铸铁管(水泥接口)。试计算该工程预算工程量并编制工程量清单。

已知:室内外管道界线为 1.5m,墙厚 0.24m,给水立管中心至墙面距离为 0.05m,排水立管中心至墙面距离为 0.15m,用水设施距离二层地面的高度为 1m。

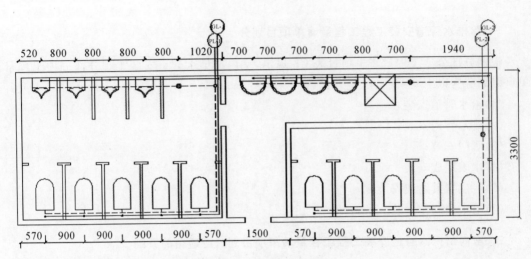

图 4.14　给排水平面图

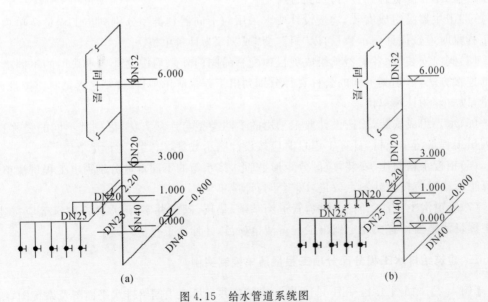

(a)　　　　　　　　　　(b)

图 4.15　给水管道系统图

(a)GL-1系统图;(b)GL-2系统图

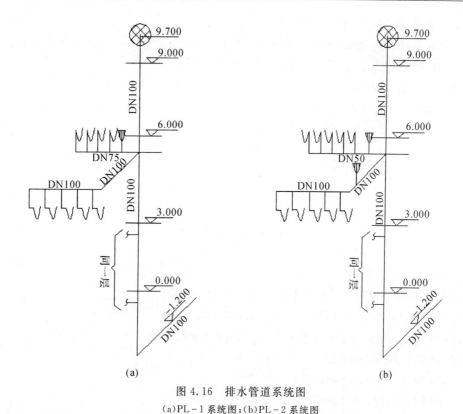

图 4.16　排水管道系统图

(a)PL-1系统图；(b)PL-2系统图

【解】分析图可知，该卫生间给排水工程包括两个给水系统和两个排水系统。

一、管道系统

1.给水系统

(1)GL-1系统：管径有 DN40，DN32，DN25，DN20。

1)镀锌钢管 DN40，埋地部分：2.59m。

由图 4.15(a)GL-1系统图可知，DN40 镀锌钢管的地面标高为-0.800m，即它的埋设地点与室内一层地面的垂直高差为 0.80m。另外，给水管道立管需要与室外的给水管道相连，这也需要部分工程量，包括室外给水管道连接到住宅外墙的距离 1.5m，穿墙厚度 0.24m，立管中心至墙面距离 0.05m，则 GL-1系统 DN40 镀锌钢管埋地部分全部工程量为

$$(0.80+1.5+0.24+0.05)m=2.59m$$

明装部分为 2.20m。

分析图可知，DN40 镀锌钢管明装部分工程量仅包括一层地面到一层连接大便器支管的立管距离，由图 4.15(a)GL-1系统图可知一层地面到一层连接大便器支管的立管距离为 2.20m，即 DN40 镀锌钢管明装部分工程量为 2.20m。

2)镀锌钢管 DN32：6m。

分析图可知，DN32 镀锌钢管工程量包括一层到三层连接大便器支管的立管距离，由图 4.17(a)GL-1系统图可知一层到三层连接大便器支管的立管距离为 6m，即 DN32 镀锌钢管的工程量为 6m。

3)镀锌钢管 DN25:20.88m。

分析图可知,DN25 镀锌钢管工程量包括各层 GL－1 立管连接大便器的支管距离,由图 4.17(a)可知:每层 GL－1 立管连接大便器的支管距离为

3.30m－0.12m×2(墙两侧轴线至墙面距离)－0.05m(管中心至墙面距离)×2＋0.57m－0.12m(半墙厚)－0.05m＋0.9m(大便器间距)×4＝6.96m

共 3 层,则 GL－1 系统 DN25 镀锌钢管全部工程量为:6.96m×3＝20.88m

4)镀锌钢管 DN20:12.15m。

分析图可知,DN20 镀锌钢管工程量包括各层 GL－1 系统立管连接小便器的支管距离,由图 4.17(a)可知:每层 GL－1 系统立管连接小便器的支管距离为

1.02m－0.12m(半墙厚)－0.05m(管中心至墙面距离)＋

0.8m＋0.8m(小便器间距)×3＝4.05m

共 3 层,则 GL－1 系统 DN20 镀锌钢管全部工程量为

4.05m×3＝12.15m

(2)GL－2 系统:管径有 DN40、DN32、DN25、DN20。

分析图可知,DN40,DN32,DN25 镀锌钢管工程量同 GL－1 系统,则

1)DN40 镀锌钢管:埋地部分为 2.59m;明装部分为 2.2m;

2)DN32 镀锌钢管:6m;

3)DN25 镀锌钢管:20.88m;

4)DN20 镀锌钢管:16.11m。

分析图可知,DN20 镀锌钢管工程量包括各层 GL－2 系统立管连接洗手盆的支管距离,由图 4.17(b)知:每层 GL－2 系统立管连接洗手盆的支管距离为

1.94m－0.12m(半墙厚)－0.05m(管中心至墙面距离)＋0.7m＋0.8m＋

0.7m(洗手盆间距)×3＝5.37m

共 3 层,则 GL－2 系统 DN20 镀锌钢管全部工程量为

5.37m×3＝16.11m

(3)给水系统镀锌钢管工程量汇总见表 4.8。

表 4.8　给水系统镀锌钢管工程量汇总

安装部分	规格	单位	数量	备注
埋地管	DN40	m	5.18	
明管	DN40	m	4.4	均为螺纹连接
	DN32	m	12	
	DN25	m	41.76	
	DN20	m	28.26	

2.排水系统

(1)PL－1 系统:管径有 DN100 和 DN75。

1)承插铸铁管 DN100:32.77m。

a.立管:(9.70＋1.20)m＝10.9m[见图 4.16(a)]【注释】分地下和地上两部分,埋地

1.2m,地坪以上标高9.7m。

b.水平管:21.87m。分析图可知,DN100铸铁管水平管工程量包括出户横干管和各层与PL-1系统立管连接的大便器的支管长度。出户横干管包括立管中心至墙面距离0.15m,墙厚0.24m,室内外管道界线1.5m,则出户横干管工程量为

$$(0.15+0.24+1.5)m=1.89m$$

由图4.14可知,每层PL-1系统立管连接大便器的支管长度为

3.3m-0.12m×2(墙两侧轴线至墙面距离)-0.15m(管中心至墙面距离)×2+

0.57m-0.12m-0.15m+0.9m(大便器间距)×4=6.66m

共3层,则DN100横支管工程量为

$$6.66m×3=19.98m$$

因此DN100铸铁管水平管总工程量为

$$(1.89+19.98)m=21.87m$$

2)承插铸铁管DN75:11.85m。

分析图可知,DN75承插铸铁管工程量包括PL-1系统立管连接各层男厕所小便器的支管距离,由图4.14可知,PL-1系统立管连接每层男厕所小便器的支管距离为

1.02m-0.12m(半墙厚)-0.15m(管中心至墙面距离)+0.8m+0.8m(小便器间距)×3=3.95m

共3层,则DN75承插铸铁管总工程量为

$$3.95×3=11.85m$$

(2)PL-2系统:管径有DN100和DN50。分析图可知,DN100铸铁管工程量同PL-1系统,则

1)承插铸铁管DN100为32.77m。

2)承插铸铁管DN50:分析图可知,DN50承插铸铁管工程量包括PL-2系统立管连接各层洗手盆的支管距离,由图4.14可知,PL-2系统立管连接每层洗手盆的支管距离为

1.94m-0.12m(半墙厚)-0.15m(管中心至墙面距离)+0.7m+0.8m+0.7m×3=5.27m

共3层,则PL-2系统DN50铸铁管总工程量为

$$5.27m×3=15.81m$$

(3)排水系统承插铸铁管工程量汇总见表4.9。

表4.9 排水系统承插铸铁管工程量汇总

规 格	单 位	数 量	备 注
DN100	m	65.54	
DN75	m	11.85	均为水泥接口
DN50	m	15.81	

二、卫生器具安装

(1)脚踏阀冲洗蹲式大便器,30套:

每层男女厕所各5套,共3层,则工程量为

$$(5套+5套)×3=30套$$

(2)普通式立式小便器,12 套:

每层男厕所有 4 套,共 3 层,则工程量为

$$4\ \text{套}\times3=12\ \text{套}$$

(3)洗手盆,12 组:

每层 4 组,共 3 层,则有

$$4\ \text{组}\times3=12\ \text{组}$$

(4)地漏 DN50,9 个:

每层 3 个,共 3 层,则工程量为

$$3\ \text{个}\times3=9\ \text{个}$$

(5)排水栓 DN50,3 个:

每层 1 个,共 3 层,则工程量为

$$1\ \text{个}\times3=3\ \text{个}$$

三、阀门、水嘴安装

DN20 水龙头 3 个(每层 1 个,共 3 层,则 1 个×3=3 个)。

四、刷油工程量

(1)镀锌钢管。

1)埋地管刷沥青两遍,每遍工程量为

DN40 管:$5.18\text{m}\times0.15\text{m}^2/\text{m}=0.78\text{m}^2$

2)明管刷两遍银粉,每遍工程量为

DN40 管:$4.4\text{m}\times0.15\text{m}^2/\text{m}=0.66\text{m}^2$

DN32 管:$12\text{m}\times0.13\text{m}^2/\text{m}=1.56\text{m}^2$

DN25 管:$41.76\text{m}\times0.11\text{m}^2/\text{m}=4.59\text{m}^2$

DN20 管:$28.26\text{m}\times0.084\text{m}^2/\text{m}=2.37\text{m}^2$

(2)铸铁排水管的表面积,可根据管壁厚度按实际计算,一般习惯上是将焊接钢管表面积乘以系数 1.2,即为铸铁管表面积(包括承口部分):

铸铁管刷沥青两遍:DN100:$65.54\text{m}\times0.36\text{m}^2/\text{m}\times1.2=28.31\text{m}^2$

DN75:$11.85\text{m}\times0.28\text{m}^2/\text{m}\times1.2=3.982$

DN50:$15.81\text{m}\times0.19\text{m}^2/\text{m}\times1.2=3.60\text{m}^2$

工程量室内给排水工程施工图分部分项工程量清单见表 4.10。

表 4.10 分部分项工程量清单

序 号	项目编码	项目名称	项目特征描述	计量单位	工程量
1	031001001001	镀锌钢管 DN40	给水系统,螺纹连接,埋地管刷沥青两遍	m	5.18
2	031001001002	镀锌钢管 DN40	给水系统,螺纹连接,埋地管刷沥青两遍	m	4.4

续　表

序　号	项目编码	项目名称	项目特征描述	计量单位	工程量
3	031001001003	镀锌钢管 DN32	给水系统,螺纹连接,埋地管刷沥青两遍	m	12
4	031001001004	镀锌钢管 DN25	给水系统,螺纹连接,埋地管刷沥青两遍	m	41.76
5	031001001005	镀锌钢管 DN20	给水系统,螺纹连接,埋地管刷沥青两遍	m	28.26
6	031001005001	承插铸铁管 DN100	排水系统,水泥接口,刷沥青两遍	m	65.54
7	031001005002	承插铸铁管 DN75	排水系统,水泥接口,刷沥青两遍	m	11.85
8	031001005003	承插铸铁管 DN50	排水系统,水泥接口,刷沥青两遍	m	15.81
9	031004006001	大便器	蹲式,脚踏阀冲洗	套	30
10	031004007001	小便器	立式、普通式	套	12
11	031004003001	洗手盆	冷水	组	12
12	031004014001	地漏	地漏 DN50	个	9
13	031004014002	排水栓	带存水弯 DN50	组	3
14	031004014003	水龙头	DN20	个	3

任务四　给排水工程施工图预算编制实例

一、施工图样与设计说明及相关要求

1. 施工图样

本实例采用的施工图样是某建筑室内给排水工程,如图 4.17~图 4.19 所示。

2. 设计说明及相关要求

(1)设计说明。

1)给水管采用钢塑复合管(螺纹连接);排水管采用 UPVC 承插塑料排水管(零件黏结)。

2)阀门均采用 Z15W－16T 型,水表采用 LXS 型。

3)卫生间采用:(唐陶)白瓷坐便器、白瓷低水箱、全铜低水箱洁具、钢管镶接;白瓷平面洗脸盆;钢管组成淋浴器,铜莲蓬头;铜水龙头;厨房采用砼污水池、铝排水栓、铜水龙头。

4)图中凡给水支管未给出标注管径者均为 DN15;排水支管未标注管径者均为 DN50。

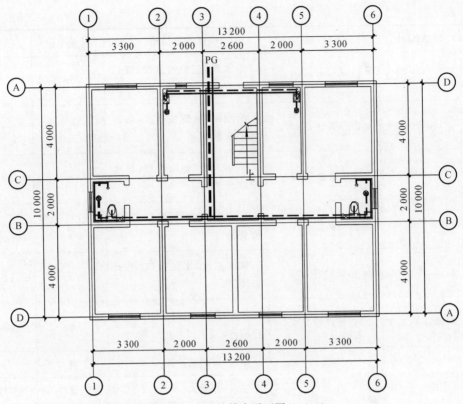

图 4.17　底层给排水平面图(1:100)

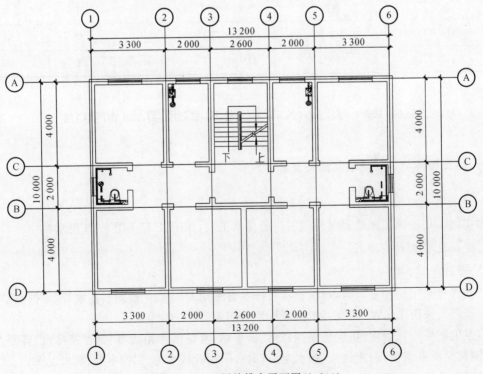

图 4.18　2~7层给排水平面图(1:100)

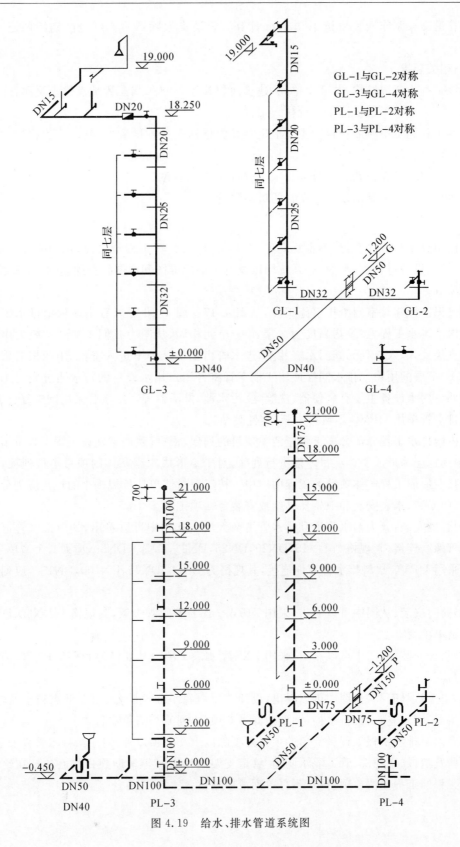

图 4.19 给水、排水管道系统图

5)管道支架制作安装暂按 1.0kg/m 计算。管道支架除锈后刷红丹防锈漆两遍,银粉漆两遍。

(2)相关要求。

1)该工程为砖混结构,共 3 个单元,建筑面积共计 2 982m²,工程地点位于陕西省西安市。

2)该工程实行工程量清单计价模式招标。

3)本工程施工中所需材料除主要卫生器具由招标人采购供应外,其余均由投标人采购供应,材料价格(主材)均按 2008 年第六期《陕西工程造价管理信息(材料信息价)》计取。

4)本工程环境保护费暂按分部分项工程费 0.60% 计取。

5)按相关规定编制出该工程项目的最高限价。

3.施工图识读

为使预算编制有序进行,不重复立项,不漏项,应在计算工程量之前,仔细阅读图纸,包括施工图说明、设备材料表、平面图、系统图以及有关的标准图和详图。在此基础上,来划分和确定工程项目。

通过识读该建筑室内给排水施工图,从图 4.17～图 4.19 可以看出该项给排水工程为住宅楼室内给排水工程,建筑物高度为 7 层,3 个单元相同,从图中我们了解到系统为由室外给水管网直接接入,入口处无阀门水表井室,进水管由室外从地下进入室内,用四根立管分别将水送到 1～7 层的用户。排水同样使用 4 根立管将各用户用水设备的污水通过底层水平干管排至室外。用水设备主要有坐便器、洗脸盆、污水池、淋浴器等。给水管采用钢塑复合管(螺纹连接),排水管采用 UPVC 塑料排水管(零件黏结)。

室内给排水工程分部分项工程量清单项目的列项,根据《陕西省建设工程工程量清单计价规则》中规定应为形成实体项目才能进行列项,对于不形成工程实体的项目不得列项,其内容应该包括在形成工程实体项目的工程内容中。按工程量清单计价规则中的规定应划分为管道安装、阀门安装、水表安装和卫生器具组成安装等 4 项工程。

(1)管道安装:分为给水管道和排水管道两大项。从图中可以看出,其中给水管道采用塑钢复合管螺纹连接,其规格为 DN15,DN20,DN25,DN32,DN40,DN50,应列 6 个清单项目;排水管道采用 UPVC 塑料排水管零件连接,其规格为 DN50,DN75,DN100,DN150,应列 4 个清单项目。

(2)阀门安装:从图中可以看出,采用 Z15W - 16T 型闸阀 1 项,其规格为 DN32,DN40,应列 2 个清单项目。

(3)水表安装:从图中可以看出,采用 LXS 型水表 1 项。其规格为 DN15,DN20,应列 2 个清单项目。

(4)卫生器具安装:从图中可以看出,设计选用白瓷平面洗脸盆、白瓷低水箱坐便器、钢管组成淋浴器、铜水龙头、铝排水栓、圆形地漏等 6 项,应列 6 个清单项目。

本室内给排水工程工程量清单的项目列项除以上 4 大项以外,对于给排水管件安装,管道水压实验及消毒、水冲洗、管道灌水实验、管道支架制作安装等辅助项目均已包括在给排水管道安装工程的工程量清单项目中,不再单列清单项目。

二、分部分项工程量清单项目的工程量计算

1. 主要项目的工程量计算

(1)给水管道系统的工程量计算。

1)给水管道安装工程量计算。

塑钢复合管 DN15：[3+(0.40+0.10+0.20+1.50+0.75+0.45+0.10)×7]×2×3=165.00(m)

塑钢复合管 DN20：(3+6+1×7)×2×3=96.00(m)

塑钢复合管 DN25：(6+6)×2×3=72.00(m)

塑钢复合管 DN32：[6+(1.20+1+3)×2+6×2]×3=85.20(m)

塑钢复合管 DN40：[10.2+(1.20+0.25+3)×2]×3=57.30(m)

塑钢复合管 DN50：(1.50+5.95)×3=22.32(m)

2)阀门安装工程量计算。

闸阀 Z15W-16T DN32：1×2×3=6(个)

闸阀 Z15W-16T DN40：1×2×3=6(个)

凡属卫生器具、水表等组成安装项目配套的阀门已计入卫生器具及水表等安装消耗量定额项目内,不得重复计算。

3)水表组成安装工程量计算。

水表 LXS-15：1×7×2×3=42(组)

水表 LXS-20：1×7×2×3=42(组)

4)卫生器具组成安装工程量计算。

白瓷平面洗脸盆：1×7×2×3=42(组)

白瓷低水箱坐便器：1×7×2×3=42(组)

钢管组成淋浴器：1×7×2×3=42(组)

铜水龙头 DN15：(1+1)×7×2×3=84(个)

成组安装的卫生器具配套用的水龙头已经包括在卫生器具组成安装消耗量定额项目内,不再重复计算。

(2)排水管道系统的工程量计算。

1)排水管道安装工程量计算。

UPVC 塑料排水管 DN50：
[(0.70+0.70+0.45×2)×7×2+(1.15+0.40×2)×7×2]×3=178.50(m)

UPVC 塑料排水管 DN75：[5.75+(1.50+21.70)×2]×3=156.45(m)

UPVC 塑料排水管 DN100：
[10+(1.50+21.70)×2+(0.45+0.45+0.45)×7×2]×3=225.90(m)

UPVC 塑料排水管 DN150：(1.50+5.80)×3=21.90(m)

2)其他卫生器具工程量计算。

圆形地漏 DN50：(1+1)×7×2×3=84(个)

排水栓(带存水弯) DN50：1×7×2×3=42(组)

2.辅助项目的工程量计算

(1)管道支架制作安装工程量计算。按照陕西省安装工程消耗量定额第八册规定,室内给排水管道安装工程消耗量定额项目中已经包括管卡与支架的制作与安装,所以不再另行列项计算。

(2)管道消毒、水冲洗工程量计算。

塑钢复合管 DN15:$[3+(0.40+0.10+0.20+1.50+0.75+0.45+0.10)\times7]\times2\times3=165.00(m)$

塑钢复合管 DN20:$(3+6+1\times7)\times2\times3=96.00(m)$

塑钢复合管 DN25:$(6+6)\times2\times3=72.00(m)$

塑钢复合管 DN32:$[6+(1.20+1+3)\times2+6\times2]\times3=85.20(m)$

塑钢复合管 DN40:$[10.2+(1.20+0.25+3)\times2]\times3=57.30(m)$

塑钢复合管 DN50:$(1.50+5.95)\times3=22.32(m)$

计算该给排水工程分部分项工程量清单项目的工程量见表4.11。

表 4.11 分部分项工程量清单

工程名称:某建筑室内给排水工程

序 号	项目编码	项目名称	计量单位	工程数量
1	030801008001	铝塑复合管(螺纹连接)DN15	m	165.00
2	030801008002	铝塑复合管(螺纹连接)DN20	m	96.00
3	030801008003	铝塑复合管(螺纹连接)DN25	m	72.00
4	030801008004	铝塑复合管(螺纹连接)DN32	m	85.20
5	030801008005	铝塑复合管(螺纹连接)DN40	m	57.30
6	030801008006	铝塑复合管(螺纹连接)DN50	m	22.35
以上给水管道安装项目的工程内容包括管道及管件的安装,管道支架制作安装,管道水压实验及消毒、冲洗。				
7	030801005001	UPVC 塑料排水管(零件黏结)DN50	m	178.50
8	030801005002	UPVC 塑料排水管(零件黏结)DN75	m	156.45
9	030801005003	UPVC 塑料排水管(零件黏结)DN100	m	225.90
10	030801005004	UPVC 塑料排水管(零件黏结)DN150	m	21.90
以上排水管道安装项目的工程内容包括管道及管件安装、管道灌水实验、管道支架制作安装。				
11	030803001001	闸阀 Z15W-16T DN32	个	6
12	030803001002	闸阀 Z15W-16T DN40	个	6
13	030803010001	水表 LXS 型 DN15	组	42
14	030203010002	水表 LXS 型 DN40	组	42

续　表

序　号	项目编码	项目名称	计量单位	工程数量
15	030804003001	白瓷平面洗脸盆(冷水)	组	42
16	030804007001	钢管组成淋浴器(冷水)	组	42
17	030804012001	白瓷低水箱坐便器	组	42
18	030804015001	排水栓带存水弯 DN50	组	42
19	030804016001	铜水龙头 DN15	个	84
20	030804017001	圆形地漏 DN50	个	84

三、室内给排水工程工程量清单的编制

1. 编制的封面、填表须知、工程说明

具体形式见表 4.12～表 4.14。

表 4.12　封面

某建筑室内给排水工程

工程量清单

编制单位：＿＿＿＿＿＿＿＿＿＿＿＿(签字盖章)

法定代表人：＿＿＿＿＿＿＿＿＿＿(签字盖章)

造价工程师及注册号：＿＿＿＿＿＿＿＿(签字及专业印章)

编制时间：＿＿＿＿年＿＿＿月＿＿＿日

表 4.13　填表须知

填 表 须 知

(1)工程量清单及其计价表中所有要求签字、盖章的,必须按规定签字盖章。

(2)工程量清单及其计价表中的全部内容不得随意涂改或删除。

(3)工程量计价表中列明需填报的单价和合价,计价人均应填报。未填报的单价和合价,均视为此项费用已包含在工程量清单的其他单价和合价中。

(4)造价(金额)均以人民币表示。

表 4.14　总说明

总 说 明

工程名称：　某建筑室内给排水工程　第1页　共1页

1.工程概况

该工程为砖混结构,共三个单元,建筑面积 2 982m²,工程地点位于西安市,施工现场已具备安装条件,材料运输便利,道路顺畅。

2.工程发包范围

该建筑施工图中全部给排水安装工程。

续　表

3.工程量清单编制依据

(1)《陕西省建设工程工程量清单计价规则》。

(2)本工程设计施工图纸文件。

(3)正常施工方法及施工组织。

(4)招标文件中的有关要求。

4.工程质量

工程质量应达到合格标准,施工材料必须全部采用合格产品,安装专业应与土建专业密切配合。

5.材料供应范围及材料价格

(1)业主自行采购材料详见《甲方供应主要材料一览表》,其余施工所需材料均由施工单位采购。

(2)施工方自行采购的材料单价,暂按2008年第六期《陕西工程造价管理信息(材料信息价)》计取,发生材料差价工程结算时按实调整。

(3)2008年第六期《陕西工程造价管理信息(材料信息价)》中缺项的材料,可参考招标人提供的《参考材料价格一览表》,并自主报价,若发生材料价差,工程结算时不做调整。

6.预留金

对于本工程,考虑到设计变更及材料(主材)价差,暂定预留金额为8 000元。

7.其他所需说明的问题

(1)本工程要求投标人严格按照《陕西省建设工程工程量清单计价规则》中规定的表格格式进行投标报价。

(2)环境保护费暂按分部分项工程费的0.60%计取。

(3)本工程投标人提供的投标文件一式三份,正本一份,副本两份。

2.编制工程量清单

工程量清单见表4.15~表4.28。

表 4.15　措施项目清单

工程名称:某建筑室内给排水工程

序　号	项目名称	计量单位	工程数量
1	环境保护费	项	1
2	检验实验及放线定位费	项	1
3	临时设施费	项	1
4	冬雨季、夜间施工措施费	项	1
5	二次搬运及不利施工环境费	项	1
6	脚手架搭拆费	项	1

表 4.16　其他项目清单

工程名称:某建筑室内给排水工程

序　号	项目名称	计量单位	工程数量
1	预留金	项	1
2	材料购置费	项	1

续 表

序号	项目名称	计量单位	工程数量
3	总承包服务费	项	1
4	零星工作项目费	项	1

表 4.17 零星工作项目表

工程名称:某建筑室内给排水工程

序号	分类	名 称	计量单位	数量
一	可暂估工程量项目			
二	以人工、材料、机械列项	人工: 变更签证用工	工日	43
		材料: 1.电焊条结 422mm ϕ3.2mm 2.乙炔气 3.氧气 4.钢锯条 5.砂轮片 ϕ400mm	kg kg m³ 根 片	25 18 12 60 5
		机械: 1.管子切断套丝机 ϕ159mm 2.直流电焊机 20kW 3.电焊条烘干箱 600mm×500mm×750mm	台班 台班 台班	6 9 9

表 4.18 甲方供应主要材料及价格一览表

工程名称:某建筑室内给排水工程

序号	材料编码	材料名称	规格型号	单位	数量	单价/元
1		白瓷平面洗脸盆		个	42	118.00
2		白瓷低水箱坐便器		个	42	568.00
3		白瓷低水箱	(带全铜洁具)	套	42	474.00
4		坐便器桶盖		套	42	79.00

表 4.19 参考材料价格一览表

工程名称:某建筑室内给排水工程

序号	材料编码	材料名称	规格型号	单位	单价/元	备注
1		水表	LXS型 DN15	个	35.00	
2		水表	LXS型 DN20	个	41.00	

续 表

序 号	材料编码	材料名称	规格型号	单位	单价/元	备注
3		铜莲蓬头	DN15	个	20.00	
4		铜水龙头	DN15	个	15.00	
5		铝排水栓	带链堵 DN50	套	21.00	
6		UPVC 塑料存水弯	S 型 DN32	个	11.50	
7		UPVC 塑料存水弯	S 型 DN50	个	14.60	
8		圆形塑料地漏	DN50	个	18.10	

表 4.20 工程项目总造价表

工程名称:某建筑室内给排水工程

序 号	单项工程名称	造价/元
1	某建筑室内给排水工程	185 689.10
	合 计	185 689.10
大写:壹拾捌万伍仟陆佰捌拾玖元壹角整		

表 4.21 单项工程造价汇总表

工程名称:某建筑室内给排水工程

序 号	单位工程名称	造价/元
1	某建筑室内给排水工程	185 689.10
	合 计	185 689.10

表 4.22 单位工程造价汇总表

工程名称:某建筑室内给排水工程

序 号	项目名称	造价/元
1	分部分项工程费	101 733.86
2	措施项目费	3 031.02
3	安全文明施工费	2 645.08
4	其他项目费	64 524.77
5	规费	7 821.17
6	税金	5 933.21
	合 计	185 689.10

表 4.23　分部分项工程量清单计价表

工程名称:某建筑室内给排水工程

序号	项目编码	项目名称	计量单位	工程数量	综合单价	合价
1	030801008001	铝塑复合管(螺纹连接)DN15	m	165.00	45.94	7 580.89
2	030801008002	铝塑复合管(螺纹连接)DN20	m	96.00	57.34	5 504.54
3	030801008003	铝塑复合管(螺纹连接)DN25	m	72.00	69.91	5 033.72
4	030801008004	铝塑复合管(螺纹连接)DN32	m	85.20	83.19	7 087.77
5	030801008005	铝塑复合管(螺纹连接)DN40	m	57.30	96.87	5 550.42
6	030801008006	铝塑复合管(螺纹连接)DN50	m	22.35	116.32	2 599.8

以上给水管道安装项目的工程内容包括管道及管件的安装,管道支架制作安装,管道水压实验及消毒、冲洗。

7	030801005001	UPVC 塑料排水管(零件黏结)DN50	m	178.50	24.4	4 355.47
8	030801005002	UPVC 塑料排水管(零件黏结)DN75	m	156.45	42.71	6 681.59
9	030801005003	UPVC 塑料排水管(零件黏结)DN100	m	225.90	71.64	16 183.44
10	030801005004	UPVC 塑料排水管(零件黏结)DN150	m	21.90	139.31	3 050.85

以上排水管道安装项目的工程内容包括管道及管件的安装、管道灌水实验、管道支架制作安装。

11	030803001001	闸阀 Z15W－10T DN32	个	6	65.25	391.49
12	030803001002	闸阀 Z15W－10T DN40	个	6	93.16	558.93
13	030803010001	水表 LXS 型 DN15	组	42	62.85	2 639.78
14	030203010002	水表 LXS 型 DN20	组	42	73.18	3 073.59
15	030804003001	白瓷平面洗脸盆(冷水)	组	42	134.53	5 650.07
16	030804007001	钢管组成淋浴器(冷水)	组	42	202.98	8 525.11
17	030804012001	白瓷低水箱坐便器	组	42	90.25	3 790.44
18	030804015001	排水栓带存水弯　DN50	组	42	215.99	9 071.4
19	030804016001	铜水龙头　DN15	个	84	20.44	1 717.03
20	030804017001	圆形地漏　DN50	个	84	31.99	2 687.53
		合计				101 733.86

表 4.24　措施项目清单计价表

工程名称:某建筑室内给排水工程

序　号	项目名称	计量单位	工程数量	金额/元	
				综合单价	合价
1	环境保护费	项	1	610.40	610.40
2	检验实验及放线定位费	项	1	210.98	210.98
3	临时设施费	项	1	838.31	838.31
4	冬雨季、夜间施工措施费	项	1	478.90	478.90
5	二次搬运及不利施工环境费	项	1	238.98	238.98
6	脚手架搭拆费	项	1	653.45	653.45
	合计				3 031.02

表 4.25　其他项目清单计价表

工程名称:某建筑室内给排水工程

序　号	项目名称	计量单位	工程数量	金额/元	
				综合单价	合价
1	预留金	项	1	8 000.00	8 000.00
2	材料购置费	项	1	51 234.18	51 234.18
3	总承包服务费	项	1	625.61	625.61
4	零星工作项目费	项	1	3 675.43	3 675.43
	合计				64 524.77

表 4.26　零星工作项目费

工程名称:某建筑室内给排水工程

序号	分类	名　　　称	计量单位	数量	金额/元	
					综合单价	合价
一	可暂估工程量项目					
二	以人工、材料、机械列项	人工:变更签证用工	工日	43	42.88	1 843.84

续 表

序号	分类	名 称	计量单位	数量	金额/元	
					综合单价	合价
二	以人工、材料、机械列项	材料: 1.电焊条结 422mm φ3.2mm 2.乙炔气 3.氧气 4.钢锯条 5.砂轮片 φ400mm	kg kg m³ 根 片	25 18 12 60 5	6.67 24.00 5.00 0.62 25.80	66.75 432.00 60.00 37.20 129.00
		机械: 1.管子切断套丝机 φ159mm 2.直流电焊机 20kW 3.电焊条烘干箱 600mm×500mm×750mm	台班 台班 台班	6 9 9	17.40 90.79 20.57	104.40 817.11 185.13
合计						3 675.43

表 4.27 主要材料价格表

工程名称:某建筑室内给排水工程

序号	材料编码	材料名称	规格型号	单位	单价/元	备注
1		塑钢复合管	DN15	m	21.84	
2		塑钢复合管	DN20	m	30.91	
3		塑钢复合管	DN25	m	42.00	
4		塑钢复合管	DN32	m	54.32	
5		塑钢复合管	DN40	m	65.97	
6		塑钢复合管	DN50	m	82.77	
7		UPVC 塑料排水管	DN50	m	11.88	
8		UPVC 塑料排水管	DN75	m	20.85	
9		UPVC 塑料排水管	DN100	m	41.57	
10		UPVC 塑料排水管	DN150	m	78.13	
11		闸阀 Z15W−10T	DN32	个	49	
12		闸阀 Z15W−10T	DN40	个	69	
13		水表 LXS 型	DN15	个	32.83	
14		水表 LXS 型	DN20	个	37.54	
15		白瓷平面洗脸盆(冷水)		个	118.00	

续　表

序号	材料编码	材料名称	规格型号	单位	单价/元	备注
16		白瓷低水箱坐便器		个	568.00	
17		白瓷低水箱	(带全铜洁具)	套	474.00	
18		坐便器桶盖		套	79.00	
19		铜莲蓬头	DN15		161.33	
20		铜水龙头	DN15		18.75	
21		铝排水栓	DN50		116.00	
22		UPVC 塑料存水弯	S 型 DN32	个	86.50	
23		UPVC 塑料存水弯	S 型 DN50	个	89.58	
24		圆形塑料地漏	DN50	个	22.1	
		本页小计				
		合计				

表 4.28 - 1　分部分项工程量清单综合单价计算表　第 1 页　共 20 页

工程名称:某建筑室内给排水工程

项目编号:030801008001

项目名称:铝塑复合管(螺纹连接)DN15

计量单位:m

工程数量:165.00

综合单价:45.94 元/m

序号	定额编号	项目名称	单位	数量	金额/元						
					人工费	材料费	机械费	管理费	利润	风险	小计
1	8 - 156	铝塑复合管(螺纹连接)DN15	m	165.00	815.10	2 298.29	13.86				
2		铝塑复合管 DN15	m	168.30		3 675.67					
3	8 - 310	管道水冲洗 DN15	m	165.00	22.08		17.09				
		小计			837.18	5 991.05	13.86				
		高层建筑增加费			20.09		147.34				
		合计			857.27	5 991.05	161.20	275.18	296.19		7 580.89

表 4.28－2　分部分项工程量清单综合单价计算表　第 2 页　共 20 页

工程名称:某建筑室内给排水工程　　　　　　　　　　　　　计量单位:m

项目编号:030801008002　　　　　　　　　　　　　　　　工程数量:96.00

项目名称:铝塑复合管(螺纹连接)DN20　　　　　　　　　　综合单价:57.34 元/m

序号	定额编号	项目名称	单位	数量	金额/元						
					人工费	材料费	机械费	管理费	利润	风险	小计
1	8-157	铝塑复合管(螺纹连接)DN20	m	96.00	489.12	1 514.88	8.06				
2		铝塑复合管 DN20	m	97.92		3 026.71					
3	8-310	管道水冲洗 DN20	m	96.00	12.84	9.95					
		小计			501.96	4 551.54	8.06				
		高层建筑增加费			12.05		88.34				
		合计			514.01	4 551.54	96.40	165.00	177.59		5 504.54

表 4.28－3　分部分项工程量清单综合单价计算表　第 3 页　共 20 页

工程名称:某建筑室内给排水工程　　　　　　　　　　　　　计量单位:m

项目编号:030801008003　　　　　　　　　　　　　　　　工程数量:72.00

项目名称:铝塑复合管(螺纹连接)DN25　　　　　　　　　　综合单价:69.91 元/m

序号	定额编号	项目名称	单位	数量	金额/元						
					人工费	材料费	机械费	管理费	利润	风险	小计
1	8-158	铝塑复合管(螺纹连接)DN25	m	72.00	427.97	1 107.22	10.80				
2		铝塑复合管 DN25	m	73.44		3 084.48					
3	8-310	管道水冲洗 DN25	m	72.00	9.63	7.46					
		小计			437.60	4 199.16	10.80				
		高层建筑增加费			10.50		77.02				
		合计			448.10	4 199.16	87.82	143.84	154.80		5 033.72

表 4.28－4　分部分项工程量清单综合单价计算表　第 4 页　共 20 页

工程名称:某建筑室内给排水工程

项目编号:030801008004

项目名称:铝塑复合管(螺纹连接)DN32

计量单位:m

工程数量:85.20

综合单价:83.19 元/m

序号	定额编号	项目名称	单位	数量	金额/元						
					人工费	材料费	机械费	管理费	利润	风险	小计
1	8－159	铝塑复合管(螺纹连接)DN32	m	85.20	523.89	1 332.36	18.49				
2		铝塑复合管 DN32	m	86.90		4 720.41					
3	8－310	管道水冲洗 DN32	m	85.20	11.40	8.83					
		小计			535.29	5 719.21	18.49				
		高层建筑增加费			12.85		94.21				
		合计			548.14	6 061.60	112.70	175.95	189.38		7 087.77

表 4.28－5　分部分项工程量清单综合单价计算表　第 5 页　共 20 页

工程名称:某建筑室内给排水工程

项目编号:030801008005

项目名称:铝塑复合管(螺纹连接)DN40

计量单位:m

工程数量:57.30

综合单价:96.87 元/m

序号	定额编号	项目名称	单位	数量	金额/元						
					人工费	材料费	机械费	管理费	利润	风险	小计
1	8－160	铝塑复合管(螺纹连接)DN40	m	57.30	405.45	894.57	16.27				
2		铝塑复合管 DN40	m	58.45		3 855.95					
3	8－310	管道水冲洗 DN40	m	57.30	7.67	5.94					
		小计			413.12	4 756.46	16.27				
		高层建筑增加费			9.91		72.71				
		合计			423.03	4 756.46	88.98	135.79	146.16		5 550.42

表 4.28 - 5　分部分项工程量清单综合单价计算表　第 6 页　共 20 页

工程名称:某建筑室内给排水工程　　　　　　　　　计量单位:m

项目编号:030801008006　　　　　　　　　　　　工程数量:22.35

项目名称:铝塑复合管(螺纹连接)DN50　　　　　　综合单价:116.32 元/m

序号	定额编号	项目名称	单位	数量	金额/元						
					人工费	材料费	机械费	管理费	利润	风险	小计
1	8-161	铝塑复合管(螺纹连接)DN50	m	22.3	162.17	391.92	7.49				
2		铝塑复合管 DN50	m	22.80		1 887.16					
3	8-310	管道水冲洗 DN50	m	22.35	2.99	2.32					
		小计			165.16	2 281.4	7.49				
		高层建筑增加费			3.96		29.07				
		合计			169.12	2 281.4	36.56	54.29	58.43		2 599.8

表 4.28 - 6　分部分项工程量清单综合单价计算表　第 7 页　共 20 页

工程名称:某建筑室内给排水工程　　　　　　　　　计量单位:m

项目编号:030801005001　　　　　　　　　　　　工程数量:178.50

项目名称:UPVC 塑料排水管(零件黏结)DN50　　　　综合单价:24.40 元/m

序号	定额编号	项目名称	单位	数量	金额/元						
					人工费	材料费	机械费	管理费	利润	风险	小计
1	8-285	塑料排水管(零件黏结)DN50	m	178.50	702.75	974.61	7.32				
2		UPVC 塑料排水管 DN50	m	172.61		2 050.61					
		高层建筑增加费			16.87		123.68				
		合计			719.62	3 025.22	131.00	231.00	248.63		4 355.47

表 4.28 - 7　分部分项工程量清单综合单价计算表　第 8 页　共 20 页

工程名称:某建筑室内给排水工程　　　　　　　　　计量单位:m

项目编号:030801005002　　　　　　　　　　　　工程数量:156.45

项目名称:UPVC 塑料排水管(零件黏结)DN75　　　　综合单价:42.71 元/m

序号	定额编号	项目名称	单位	数量	金额/元						
					人工费	材料费	机械费	管理费	利润	风险	小计
1	8-286	塑料排水管(零件黏结)DN75	m	156.45	837.32	1 957.66	6.41				

续　表

序号	定额编号	项目名称	单位	数量	金额/元						
					人工费	材料费	机械费	管理费	利润	风险	小计
2		UPVC 塑料排水管 DN75	m	150.66		3 141.26					
		高层建筑增加费			20.10		147.37				
		合计			857.42	5 098.92	153.78	275.23	296.24		6 681.59

表 4.28－8　分部分项工程量清单综合单价计算表　第 9 页　共 20 页

工程名称:某建筑室内给排水工程　　　　　　　　　　　　　　　　计量单位:m

项目编号:030801005003　　　　　　　　　　　　　　　　　　　工程数量:225.90

项目名称:UPVC 塑料排水管(零件黏结) DN100　　　　　　　　　综合单价:71.64 元/m

序号	定额编号	项目名称	单位	数量	金额/元						
					人工费	材料费	机械费	管理费	利润	风险	小计
1	8－287	塑料排水管 (零件黏结)DN100	m	225.90	1 348.40	5 634.85	9.26				
		UPVC 塑料排水管 DN100	m	192.47		8 000.98					
		高层建筑增加费			32.36		237.32				
		合计			1 380.76	13 635.83	246.58	443.22	477.05		16 183.44

表 4.28－9　分部分项工程量清单综合单价计算表　第 10 页　共 20 页

工程名称:某建筑室内给排水工程　　　　　　　　　　　　　　　　计量单位:m

项目编号:030801005004　　　　　　　　　　　　　　　　　　　工程数量:21.90

项目名称:UPVC 塑料排水管(零件黏结) DN150　　　　　　　　　综合单价:139.31 元/m

序号	定额编号	项目名称	单位	数量	金额/元						
					人工费	材料费	机械费	管理费	利润	风险	小计
1	8－288	塑料排水管 (零件黏结)DN150	m	21.90	184.27	1 082.65	0.90				
2		UPVC 塑料排水管 DN150	m			1 620.42					
		高层建筑增加费			4.42		32.43				
		合计			188.69	2 703.07	33.33	60.57	65.19		3 050.85

表 4.28-10　分部分项工程量清单综合单价计算表　第 11 页　共 20 页

工程名称:某建筑室内给排水工程 　　　　　　　　　　　计量单位:个

项目编号:030803001001 　　　　　　　　　　　　　　工程数量:6.00

项目名称:闸阀 Z15W-16T DN32 　　　　　　　　　　综合单价:65.25 元/个

序号	定额编号	项目名称	单位	数量	金额/元						
					人工费	材料费	机械费	管理费	利润	风险	小计
1	8-333	闸阀安装 DN32	个	6	23.16	50.94					
2		闸阀 Z15W-10T DN32	个	6.06		296.94					
		高层建筑增加费			0.56		4.08				
		合计			23.72	347.88	4.08	7.61	8.20		391.49

表 4.28-11　分部分项工程量清单综合单价计算表　第 12 页　共 20 页

工程名称:某建筑室内给排水工程 　　　　　　　　　　　计量单位:个

项目编号:030803001002 　　　　　　　　　　　　　　工程数量:6.00

项目名称:闸阀 Z15W-10T DN40 　　　　　　　　　　综合单价:93.16 元/个

序号	定额编号	项目名称	单位	数量	金额/元						
					人工费	材料费	机械费	管理费	利润	风险	小计
1	8-337	闸阀安装 DN40	m	6	38.58	68.16					
2		闸阀 Z15W-10T DN40	m	6		418.14					
		高层建筑增加费			0.93		6.79				
		合计			39.51	486.3	6.79	12.68	13.65		558.93

表 4.28-12　分部分项工程量清单综合单价计算表　第 13 页　共 20 页

工程名称:某建筑室内给排水工程 　　　　　　　　　　　计量单位:组

项目编号:030803010001 　　　　　　　　　　　　　　工程数量:42.00

项目名称:水表组成安装 LXS 型 DN15 　　　　　　　综合单价:62.85 元/组

序号	定额编号	项目名称	单位	数量	金额/元						
					人工费	材料费	机械费	管理费	利润	风险	小计
1	8-504	水表组成安装 LXS 型 DN15	组	42.00	367.50	569.10					
2		水表 LXS 型 DN15	个	42.00		1 378.86					
		高层建筑增加费			8.82		64.68				
		合计			376.32	1 947.96	64.68	120.80	130.02		2 639.78

表 4.28－13　分部分项工程量清单综合单价计算表　第 14 页　共 20 页

工程名称:某建筑室内给排水工程　　　　　　　　　　　　计量单位:组

项目编号:030803010002　　　　　　　　　　　　　　　工程数量:42.00

项目名称:水表组成安装 LXS 型 DN20　　　　　　　　　综合单价:73.18 元/组

序号	定额编号	项目名称	单位	数量	金额/元						
					人工费	材料费	机械费	管理费	利润	风险	小计
1	8－505	水表组成安装 LXS 型 DN20	组	42.00	432.18	683.34					
2		水表 LXS 型 DN20	个	42.00		1 576.68					
		高层建筑增加费			10.37		76.06				
		合计			442.55	2 260.02	76.06	142.06	152.90		3 073.59

表 4.28－14　分部分项工程量清单综合单价计算表　第 15 页　共 20 页

工程名称:某建筑室内给排水工程　　　　　　　　　　　　计量单位:组

项目编号:030804003001　　　　　　　　　　　　　　　工程数量:42.00

项目名称:白瓷平面洗脸盆(冷水)安装　　　　　　　　　综合单价:134.53 元/组

序号	定额编号	项目名称	单位	数量	金额/元						
					人工费	材料费	机械费	管理费	利润	风险	小计
1	8－543	白瓷平面洗脸盆(冷水)安装	组	42.00	570.57	4 292.61					
2		白瓷平面洗脸盆	个	42.42							
		UPVC 塑料存水弯 S 型 DN32	个	42.21		274.37					
		高层建筑增加费			13.69		100.42				
		合计			584.26	4 566.98	100.42	187.55	210.86		5 650.07

表 4.28－15　分部分项工程量清单综合单价计算表　第 16 页　共 20 页

工程名称:某建筑室内给排水工程　　　　　　　　　　　　计量单位:组

项目编号:030804007001　　　　　　　　　　　　　　　工程数量:42.00

项目名称:钢管组成淋浴器(冷水)安装　　　　　　　　　综合单价:202.98 元/组

序号	定额编号	项目名称	单位	数量	金额/元						
					人工费	材料费	机械费	管理费	利润	风险	小计
1	8－563	钢管组成淋浴器(冷水)安装	组	42.00	242.09	1 293.52					

续　表

序号	定额编号	项目名称	单位	数量	金额/元						
					人工费	材料费	机械费	管理费	利润	风险	小计
2		铜莲蓬喷头	个	42.00		6 775.86					
		高层建筑增加费			5.81		42.61				
		合计			247.90	8 069.38	42.61	79.57	85.65		8 525.11

表 4.28－16　分部分项工程量清单综合单价计算表　第 17 页　共 20 页

工程名称:某建筑室内给排水工程　　　　　　　　　　　　　计量单位:组

项目编号:030804012001　　　　　　　　　　　　　　　　工程数量:42.00

项目名称:白瓷低水箱坐便器组成安装　　　　　　　　　　　综合单价:90.25 元/组

序号	定额编号	项目名称	单位	数量	金额/元						
					人工费	材料费	机械费	管理费	利润	风险	小计
1	8－574	白瓷低水箱坐便器组成安装	组	42.00	867.76	2 156.87					
2		白瓷低水箱坐便器	个	42.42		0					
3		白瓷低水箱（带全铜洁具）	套	42.42		0					
		坐便器桶盖	套	42.42		0					
		高层建筑增加费			20.83		152.73				
		合计			888.59	2 156.87	152.73	285.24	307.01		3 790.44

表 4.28－17　分部分项工程量清单综合单价计算表　第 18 页　共 20 页

工程名称:某建筑室内给排水工程　　　　　　　　　　　　　计量单位:组

项目编号:030804015001　　　　　　　　　　　　　　　　工程数量:42.00

项目名称:排水栓带存水弯安装 DN50　　　　　　　　　　　综合单价:215.99 元/组

序号	定额编号	项目名称	单位	数量	金额/元						
					人工费	材料费	机械费	管理费	利润	风险	小计
1	8－603	排水栓带存水弯安装 DN50	组	42.00	205.34	31.67					
2		排水栓带链堵 DN50	个	42.00		4 872.00					
		UPVC 塑料存水弯 S 型 DN50	个	42.21		3 781.17					

续　表

序号	定额编号	项目名称	单位	数量	人工费	材料费	机械费	管理费	利润	风险	小计
		高层建筑增加费			4.93		36.14				
		合计			210.27	8 684.84	36.14	67.50	72.65		9 071.40

表 4.28-18　分部分项工程量清单综合单价计算表　第 19 页　共 20 页

工程名称:某建筑室内给排水工程　　　　　　　　　　　　　计量单位:个

项目编号:030804016001　　　　　　　　　　　　　　　　工程数量:84.00

项目名称:铜水龙头安装 DN15　　　　　　　　　　　　　　综合单价:20.44 元/个

序号	定额编号	项目名称	单位	数量	人工费	材料费	机械费	管理费	利润	风险	小计
1	8-598	铜水龙头安装 DN15	组	84.00	60.48	12.43					
2		铜水龙头 DN15	个	84.84		1 590.75					
		高层建筑增加费			1.45		10.64				
		合计			61.93	1 603.18	10.64	19.88	21.40		1 717.03

表 4.28-19　分部分项工程量清单综合单价计算表　第 20 页　共 20 页

工程名称:某建筑室内给排水工程　　　　　　　　　　　　　计量单位:个

项目编号:030804017001　　　　　　　　　　　　　　　　工程数量:84.0

项目名称:圆形地漏安装 DN50　　　　　　　　　　　　　　综合单价:31.99 元/个

序号	定额编号	项目名称	单位	数量	人工费	材料费	机械费	管理费	利润	风险	小计
1	8-607	圆形地漏安装 DN50	组	84.00	345.83	180.10					
2		圆形地漏 DN50	个	84.00		1 856.40					
		高层建筑增加费			8.30		60.87				
		合计			354.13	2 036.50	60.87	113.68	122.35		2 687.53

表 4.29　分部分项工程量清单综合单价计算汇总表

工程名称:某建筑室内给排水工程

序号	项目编码	项目名称	计量单位	数量	人工费	材料费	机械费	管理费	利润	风险	小计
1	030801008001	铝塑复合管（螺纹连接）DN15	m	165.00	857.27	5 991.05	161.20	275.18	296.19		7 580.89
2	030801008002	铝塑复合管（螺纹连接）DN20	m	96.00	514.01	4 551.54	96.40	165.00	177.59		5 480.54

续 表

序号	项目编码	项目名称	计量单位	数量	金额/元						
					人工费	材料费	机械费	管理费	利润	风险	小计
3	030801008003	铝塑复合管（螺纹连接）DN25	m	72.00	448.10	4 199.16	87.82	143.84	154.80		5 033.72
4	030801008004	铝塑复合管（螺纹连接）DN32	m	85.20	548.14	6 061.60	112.70	175.95	189.38		7 087.77
5	030801008005	铝塑复合管（螺纹连接）DN40	m	57.30	423.03	4 756.46	88.98	135.79	146.16		5 550.42
6	030801008006	铝塑复合管（螺纹连接）DN50	m	22.35	169.12	2 281.40	36.56	54.29	58.43		2 599.80
7	030801005001	UPVC 塑料排水管（零件黏结）	m	178.50	719.62	3 025.22	131.00	231.00	248.63		4 355.47
8	030801005002	UPVC 塑料排水管（零件黏结）DN75	m	156.45	857.42	5 098.92	153.78	275.23	296.24		6 681.59
9	030801005003	UPVC 塑料排水管（零件黏结）DN100	m	225.90	1 380.76	13 635.83	246.58	443.22	477.05		16 183.44
10	030801005004	UPVC 塑料排水管（零件黏结）DN150	m	21.90	188.69	2 703.07	33.33	60.57	65.19		3 050.85
11	030803001001	闸阀 Z15W－16T DN32	个	6	23.72	347.88	4.08	7.61	8.20		391.49
12	030803001002	闸阀 Z15W－10T DN40	个	6	39.51	486.30	6.79	12.68	13.65		558.39
13	030803010001	水表 LXS 型 DN15	组	42	376.32	1 947.96	64.68	120.80	130.02		2 639.78
14	030203010002	水表 LXS 型 DN20	组	42	442.55	2 260.02	76.06	142.06	152.90		3 073.59
15	030804003001	白瓷平面洗脸盆（冷水）	组	42	584.26	4 566.98	100.42	187.55	210.86		5 641.07
16	030804007001	钢管组成淋浴器（冷水）	组	42	247.90	8 069.38	42.61	79.57	85.65		8 525.11
17	030804012001	白瓷低水箱坐便器	组	42	888.59	2 156.87	152.73	285.24	307.01		3 790.44

续 表

序号	项目编码	项目名称	计量单位	数量	金额/元						
					人工费	材料费	机械费	管理费	利润	风险	小计
18	030804015001	排水栓带存水弯 DN50	组	42	210.27	8 684.84	36.14	67.50	72.65		9 071.4
19	030804016001	铜水龙头 DN15	个	84	61.93	1 603.18	10.64	19.88	21.40		1 717.03
20	030804017001	圆形地漏 DN50	个	84	354.13	2 036.5	60.87	113.68	122.35		2 687.53
		合计			9 335.34	84 464.16	1 703.37	2 996.64	3 234.35		101 733.86

四、措施项目清单费用的计算

1. 环境保护费

编制建设工程的最高限价时,应按当地环保部门规定费率计取,对本工程规定费率为分部分项工程费的 0.06%。编制投标报价时,应参考当地环保部门规定费率,由企业自主报价。

计取方法为

$$分部分项工程费×规定费率$$

即
$$101\ 733.86×0.60\%＝610.40(元)$$

2. 检验实验及放线定位费

编制建设工程的最高限价时,应按规定费率计取,规定费率为人工费的 2.26%。编制投标报价时,应参考规定费率,由企业自主报价。

计取方法为

$$人工费×规定费率$$

即
$$9\ 335.34×2.26\%＝210.98(元)$$

3. 临时设施费

编制建设工程的最高限价时,应按规定费率计取,规定费率为人工费的 8.98%。编制投标报价时,应参考规定费率,由企业自主报价。

计取方法为

$$人工费×规定费率$$

即
$$9\ 335.34×8.98\%＝838.31(元)$$

4. 冬雨季、夜间施工增加费

编制建设工程的最高限价时,应按规定费率计取,规定费率为人工费的 5.13%。编制投标报价时,应参考规定费率,由企业自主报价。

计取方法为

$$人工费×规定费率$$

即
$$9\ 335.34×5.13\%＝478.90(元)$$

5. 二次搬运及不利环境费

编制建设工程的最高限价时,应按规定费率计取,规定费率为人工费的 2.56%。编制投标报价时,应参考规定费率,由企业自主报价。

计取方法为

$$人工费 \times 规定费率$$

即 $$9\ 335.34 \times 2.56\% = 239.98(元)$$

6.脚手架搭拆费

编制建设工程的最高限价时,应按陕西省安装工程消耗量定额第八册《给排水、采暖、燃气工程》中的规定:给排水工程按人工费的 6% 计取。其中人工费占 25%,材料费占 65%,机械费占 10%。编制投标报价时,应参考消耗量定额规定费率,由企业自主报价,具体见表 4.30。

计取方法为

$$人工费 + 材料费 + 机械费 + 管理费 + 利润 + 风险$$

表 4.30 脚手架搭拆费计算表

序 号	项目名称	计量单位	数量	金额/元						
				人工费	材料费	机械费	管理费	利润	风险	合计
1	脚手架搭拆费	项	1	140.03	364.08	56.01	44.95	48.38		653.45

五、其他项目清单费用的计算

1.预留金

工程量清单中规定本工程的预留金按 8 000 元计取。

2.材料购置费

招标单位采购供应的材料费计算见表 4.31。

表 4.31 甲方提供材料购置费计算表

序 号	材料名称	规格型号	单位	数量	单价/元	合价/元
1	白瓷平面洗脸盆		个	42.42	118.00	4 581.36
2	白瓷低水箱坐便器		个	42.42	568.00	24 094.56
3	白瓷低水箱	(带全铜洁具)	套	42.42	474.00	20 107.68
4	坐便器桶盖		套	42.42	79.00	3 351.18
	合计					52 134.18

3.总承包服务费

编制建设工程的最高限价时,应按规定费率计取,规定费率为材料购置费的 1.20%。编制投标报价时,应参考规定费率,由企业自主报价。

计取方法为

$$材料购置费 \times 规定费率$$

即 $$52\ 134.18 \times 1.20\% = 625.61(元)$$

4.零星工作项目费

(1)零星工作项目费中的人工费。其中人工单价应体现为综合单价,编制建设工程的最高限价时,应按规定的人工单价 25.73 元/工日,加管理费及利润后组成综合单价。编制投标报价时,应参考以上规定,由企业自主报价。

人工工日综合单价的计取方法为

人工工日单价＋管理费＋利润

即 $\qquad$ $25.73+25.73\times32.10\%+25.73\times34.55\%=42.88(元)$

人工费用的计算方法为

人工工日数量×人工工日综合单价

即 $\qquad$ $43\times42.88=1\ 843.84(元)$

(2)零星工作项目费中的材料费。编制建设工程的最高限价时,应按《陕西省安装工程价目表》配套的材机库中规定的材料单价乘以暂定材料数量计算。编制投标报价时,应参考以上规定,由企业自主报价。

材料费用的计算方法为

$$\sum(各项材料用量×相应材料单价)$$

即 $\qquad$ $25\times6.67+18\times24.00+12\times5.00+60\times0.62+5\times25.80=724.95(元)$

(3)零星工作项目费中的机械费。编制建设工程的最高限价时,应按《陕西省安装工程价目表》配套的材机库中规定的机械台班单价乘以暂定机械台班数量计算。编制投标报价时,应参考以上规定,由企业自主报价。

机械费用的计算方法为

$$\sum(各项机械台班数量×相应机械台班单价)$$

即 $\qquad$ $6\times17.40+9\times90.79+9\times20.57=1\ 106.64(元)$

(4)零星工作项目费。

零星工作项目费为

人工费＋材料费＋机械费

即 $\qquad$ $1\ 843.84+724.95+1\ 106.64=3\ 675.43(元)$

六、规费、税金、安全文明施工费及单位工程造价的计算

1.规费

规费包括劳动统筹基金、职工失业保险、职工医疗保险、工伤及意外伤害保险、残疾人就业保险、工程定额测定费 6 项不可竞争费用。工程地点在西安市的,其费率为 4.60%;工程地点在西安市外的,其费率为 4.62%。

规费的计算方法为

(分部分项工程费＋措施项目费＋其他项目费)×规费费率

即 $\qquad$ $(101\ 733.86+3\ 030.82+64\ 524.77)\times4.62\%=7\ 821.17(元)$

2.税金

税金是指国家税法规定的应计入工程造价的营业税、城市维护建设税及教育费附加。按纳税地点不同,分别选择不同的税率。地点在市区:3.41%;地点在县城、镇:3.55%;地点不在市区、县城、镇:3.22%。

税金的计算方法为

$$（分部分项工程费＋措施项目费＋其他项目费＋规费）×税率$$

即　　　$(101\,733.86＋3\,030.82＋64\,524.77＋7\,821.17)×3.35\%＝5\,933.21(元)$

3. 安全文明施工费

安全文明施工费的费率为不可竞争费率,规定费率为分部分项工程费的 2.60%。
计取方法为

$$分部分项工程费×规定费率$$

即　　　　　　$101\,733.86×2.60\%＝2\,645.08(元)$

4. 单位工程造价计算

单位工程造价是单项工程的组成部分。单位工程是指有独立施工条件及单独作为计算成本的对象,但建成后不能独立进行生产或发挥效益的工程。

单位工程造价计算方法为

$$分部分项工程费＋措施项目费＋其他项目费＋规费＋安全文明施工费＋税金$$

即　　　　$101\,700.30＋3\,030.82＋64\,524.77＋7\,821.17＋2\,645.08＋5\,933.21$

$$＝185\,022.00(元)$$

思考与练习

1. 查看各种卫生器具的给水、排水情况,结合本章内容,掌握给排水计算的具体分界点,并画图表示,用红笔指出分界点。

2. 某住宅给水工程,镀锌钢管 DN15 工程量为 300m,DN20 工程量为 150m,DN25 工程量为 100,DN32 工程量为 200m,均不保温,DN40 的水平长度为 100m,其中需保温部分为 90m,立管穿 3 个层高(按不保温考虑);DN50 的水平长度为 200m,其中需保温部分为 120m,立管穿 4 个层高(按不保温考虑)。计算管道支架制作、安装工程量。

3. 识读某办公楼给排水施工图。写出该工程设计了哪种卫生器具,并且编制卫生器具工程量清单。

4. 自学任务四中给排水工程施工图预算编制实例。

5. 根据分部分项工程量清单项目表 C8 规定,室内给排水管道安装工程分部分项工程量清单可以划分为哪些项目?

项目五　采暖工程计量与计价

知识目标

通过本项目的学习,了解室内采暖系统的分类及组成,室内热水采暖系统管道的基本布置形式;熟悉室内采暖工程量计算规则;掌握室内采暖系统工程量计算。

能力目标

能够熟练应用《计价规范》编制室内采暖工程工程量清单;熟练应用 2004 年《陕西省安装工程消耗量定额》及配套的 2009 年《陕西省安装工程价目表》对编制的室内采暖工程量清单进行计价。

任务一　室内采暖工程

一、采暖系统组成及分类

采暖就是用人工方法向室内供给热量,保持一定的室内温度,以创造适宜的生活条件或工作条件的技术。

采暖系统都由热媒制备(热源)、热媒输送(管网)和热媒利用(散热设备)3 个主要部分组成。根据 3 个主要组成部分的相互位置关系来分,供暖系统可分为局部供暖系统和集中式供暖系统。

1. 局部供暖系统

热媒制备、热媒输送和热媒利用 3 个主要组成部分在构造上都在一起的供暖系统,称为局部供暖系统。

2. 集中式供暖系统

热源和散热设备分别设置,用热媒管道相连接,由热源向各个房间或各个建筑物供给热量的供暖系统,称为集中式供暖系统。以热水或蒸汽作为热媒,由热源集中向一个城镇或较大区域供应热能的方式称为集中供暖。目前,集中供暖已成为现代化城镇的重要基础设施之一,是城镇公共事业的重要组成部分。集中供暖系统由三大部分组成:热源、热力网和热用户。供暖系统的热源是指供热热媒的来源。目前,最广泛应用的是区域锅炉房和热电厂。在此热源内,燃料燃烧产生的热能将热水或蒸汽加热。此外,也可以利用核能、地热、电能、工业余热作为集中供暖系统的热源。热力网是由热源向热用户输送和分配供热介质的管线系统。热用户是指集中供暖系统利用热能的用户,如室内供暖、通风、空调、热水供应及生产工艺用热系统等。

二、热水供暖系统

以热水为热媒的供暖系统,称为热水供暖系统。根据循环动力的不同,热水供暖系统可分为自然循环系统和机械循环系统。

(1)自然循环热水供暖是靠水的密度差进行循环的系统,它无须水泵为热水循环提供动力。但它作用压力小(供水温度为 95 ℃,回水 70 ℃,每米高差产生的作用压力为 156Pa),因此仅适用于一些较小规模的建筑物。系统中的水靠其密度差循环,水在锅炉中受热,温度升高,体积膨胀,密度减小,加上来自回水管冷水的驱动,使水沿供水管上升到散热器中,在散热器中热水将热量散发至房间,水温降低,密度变大,沿回水管回到锅炉重新加热,这样周而复始地循环,不断把热量从热源送到房间。膨胀水箱吸纳系统水温升高时热胀而多出的水量,补充系统水温降低和泄漏时短缺的水量,稳定系统的压力和排除水在加热过程中所释放出来的空气。

(2)机械循环热水供暖系统在系统中设置有循环水泵,靠水泵的机械能使水在系统中强制循环。由于水泵所产生的作用压力很大,因而供热范围可以扩大。机械循环热水供暖系统不仅可用于单幢建筑物中,也可以用于多幢建筑,甚至发展为区域热水供暖系统。

机械循环热水供暖系统的主要形式有机械循环上供下回式热水供暖系统(见图 5.1)、机械循环下供下回式双管系统(见图 5.2)和机械循环中供式热水供暖系统(见图 5.3)。

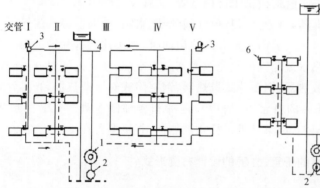
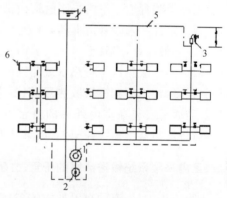

图 5.1　机械循环上供下回式热水供暖系统　　　　图 5.2　机械循环下供下回式双管系统

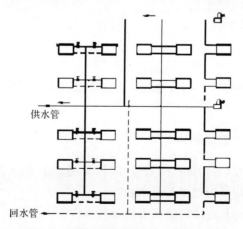

图 5.3　机械循环中供式热水供暖系统

三、蒸汽供暖系统

蒸汽是最常用的热媒之一,特别是在工业生产中广泛应用。以水蒸气为热媒,在换热器中靠放出凝结水放出汽化潜热的热量。因此,低压蒸汽供暖系统的凝结水回流入锅炉有两种方式。

1.重力回水低压蒸汽采暖系统

蒸汽在散热器中放热后,变成凝结水,靠重力凝水管流回锅炉。供气压力小于 0.07MPa 以及凝结水在有坡管道中依靠自身的重力回流到热源,只适用于小型系统。

2.机械回水低压蒸汽采暖系统

凝结水沿凝水管靠重力流入凝水箱,然后用凝结水管汲送凝水压入锅炉。这种系统作用半径大,工程中得到广泛应用。

四、室内集中采暖系统的主要组成

该系统一般是指由入口装置以内的管道、散热器、排气装置等设施所组成的供热系统。室内采暖系统是由入口装置、室内管道、管道附件、散热器等组成的。

(1)入口装置。与室外供热管网相连接处的阀门、仪表和减压装置统称为采暖系统入口装置,热水采暖系统常用设调压板的入口装置。

(2)室内采暖管道。室内采暖管道由供水(汽)干管、立管及支管组成。

(3)管道附件。采暖管道上的附件有阀门、放气阀、膨胀水箱、伸缩器等。放气阀一般设在供汽干管上的最高点,当管道水压实验前充水和系统启动时,利用此阀排除管道内的空气。

(4)散热器。散热器是将热水或蒸汽的热能散发到室内空间,使室内气温升高的设备。散热的种类很多,常用的有铸铁散热器、钢串片式散热器、钢制闭式对流散热器、光排管式散热器等。散热器通常安装在室内外墙的窗台下(居中),走廊和楼梯间等处。安装一般先栽托架(钩),然后将散热器组挂在托架上,如果是带足柱式散热器,直接搁置在地面或楼面上。

五、室内采暖系统输送热媒的干管、立管的设计布置形式

在采暖工程中,管道的布置形式较多,常用的有以下几种:

(1)双管上行下给式;

(2)单管上行下给式;

(3)下行上给式。

任务二　采暖系统工程工程量计算

一、采暖系统工程量计算规则

(1)计算管道延长米时,不扣除阀门及管件(包括减压器、疏水器、伸缩器)所占长度;

(2)散热器所占长度应从管道延长米中扣除;

(3)方形伸缩器的两臂长度应计算到管道延长米内;

(4)管道安装不分地沟、架空,仅分室内、外,地沟内的管道安装不能直接用管廊内的管道

安装乘 1.3 的系数;

(5)不属于采暖工程的热水管道,不能计取系统调整费;

(6)厂房柱子突出墙面,管道绕柱子敷设,如属于方形补偿器形式,可以套用方形补偿器制作安装相应项目;

(7)散热器的安装中规定,不带阀门的散热器安装时,每组增加两个活接头;

(8)各种类型的散热器不分明装和暗装,均按类型分别套用相应项目;

(9)光排管散热器制作安装项目中,联管作为材料已列入了项目,其定额单位"10m",是指光排管的长度而言;

(10)管道支架制作安装时应注意以下几点:

1)室内公称直径 DN32 等的采暖管道安装,其相应支架的制作已包括在管道安装项目内,不应再重复计算。

2)支架重量按支架所用钢材的图示几何尺寸计算,不扣除切肢开孔等重量;如采用标准图,其重量可按图集所列支架重量计算。

3)水箱等设备支架如为型钢支架,可与管道支架重量合并,套用支架制作安装相应项目。

二、采暖工程工程量计算方法

1.采暖工程与给排水系统不同之处

(1)采暖入户。

1)室内外管道界限划分:以入口阀门或建筑物外墙皮 1.5m 为界。

2)入口附件的计算:设计一般采用标准图,如温度计、压力表、过滤器、平衡阀、闸阀等附件的种类、个数,要根据标准图集的形式统计计算。

(2)焊接钢管。根据管道的连接方式,找到管道的变径点是计算的关键。一般 DN≤32mm 时,管道采用螺纹连接,其变径点一般在分支三通处;DN>32mm 时,管道采用焊接,焊接管道的变径点一般在分支三通后的 200mm 处,如图 5.4 所示。

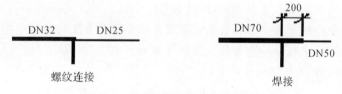

图 5.4 焊接钢管管道的连接方式

(3)煨弯。如图 5.5 所示,横干管与立支管连接处,水平支管与散热器连接处,设乙字弯;立管与水平管交叉处,设括弯绕行,常见管道煨弯的近似增加长度可参考表 5.1。

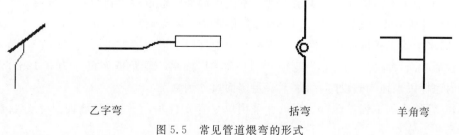

图 5.5 常见管道煨弯的形式

表 5.1　乙字弯和括弯增加长度　　单位:mm

管道	增加长度	
	乙字弯	括弯
立管	60	60
支管	35	50

(4)套管。套管主要有镀锌铁皮套管、钢套管。

1)镀锌铁皮套管,以"个"为计量单位,规格按被套管管径定,用 DN 表示。

2)钢套管,以延长米"10m"为定额单位,规格按比被套管管径大 2♯定,套用室外焊接钢管的焊接相应子目。

分两步计算:

a.按不同管径统计管道穿墙、楼板或梁的次数。

b.按所穿部位计算每种套管的长度,最后统计同种管径的总长度。

单个套管的长度:水平穿墙、梁的套管,两端与墙饰面平齐垂直穿楼板的套管,底与天棚饰面平齐,顶高出地面至少 20mm。

【例 5.1】　DN20 的焊接钢管穿墙 3 次,穿楼板 4 次;DN25 的焊接钢管穿墙 5 次,穿楼板 5 次;DN32 的焊接钢管穿墙 6 次,穿楼板 6 次;DN40 的焊接钢管穿墙 3 次,穿楼板 5 次。注:24 墙,楼板 120mm。问:钢套管的工程量是多少?

【解】DN20 的钢套管管径为 DN32,长度＝0.3×3＋4×0.25＝1.9(m);

DN25 的钢套管管径为 DN40,长度＝0.3×5＋0.25×5＝2.75(m);

DN32 的钢套管管径为 DN50,长度＝0.3×6＋0.25×6＝3.3(m);

DN40 的钢套管管径为 DN65,长度＝0.3×3＋0.25×5＝2.15(m)。

(5)补偿器。补偿器也称伸缩器。

1)定额单位:个。

2)计算:视其所在管道的管径而定,统计数量。

(6)管道支架重量的计算。计算管道支架重量的步骤和方法与给水的相同,只是采暖管道受热胀冷缩的影响,水平敷设的支架分为滑动支架和固定支架,其中固定支架在施工图上有标注,按其实际数量统计,有

滑动支架个数＝水平支架个数－固定支架个数

各种支架的重量参考相关规定。

2.管道工程量计算

(1)供水干管工程量计算。供水干管沿室内内墙架空敷设时,当管径 ≤ DN80 时,供水干管距墙面尺寸为 0.15m;当管径 > DN80 时,供水干管距墙面尺寸为 0.18m。

(2)回水干管工程量计算。回水干管在室内地坪以上沿内墙敷设时,当管径 ≤ DN80 时,回水干管距墙面尺寸为 0.15m;当管径 > DN80 时,回水干管距墙面尺寸为 0.18m。回水干管在室内地坪以下地沟敷设时,回水干管距墙面尺寸为 0.25m。

(3)立管长度的工程量计算。当设计采用单立管安装时,立管距侧墙面尺寸为 0.08m,距后墙面尺寸为 0.05m。

1)单管式立管长度的工程量计算公式。

单立管长度(L) = 供水干管标高 - 回水干管标高 + 供水干管距立管尺寸 +
回水干管距立管尺寸 - 散热器中心距尺寸(散热器进出水管高差 h_0)×
散热器组数(n)

a.长翼型散热器中心距为 0.505m;

b.四柱或五柱型散热器中心距为 0.642m;

c.铸铁 M132 型散热器中心距为 0.5m;

d.钢制柱式散热器中心距为 0.54m;

e.板式、扁管等散热器中心距为 0.04m。

当设计采用双立管安装时,立管距侧墙、后墙面尺寸均为 0.05m,两立管间距为 0.08m。

2)双立管的总长度 = 每组标准立管长度$(m/组)$×相同管径立管的组数(组)

a.在立管与支管的交叉处,应将立管煨成弧形弯,每个弧形弯抱弯尺寸按 0.10m 长度计算。

b.在计算立管长度时,同样应掌握各种散热器的外形尺寸。

【例 5.2】 某采暖系统单立管如图 5.6 所示,散热器选用五柱型铸铁散热器。请计算立管长度。

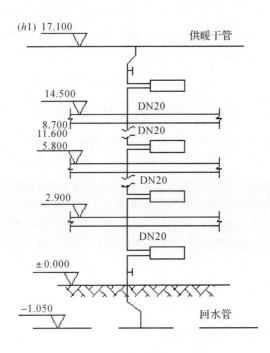

图 5.6 某采暖系统单立管

【解】 $$H = h_1 - h_2 + 0.1 + 0.2 - h_0 n$$

式中:n 为层数。代入数值,可得立管长度为

$$H = 17.10 - (-1.05) + 0.1 + 0.2 - 0.642 \times 6 = 14.60(m)$$

【例 5.3】 某采暖系统双立管如图 5.7 所示,散热器选用五柱型铸铁散热器。请计算立管长度。

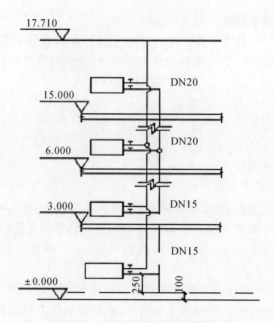

图 5.7　某采暖系统双立管

【解】a. 供水立管：

DN20 立管长度：$H=17.71-6.00-0.642-0.20+3\times0.1+0.1=11.27(m)$

DN15 立管长度：$H=6.00+2\times0.1=6.2(m)$

b. 回水立管：

DN15 立管长度：$H=15.00-6.00=9(m)$

DN20 立管长度：$H=6.00+0.20-0.10=6.10(m)$

注：式中 0.1 为缩墙灯叉弯长度(100mm)，0.642 为散热器进出口的中心距(642mm)。

(4)支管工程量计算。连接立管与散热器进、出口的水平管段称为采暖管道系统中的水平支管。连接散热器支管的安装长度等于立管中心到散热器中心的距离，再减去散热器长度的 1/2，再加上支管与散热器连接时的乙字弯的增加长度(一般取 0.08m)。

为了使计算长度尽可能接近实际安装长度，水平支管的计算一般应按建筑平面图上各房间的轴线尺寸，结合立管及散热器的安装位置分别进行。下面就几种常见的布置形式计算支管工程量。

1)水平串联支管的计算如图 5.8 所示。

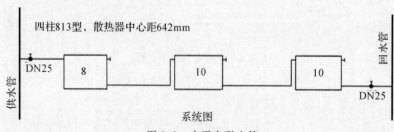

图 5.8　水平串联支管

a.水平长度＝供、回两立管中心管线长度－散热器长度＋乙字弯增加长度

DN25＝15－(8＋10＋10)×0.057＋6×0.035(乙字弯)＝15－1.596＋0.21＝13.614(m)

　　b.垂直长度＝散热器中心距长×个数

$$DN25＝2×0.642＝1.284(m)$$

合计:DN25＝14.898(m)

2)单侧散热器水平支管的计算如图5.9所示。

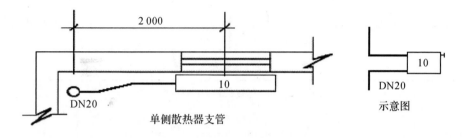

单侧散热器支管　　　　示意图

图5.9　单侧散热器水平支管

　　水平长度＝立管至窗中心散热器中心长度×2－散热器长度＋乙字弯增加长度

DN15＝2.0×2－10×0.057＋2×0.035(乙字弯)＝4－0.57＋0.07＝3.5(m)

3)双侧散热器水平支管的计算如图5.10所示。

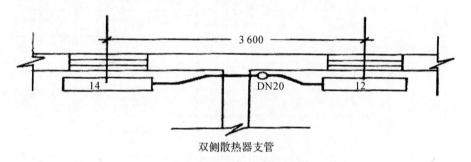

双侧散热器支管

图5.10　双侧散热器水平支管

　　水平长度＝两组散热器中心长度×2－散热器长度＋乙字弯增加长度

DN20＝3.6×2－(14＋12)×0.06＋4×0.035(乙字弯)＝5.858(m)

　　各楼层每一组立管中散热器的总长度为各层散热器的片数之和乘以每片厚度;在计算支管长度时,应掌握常用型号散热器的每片厚度d,并应增加3mm垫片厚度。

1)铸铁四柱或五柱型散热器:$d＝0.057$;

2)铸铁M132型散热器:$d＝0.082m$;

3)铸铁长翼型大60散热器:$d＝0.28m$;

4)铸铁长翼型小60散热器:$d＝0.20m$;

5)钢制柱式散热器:$d＝0.035m$;

3.散热器工程量计算

计算散热器除要根据不同的型号计算数量外,铸铁的散热器还要考虑除锈、刷油的工程量。为方便管道延长米的计算和不带阀门的散热器安装每组增加两个活接头的计算,在统计散热器的数量时,要将支管规格相同者统计在一起,然后再将散热器数量合并计算。

4.防腐、绝热工程量计算

(1)管道的除锈、刷油、保温同给排水管道查表计算。

(2)散热器除锈、刷油。

1)钢制散热器,一般在出厂时已经做了除锈、刷油的工作,不用计算;

2)光排管散热器工程量计算按管道的长度计算,散热器除锈、刷油工程量也按管道的计算方法进行;

3)其他散热器的除锈、刷油工程量应按散热面积计算,各种散热器每片散热面积见表5.2。

表5.2 每片散热器散热面积

散热器类型	型 号	厚度/mm	散热面积/(m²/片)	进出口中心距/mm
灰铸圆翼型	DN50	$L=750$	1.3	
	DN75	$L=1\,000$	1.8	
长翼型	TC0.2/5-4(小60)	$L=200$	0.8	500
	TC0.28/5-4(大60)	$L=280$	1.17	500
单面定向对流型	400型	58.5	0.37	400
	500型	58.5	0.40	500
	600型	58.5	0.43	600
辐射对流型	TFD₁(Ⅰ)-0.9/6-5	60	0.355	600
	TFD₁(Ⅱ)-0.9/6-5	75	0.422	600
	TFD₁(Ⅲ)-1.0/6-5	65	0.420	600
	TFD₁(Ⅳ)-1.2/6-5	65	0.340	600
铸铁柱型	M-132	82	0.24	500
	TZ4-813	57	0.28	642
	ZT4-760	51	0.235	600

5.排气装置

排气装置是排除系统中的空气,促进系统循环,有集气罐、自动排气阀、手动排气阀等三种。

(1)集气罐。制作、安装分别计量,套用第6册定额相应子目,制作以"kg"为计量单位,安装以"个"为定额单位,现场制作,一般用DN100~DN250的管子制成,两侧加封堵,有立式、卧式两种,规格参看专业标准图集,计量时还要包括除锈、刷油的工程量。但目前新的采暖系统设计已经基本淘汰了集气罐。

(2)自动排气阀。通过自动阻气和排水机构,使排气孔自动打开或关闭,达到排气的目的,属于阀门类,定额单位是"个",按不同公称直径划分子目,有DN15,DN20,DN25。与其连接的阀门未包括在定额内,应另计。

(3)手动排气阀(手动放风阀)。手动排气阀旋紧在散热器上部专设的丝孔上,以手动方式排除采暖系统内的空气。以"个"为计量定额单位,直径为 10mm。

任务三 采暖管道安装工程工程量清单项目

采暖管道安装工程分部分项工程量清单项目应依据《陕西省建设工程工程量清单计价规则》中的 C8 给排水、采暖、燃气工程进行划分。实际编制工程量清单时应划为室外供热管道安装工程和室内供暖管道安装工程两部分。

一、室外供热管道安装工程

根据分部分项工程量清单项目表 C8 规定,室外供暖管道安装工程分部分项工程量清单可以划分为:
(1)供热管道安装。
(2)伸缩器制作安装。
(3)管道支架制作安装。
(4)阀门安装。
(5)低压器具组成安装。
(6)管道沟土、石方开挖。
(7)管道地沟砌筑。
(8)阀门井室砌筑。

二、室内供暖管道安装工程

根据分部分项工程量清单项目表 C8 规定,室内供暖管道安装工程分部分项工程量清单可以划分为:
(1)管道安装。
(2)法兰安装。
(3)阀门安装。
(4)伸缩器制作安装。
(5)低压器具组成安装。
(6)供暖器具组成安装。
(7)水箱制作、安装。
(8)采暖工程系统调整。

三、室内、外供暖管道安装工程工程量清单项目划分应遵循的原则

(1)室内、外供暖管道安装。应按设计要求采用的不同材质与连接方法,区别其不同公称直径分别列出工程量清单项目,计算工程量时应按设计图示管道中心线长度,以"m"为计量单位,不扣除各种阀门、管件(包括水表、伸缩器等组成安装)所占长度。
(2)室外管道支架制作安装。除室内管道安装项目中已包括支架制作安装,则均成安装所占长度综合列出工程量清单项目,计算工程量时应按设计图示重量以"kg"为计量单位。

（3）法兰安装。应按设计要求采用的不同材质、不同的连接方法，区别其不同的公称直径分别列出工程量清单项目，计算工程量时应按设计图示数量以"付"为计量单位。

（4）伸缩器制作与安装。应按设计要求采用的不同类型，区别伸缩器的不同公称直径分别列出工程量清单项目，计算工程量时应按设计图示数量以"个"为计量单位。

（5）阀门安装。（除各类器具组成项目中配套的阀门外）均按设计要求采用的不同类型、不同的连接方法，区别其不同的公称直径分别列出工程量清单项目，计算工程量时应按设计图示数量以"个"为计量单位。

（6）低压器具组成安装。应按设计要求采用的不同类型与连接方法，区别其不同公称直径分列工程量清单项目，计算工程量时应按设计图示数量以"组"为计量单位。

（7）供暖器具安装。应按设计要求采用的不同类型分别列出工程量清单项目，计算工程量时应按设计图示数量以"片""组""m""台"为计量单位。

（8）水箱制作安装。应区分其不同容积"m³"分别列出工程量清单项目，计算工程量时应按设计图示数量以"套"为计量单位。

（9）采暖工程系统调整。由采暖管道、管件、阀门、法兰、供暖器具组成采暖系统，计算工程量时应以"系统"为计量单位。

（10）管道地沟土、石方开挖、管道地沟砌筑、阀门井室的砌筑等应按建筑工程工程量清单项目有关规定列出工程量清单项目，并计算工程量。

任务四　采暖工程施工图预算编制实例

一、施工图样与设计说明及相关要求

1.施工图样

本实例采用的施工图样是某建筑室内采暖工程，如图5.11～图5.16所示。

2.设计说明及相关要求

（1）设计说明。

1）该工程的供暖热媒为热水，供回水温度为70～95℃；标准间计算温度为18℃，走廊计算温度为16℃，楼梯间计算温度为14℃。

2）在平面图上，管边与墙柱的距离是假设的，图上所注管道标高全部为管道中心标高线标高，标高单位为m，其余尺寸均为mm。

3）管道采用焊接钢管，当管径小于或等于DN32时采用螺纹连接；当管径大于DN32时采用焊接连接。管道穿墙及穿过楼板处均加镀锌铁皮套管。

4）除图中注明管径外，单侧连接散热器的支管管径与立管相同；双侧连接散热器的支管比立管小一号。

5）平面图中均标有散热器的每组片数，该供暖系统均采用铸铁四柱760型散热器，全部挂墙安装。

6）阀门均采用J11W-16T型截止阀，顶层散热器均加手动跑风阀一个。

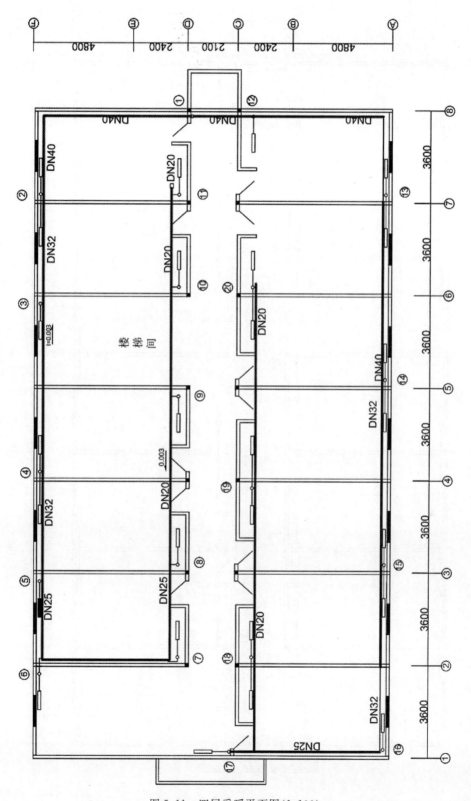

图 5.11　四层采暖平面图(1:100)

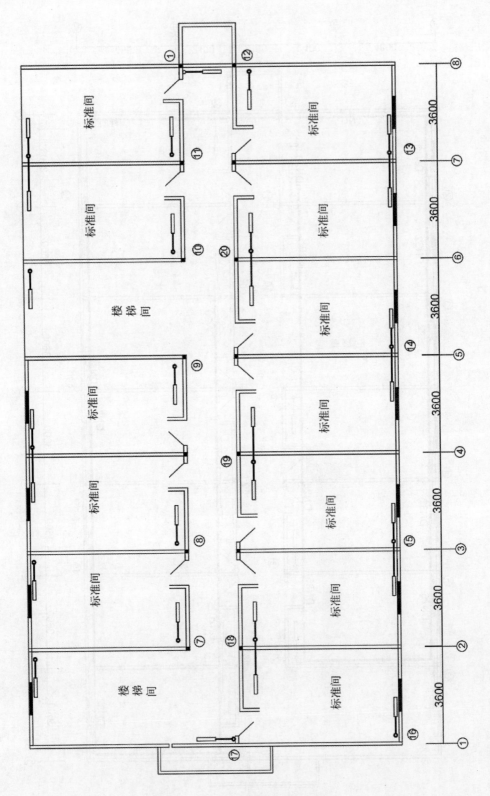

图 5.12　二至三层采暖平面图(1:100)

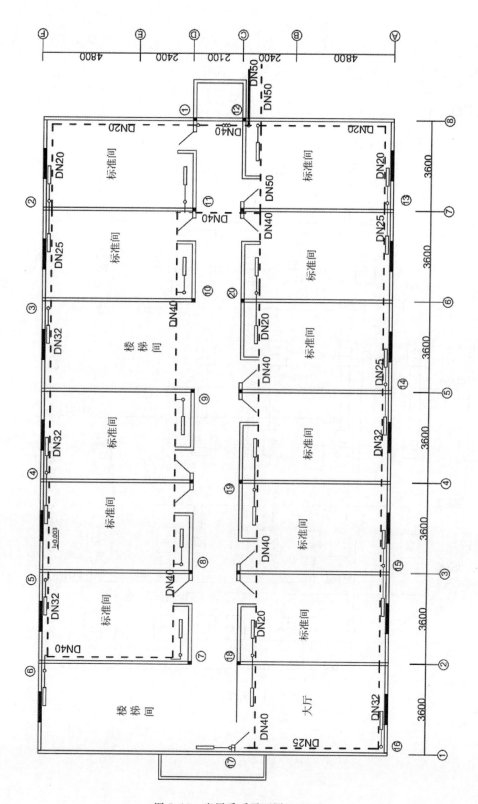

图 5.13　底层采暖平面图(1:100)

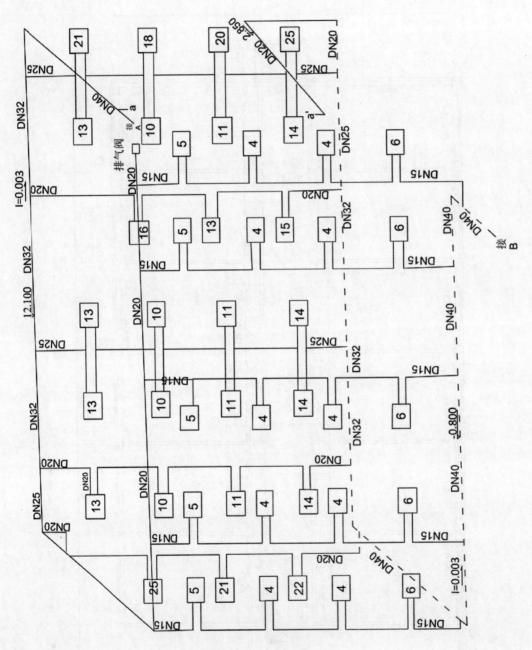

图 5.14　采暖系统图(1)

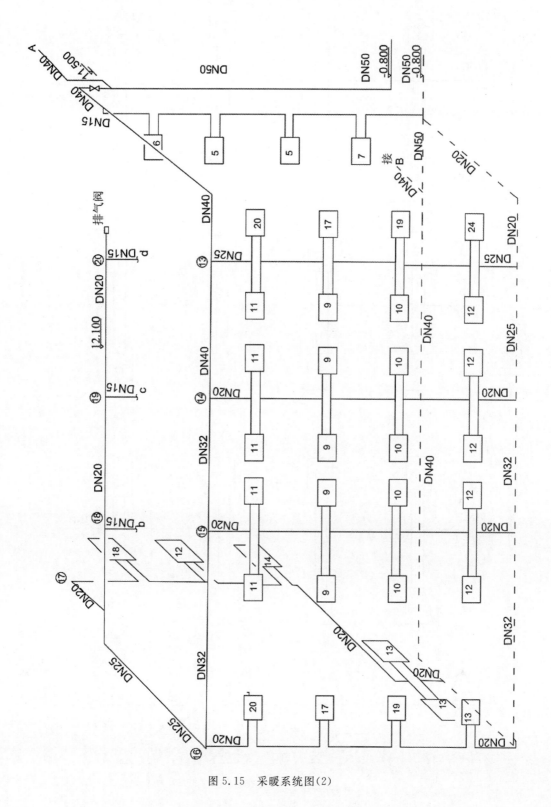

图 5.15 采暖系统图(2)

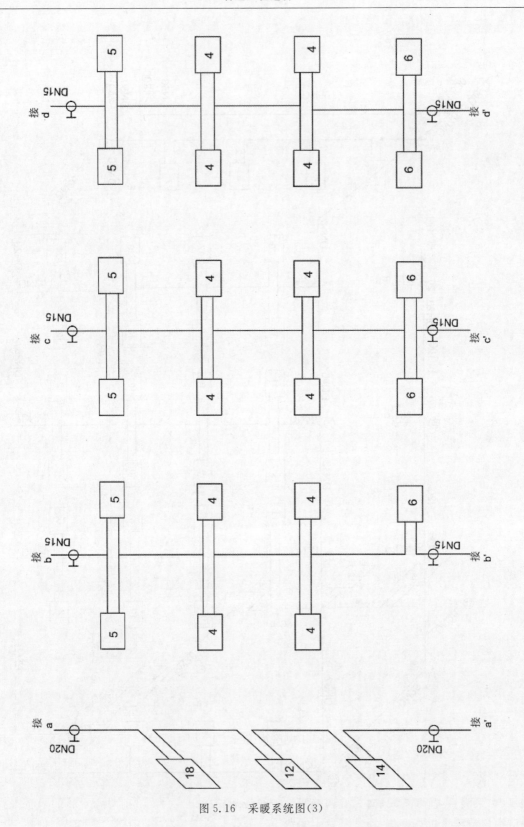

图 5.16　采暖系统图(3)

7)敷设在地沟内的主干管与不采暖房间的管道均须保温,管道保温采用 $d=50$mm 的超细玻璃棉管壳,保温层采用玻璃丝布,保护层外刷银粉漆两遍。

8)不保温管及铸铁散热器在除轻锈和污物后,在外表面均刷红丹防锈漆两遍,银粉漆两遍。

9)卫生间散热器中心线距侧面墙轴线尺寸为 1 400mm。

10)自动排气阀距立管的尺寸为 200mm。

(2)相关要求。

1)该工程为砖混结构,工程地点位于陕西省西安市西郊莲湖区。

2)本工程实行工程量计价模式招标。

3)本工程中所采用的未计价材料按照 2008 年第六期《陕西工程造价管理信息(材料信息价)》计取。

4)本工程的环境保护费暂按分部分项工程费的 0.80% 计取。

二、工程量清单项目划分

1. 施工图识读

为使预算编制有序进行,不重复立项,不漏项,应在计算工程量之前,仔细阅读图纸,包括施工图说明、设备材料表、平面图、系统图以及有关的标准图和详图。在此基础上,来划分和确定工程项目。

通过识读该建筑采暖工程施工图 5.11~图 5.16,可以看出该项室内采暖工程为民用建筑室内采暖工程,建筑物高度为三层,供水干管布置在第三层,沿内墙敷设,回水干管布置在底层地沟内,供回水干管及立管上、下端均设置有调节阀门,供水干管末端设置有自动排气阀,并将放空管引至墙外,管道材质为焊接钢管,DN≤32mm 时采用螺纹连接,DN>32mm 时采用焊接方式连接,散热器选用四柱 760 型铸铁散热器,全部挂墙安装。

2. 分部分项工程量清单项目列项

根据《陕西省建设工程工程量清单计价规则》中规定应为形成实体项目才能进行列项,对于不形成工程实体的项目不得列项,其内容应该包括在形成工程实体项目的工程内容中。按工程量清单计价规则中的规定应划分为管道安装、阀门安装、散热器组成安装、采暖系统调整等四大分部工程。

(1)管道安装:分为保温管道与不保温管道两大类。从图中可以看出,不保温管道采用焊接管道,其规格为 DN15,DN20,DN25,DN32,DN40,DN50,应列 6 个清单项目。保温管道采用焊接管道,其规格为 DN20,DN25,DN32,DN40,DN50,应列 5 个清单项目。

(2)阀门安装:分为螺纹阀门、法兰阀门、自动排气阀及手动跑风阀四大项。从图中可以看出,其中螺纹阀门采用 J11W-16T 型截止阀,其规格为 DN15,DN20,DN25,DN40,应列 4 个清单项目;自动排气阀采用 ZP-Ⅱ型,其规格为 DN20,应列 1 个清单项目,手动跑风阀 1 项,应列 1 个清单项目。

(3)散热器组成安装:选用四柱 760 型铸铁散热器,全部挂墙安装,应列 1 个清单项目。

(4)采暖系统调整。采暖系统调整费是指安装工程在交工验收之前对所安装的采暖工程项目按规范要求进行调整、调试所发生的费用。采暖系统调整费虽未形成工程实体,但按工量清单计价规则规定应列 1 个清单项目。

本采暖工程工程量清单项目除以上四大项以外,对于管件安装、管道水压实验、水冲洗,管道支架制作安装,镀锌铁皮套管的制作安装、管道、支架的除锈、刷油、绝热等辅助项目均已包括在管道安装工程的工程量清单项目中,不再单列清单项目。对于散热器的除锈、刷油已包括在散热器安装的工程量清单项目中,不再单列清单项目。

三、分部分项工程量清单项目的工程量计算

1. 主要项目的工程量计算

(1)主干管工程量计算。

1)室内采暖供水干管工程量计算。

a. 不保温干管:

焊接钢管 DN20:(3.60×4−0.22+0.22+0.20)×2=29.20(m)

焊接钢管 DN25:7.20+3.60+0.20−0.29×3+0.22+3.60+7.20+3.60−0.22−0.29×4+0.22=23.59(m)

焊接钢管 DN32:3.60×4+0.22−0.49+3−60×4+0.22+0.22=28.97(m)

焊接钢管 DN40:0.60×2+16.50+3.60×3+3.60−0.29×4−0.22×2=30.50(m)

焊接钢管 DN50:11.50(m)

b. 保温干管:

焊接钢管 DN50:1.50+0.28+0.15+0.80=2.73(m)

2)室内采暖回水干管工程量计算。

保温干管:

焊接钢管 DN20:3.60+7.20−0.22−0.39×2.0−0.19+3.60−0.22−0.19=12.80(m)

焊接钢管 DN25:3.60×2−0.22+0.22+3.60+0.22×2=11.24(m)

焊接钢管 DN32:360×4+0.20−0.39+0.22+3.60×4−0.39−0.20−0.22=28.02(m)

焊接钢管 DN40:3.60×6+7.20−0.39−0.39×3−0.20+2.10+0.39×2+3.60×5+7.20−0.39×4+0.20=53.76(m)

焊接钢管 DN50:1.50+0.14+3.60+0.39=5.63(m)

因为回水干管全部保温,没有不保暖干管。

(2)立管工程量计算。

1)公称直径为 DN15 的标准立管长度。

L7:12.10+0.80+0.70+0.10+0.57−0.642×4=11.27(m)

L8,L9,L10,L11:(12.10+0.80+0.10+0.20−0.642×4)×4=42.53(m)

L12:12.10+0.80+0.35−0.642×4=10.68(m)

L18,L19,L20:(12.10+0.80+0.10+0.20−0.642×4)×3=31.90(m)

L=11.27+42.53+10.68+31.90=96.38(m)

2)公称直径为 DN20 的标准立管长度。

L1:12.10+0.80+7.20+0.22−0.19+0.20+0.10−0.642×3=18.50(m)

L3:12.10+0.80+0.10+0.20−0.642×3=11.27(m)

L5:12.10+0.80+0.10+0.20−0.642×4=10.63(m)

L6:12.10+0.80+(0.10+0.35+0.28+0.08)+(0.20+0.45+0.28+0.08)−0.642×3=12.79(m)

L14,L15:(12.10+0.80+0.1 0+0.20−0.642×4)×2=21.26(m)

L16:12.10+0.80+0.27+0.10+0.57−0.642×4=11.27(m)

L17:12.10+0.80+(0.30+0.15+0.28+0.18)+(0.20+3.60+0.22)−0.642×4=15.16(m)

L=18.50+11.27+10.63+12.79+21.26+11.27+15.16=100.88(m)

3)公称直径为DN25的标准立管长度。

L2,L5,L13:(12.10+0.80+0.10+0.20−0.642×4)×3=31.90(m)

L=31.90(m)

(3)支管工程量计算。

1)公称直径为DN15的支管长度：

L7,L8,L9,L10,L11:[(1.40−0.22)×2×4+2×0.08×4−1 9×0.06]×5=44.70(m)

L12:(1.40−0.29−0.10)×2×4+2×0.08×4−23×0.06=7.34(m)

L14,L15:[(1.80+1.80)×2×4+4×0.08×4−84×0.06]×2=50.08(m)

L17:(1.60+1.60)×2+4×0.08−26×0.06=5.16(m)

L18:(1.40+1.40)×2×3+4×0.08×3−26×0.06+(1.40−0.22)×2+2×0.08−6×0.06=18.36(m)

L19,L20:[(1.40+1.40)×2×4+4×0.08×4−38×0.06]×2=42.80(m)

L=44.70+7.34+50.08+5.16+18.36+42.80=168.44(m)

2)公称直径为DN20的支管长度。

L1:(1.05−0.22)×2×3+2×0.08×3−44×0.06=2.82(m)

L2:(1.80+1.80)×2×4+4×0.08×4.132×0.06=22.16(m)

L3:(1.80−0.22)×2×3+2×0.08×3−44×0.06=7.32(m)

L4:(1.80+1.80)×2×4+4×0.08×4−96×0.06=24.32(m)

L5:(1.80−0.22)×2×4+2×0.08×4−48×0.06=10.40(m)

L6:(1.80−0.22)×2×3+0.08×3.68×0.06=5.88(m)

L13:(1.80+1.80)×2×4+4×0.08×4−122×0.06=22.76(m)

L16:(1.80−0.22)×2×4+2×0.08×4−69×0.06=9.14(m)

L17:(1.50−0.22)×2×3+2×0.08×3.44×0.06=2.82(m)

L=2.82+22.16+7.32+24.32+10.40+5.88+22.76+9.14+2.82=107.62(m)

(4)管道工程量汇总见表5.3。

表 5.3 管道工程量汇总表

项目名称及规格	供水干管	回水干管	立 管	支 管	单 位	数 量
不保温管道						
焊接钢管（螺纹连接）DN15			96.38	168.44	m	264.82
焊接钢管（螺纹连接）DN20	29.20		100.88	107.62	m	237.70

续　表

项目名称及规格	供水干管	回水干管	立管	支管	单位	数量
焊接钢管(螺纹连接)DN25	23.59		31.90		m	55.49
焊接钢管(螺纹连接)DN32	28.97				m	28.97
焊接钢管(焊接)DN40	30.50				m	30.50
焊接钢管(焊接)DN50	11.50				m	11.50
保温管道						
焊接钢管(螺纹连接)DN20		12.80			m	12.80
焊接钢管(螺纹连接)DN25		11.24			m	11.24
焊接钢管(螺纹连接)DN32		28.02			m	28.02
焊接钢管(焊接)DN40		53.76			m	53.76
焊接钢管(焊接)DN50	2.73	5.63			m	8.36
合计						743.16

（5）阀门安装工程量计算见表 5.4。

表 5.4　阀门安装工程量计算表

项目名称及规格	供水干管	回水干管	立管	支管	单位	合计
截止阀 J11W-16T DN15			18		个	18
截止阀 J11W-16T DN20	2		16		个	18
截止阀 J11W-16T DN25			6		个	6
截止阀 J11W-16T DN40	2				个	2
自动排气阀 ZP-Ⅱ型 DN20	2				个	2
手动跑风阀				28	个	28

（6）散热器安装工程量计算。根据施工图纸的情况,采用立管数量统计法进行计算,见表 5.5。因散热器安装消耗量定额项目内未包含与供回水支管连接用的活接头,本采暖工程设计也未装阀门,所以另计算活接头材料费,其活接头工程量为

黑玛钢活接头 DN15:8×6+16×2+4+14+16×2=130(个)

黑玛钢活接头 DN20:6+16+6+16+8+6+16+8+6=88(个)

表 5.5　散热器工程量计算表

项目名称	立管编号																				组数小计	片数小计
	1	2	3	4	5	6	7	8	9	10	11	12	13	14	15	16	17	18	19	20		
四柱 760 型 4 片							2	2	2	2	2							4	4	4	22	88
四柱 760 型 5 片							1	1	1	1	1	2						2	2	2	13	65

续　表

项目名称	立管编号																				组数小计	片数小计
	1	2	3	4	5	6	7	8	9	10	11	12	13	14	15	16	17	18	19	20		
四柱760型6片							1	1	1	1	1	1						1	2	2	11	66
四柱760型7片												1									1	7
四柱760型9片													1	2	2						5	45
四柱760型10片		1		2	1								1	2	2						9	90
四柱760型11片		1		2	1								1	2	2						9	99
四柱760型12片	1												1	2	2		1				7	84
四柱760型13片		1	1	2	1											1	2				8	104
四柱760型14片	1	1		2	1												1				6	84
四柱760型15片				1																	1	15
四柱760型16片				1																	1	16
四柱760型17片													1			1					2	34
四柱760型18片	1	1															1				3	54
四柱760型19片													1			1					2	38
四柱760型20片		1											1			1					3	60
四柱760型21片		1				1															2	42
四柱760型22片						1															1	22
四柱760型24片													1								1	24
四柱760型25片		1				1															2	50
合计	3	8	3	8	4	3	4	4	4	4	4	8	8	8	4	5	7	8	8		109	1 087

2.辅助项目的工程量计算

(1)套管制作安装工程量计算。按照设计要求采用镀锌铁皮制作,区别不同公称直径以"个"为计量单位进行统计。

镀锌铁皮套管 DN25:36+38=74(个)

镀锌铁皮套管 DN32:8+34+24=66(个)

镀锌铁皮套管 DN40:5+12=17(个)

镀锌铁皮套管 DN50:9(个)

镀锌铁皮套管 DN65:5(个)

镀锌铁皮套管 DN80:4(个)

（2）管道水冲洗工程量计算，见表5.6。

表5.6 管道水冲洗工程量计算表

项目名称及规格	供水干管	回水干管	立管	支管	单位	数量
不保温管道						
管道水冲洗 DN15			96.38	168.44	m	
管道水冲洗 DN20	29.20		100.88	107.62	m	237.70
管道水冲洗 DN25	23.59		31.90		m	55.49
管道水冲洗 DN32	28.97				m	28.97
管道水冲洗 DN40	30.50				m	30.50
管道水冲洗 DN50	11.50				m	11.50
保温管道						
管道水冲洗 DN20		12.80			m	12.80
管道水冲洗 DN25		11.24			m	11.24
管道水冲洗 DN32		28.02			m	28.02
管道水冲洗 DN40		53.76			m	53.76
管道水冲洗 DN50	2.73	5.63			m	8.36
合计					m	743.16

（3）管道支架制作安装工程量计算。按照给排水、供暖、燃气工程消耗量定额的规定，室内管道安装工程消耗量定额项目中已经包括管卡及支架制作与安装，所以不再另行立项计算。

（4）管道除锈、刷油工程量计算，见表5.7和表5.8。

表5.7 不保温管道除锈、刷红丹漆及银粉漆工程量计算表

项目名称及规格	工程数量	每百米表面积	单位	数量
焊接钢管除锈刷油 DN15	264.82	6.68	m²	17.69
焊接钢管除锈刷油 DN20	237.70	8.40	m²	19.97
焊接钢管除锈刷油 DN25	55.49	10.52	m²	5.84
焊接钢管除锈刷油 DN32	28.97	13.27	m²	3.84
焊接钢管除锈刷油 DN40	30.50	15.08	m²	4.60
焊接钢管除锈刷油 DN50	11.50	18.85	m²	2.17
合计			m²	54.11

表5.8　保温管道除锈、刷红丹漆工程量计算表

项目名称及规格	工程数量	每百米表面积	单位	数量
焊接钢管除锈刷油　DN20	12.80	8.40	m²	1.08
焊接钢管除锈刷油　DN25	11.24	10.52	m²	1.18
焊接钢管除锈刷油　DN32	28.02	13.27	m²	3.72
焊接钢管除锈刷油　DN40	53.76	15.08	m²	8.11
焊接钢管除锈刷油　DN50	8.36	18.85	m²	1.58
合计			m²	15.67

(5)散热器除锈、刷油工程量计算。

由表5.5可得除锈四柱760型共有1 087片,由表5.2可知每片的散热面积为0.24m²,所以散热器除锈、刷油工程量计算为

$$1\ 087×0.24=260.88(\text{m}^2)$$

(6)管道绝热工程量计算。

1)管道绝热层的工程量计算,见表5.9。

表5.9　保温管道绝热工程量计算表

项目名称及规格	工程数量	每百米绝热面积	单位	数量
超细玻璃棉管壳 $d=50$mm DN20	12.80	1.27	m³	0.16
超细玻璃棉管壳 $d=50$mm DN25	11.24	1.38	m³	0.16
超细玻璃棉管壳 $d=50$mm DN32	28.02	1.52	m³	0.43
超细玻璃棉管壳 $d=50$mm DN40	53.76	1.62	m³	0.87
超细玻璃棉管壳 $d=50$mm DN50	8.36	1.81	m³	0.15
合计			m³	1.77

2)管道绝热保护层及防腐层工程量计算,见表5.10。

表5.10　保温管道绝热保护层及防腐层计算表

项目名称及规格	工程数量	每百米保护层面积	单位	数量
保护层及防腐层 DN20	12.80	43.97	m²	5.63
保护层及防腐层 DN25	11.24	46.09	m²	5.18
保护层及防腐层 DN32	28.02	48.84	m²	13.68
保护层及防腐层 DN40	53.76	50.64	m²	27.22
保护层及防腐层 DN50	8.36	54.41	m²	4.55
合计			m²	56.26

四、室内采暖工程工程量清单的编制

1.编制的封面、填表须知、工程说明

室内采暖工程工程量清单的编制具体形式见表 5.11～表 5.13。

表 5.11　封面

某建筑室内采暖工程
工程量清单

编制单位：_____(签字盖章)

法定代表人：_____(签字盖章)

造价工程师及注册号：_____(签字及专业印章)

编制时间：_____年_____月_____日

表 5.12　填表须知

填 表 须 知

(1)工程量清单及其计价表中所有要求签字、盖章的,必须按规定签字盖章。

(2)工程量清单及其计价表中的全部内容不得随意涂改或删除。

(3)工程量计价表中列明需填报的单价和合价,计价人均应填报。未填报的单价和合价,均视为此项费用已包含在工程量清单的其他单价和合价中。

(4)造价(金额)均以人民币表示。

表 5.13　总说明

总 说 明

工程名称:某建筑室内采暖工程　第1页　共1页

1.工程概况

该工程为四层砖混结构,建筑面积 1 703.34m²,工期要求 150 天,工程地点位于西安市西郊莲湖区,施工现场已具备安装条件,材料运输便利,道路顺畅。

2.工程发包范围

该建筑施工图中全部采暖安装工程。

3.工程量清单编制依据

(1)《陕西省建设工程工程量清单计价规则》。

(2)本工程设计施工图纸文件。

(3)正常施工方法及施工组织。

(4)招标文件中的有关要求。

4.工程质量

工程质量应达到合格标准,施工材料必须全部采用合格产品,安装专业应与土建专业密切配合。

5.材料供应范围及材料价格

(1)所有材料均由施工单位采购。

(2)所有材料价格暂按 2008 年第六期《陕西工程造价管理信息(材料信息价)》计取,发生材料价差工程结算时按实调整。

续　表

6.预留金

对于本工程,考虑到设计变更及材料差价,暂定预留金额为 16 200 元。

7.其他需要说明的问题

(1)本工程要求投标人严格按照《陕西省建设工程工程量清单计价规则》中规定的表格格式进行投标报价。

(2)环境保护费暂按分部分项工程费的 0.80% 计取。

(3)本工程投标人提供的投标文件一式三份,正本一份,副本两份。

2.编制工程量清单

计算该采暖工程分部分项工程量清单项目的工程量见表 5.14～表 5.28。

表 5.14　分部分项工程量清单

工程名称:某建筑室内采暖工程

序号	项目编码	项目名称	计量单位	工程数量
1	030801002001	焊接钢管(螺纹连接)DN15	m	264.82
2	030801002002	焊接钢管(螺纹连接)DN20	m	237.70
3	030801002003	焊接钢管(螺纹连接)DN25	m	55.49
4	030801002004	焊接钢管(螺纹连接)DN32	m	28.97
5	030801002005	焊接钢管(焊接)DN40	m	30.50
6	030801002006	焊接钢管(焊接)DN50	m	11.50

以上管道安装包括管道及管件安装,水压实验及消毒、冲洗,管道支架制作安装,镀锌铁皮套管制作安装,管道手工除锈后管道表面刷红丹防锈漆及银粉漆各两遍。

序号	项目编码	项目名称	计量单位	工程数量
7	030801002007	焊接钢管(螺纹连接)DN20	m	12.80
8	030801002008	焊接钢管(螺纹连接)DN25	m	11.24
9	030801002009	焊接钢管(螺纹连接)DN32	m	28.02
10	0308010020010	焊接钢管(焊接)DN40	m	53.76
11	0308010020011	焊接钢管(焊接)DN50	m	8.36

以上管道安装包括管道及管件安装,水压实验及消毒、冲洗,管道支架制作安装,管道手工除锈后管道表面刷红丹防锈漆两遍;并采用 $d=50mm$ 的超细玻璃棉管壳保温,保护层采用玻璃丝布,保护层外刷银粉漆两遍。

序号	项目编码	项目名称	计量单位	工程数量
12	030803001001	截止阀 J11W－16T　DN15	个	18
13	030803001002	截止阀 J11W－16T　DN20	个	18
14	030803001003	截止阀 J11W－16T　DN25	个	62
15	030803001004	截止阀 J11W－16T　DN40	个	2
16	030803005001	自动排气阀 ZP－Ⅱ型　DN20	个	2
17	030803005002	手动跑风阀	个	28

续　表

序号	项目编码	项目名称	计量单位	工程数量
18	030805001001	散热器组成安装 四柱760型	片	1 087

　铸铁散热器组成安装的工作内容包括散热器组成安装、散热器表面手工除锈后刷红丹防锈漆及银粉漆各两遍。

| 19 | 030807001001 | 采暖系统调整费 | 系统 | 1 |

表5.15　措施项目清单

工程名称:某建筑室内采暖工程

序号	项目名称	计量单位	工程数量
1	环境保护费	项	1
2	检验实验及放线定位费	项	1
3	临时设施费	项	1
4	冬雨季、夜间施工措施费	项	1
5	二次搬运及不利施工环境费	项	1
6	脚手架搭拆费	项	1

表5.16　其他项目清单

工程名称:某建筑室内采暖工程

序号	项目名称	计量单位	工程数量
1	预留金	项	1
2	零星工作项目费	项	1

表5.17　零星工作项目表

工程名称:某建筑室内采暖工程

序号	分类	名　称	计量单位	数量
一	可暂估工程量项目			
二	以人工、材料、机械列项	人工: 变更签证用工	工日	82
		材料: 1.电焊条结　422mm　φ3.2mm	kg	30
		2.乙炔气	kg	40
		3.氧气	m³	35
		4.砂轮片　φ400mm	m³	10
		5.水泥　32.5	kg	65

续　表

序号	分类	名　称	计量单位	数量
二	以人工、材料、机械列项	机械： 1.管子切断套丝机　φ159mm 2.直流电焊机　20kW 3.电焊条烘干箱　600mm×500mm×750mm	台班 台班 台班	15 18 10

表 5.18　工程项目总造价表

工程名称:某建筑室内采暖工程

序号	单项工程名称	造价/元
1	某建筑室内采暖工程	102 354.13
	合计	102 354.13
大写:壹拾万贰仟叁佰伍拾肆元壹角叁分整		

表 5.19　单项工程造价汇总表

工程名称:某建筑室内采暖工程

序号	单位工程名称	造价/元
1	某建筑室内采暖工程	102 354.13
	合计	102 354.13

表 5.20　单位工程造价汇总表

工程名称:某建筑室内采暖工程

序号	项目名称	造价/元
1	分部分项工程费	65 943.69
2	措施项目费	3 670.29
3	安全文明施工费	1 714.54
4	其他项目费	23 427.08
5	规费	4 279.89
6	税金	3 318.64
	合计	102 354.13

表 5.21　分部分项工程量清单计价表

工程名称:某建筑室内采暖工程

序号	项目编码	项目名称	计量单位	工程数量	综合单价	合价
1	030801002001	焊接钢管(螺纹连接)DN15	m	264.82	18.62	4 932.01
2	030801002002	焊接钢管(螺纹连接)DN20	m	237.70	21.60	5 134.69
3	030801002003	焊接钢管(螺纹连接)DN25	m	55.49	27.84	1 544.79
4	030801002004	焊接钢管(螺纹连接)DN32	m	28.97	31.91	924.4
5	030801002005	焊接钢管(焊接)DN40	m	30.50	32.33	986.03
6	030801002006	焊接钢管(焊接)DN50	m	11.50	40.80	469.18

以上管道安装包括管道及管件安装,水压实验及消毒、冲洗,管道支架制作安装,镀锌铁皮套管制作安装,管道手工除锈后管道表面刷红丹防锈漆及银粉漆各两遍。

7	030801002007	焊接钢管(螺纹连接)DN20	m	12.80	37.64	481.84
8	030801002008	焊接钢管(螺纹连接)DN25	m	11.24	44.63	501.61
9	030801002009	焊接钢管(螺纹连接)DN32	m	28.02	49.75	1 393.88
10	0308010020010	焊接钢管(焊接)DN40	m	53.76	51.16	2 750.41
11	0308010020011	焊接钢管(焊接)DN50	m	8.36	60.01	501.7

以上管道安装包括管道及管件安装,水压实验及消毒、冲洗,管道支架制作安装,管道手工除锈后管道表面刷红丹防锈漆两遍,并采用 $d=50mm$ 的超细玻璃棉管壳保温,保护层采用玻璃丝布,保护层外刷银粉漆两遍。

12	030803001001	截止阀 J11W-16T　DN15	个	18	24.16	434.8
13	030803001002	截止阀 J11W-16T　DN20	个	18	29.04	522.76
14	030803001003	截止阀 J11W-16T　DN25	个	62	43.43	260.58
15	030803001004	截止阀 J11W-16T　DN40	个	2	112.26	224.51
16	030803005001	自动排气阀 ZP-Ⅱ型 DN20	个	2	77.21	154.41
17	030803005002	手动跑风阀	个	28	22.10	618.67
18	030805001001	散热器组成安装 四柱760型	片	1 087	39.39	42 817.65
19	030807001001	采暖工程系统调整费	系统	1	1 289.77	1 289.77
		合计				65 943.69

表 5.22　措施项目清单计价表

工程名称:某建筑室内采暖工程

序号	项目名称	计量单位	工程数量	综合单价	合价
				金额/元	
1	环境保护费	项	1	527.55	527.55
2	检验实验及放线定位费	项	1	198.44	198.44
3	临时设施费	项	1	788.51	788.51
4	冬雨季、夜间施工措施费	项	1	450.45	450.45
5	二次搬运及不利环境费	项	1	224.79	224.79
6	脚手架搭拆费	项	1	819.50	819.50
	合计				3 670.29

表 5.23　其他项目清单计价表

工程名称:某建筑室内采暖工程

序号	项目名称	计量单位	工程数量	综合单价	合价
				金额/元	
1	预留金	项	1	16 200.00	16 200.00
2	零星工作项目费	项	1	7 227.08	7 227.08
	合计				23 427.08

表 5.24　零星工作项目费

工程名称:某建筑室内采暖工程

序号	分类	名称	计量单位	数量	综合单价	合价
					金额/元	
一	可暂估工程量项目					
二	以人工、材料、机械列项	人工: 变更签证用工	工日	82	42.88	3 516.16
		材料: 1.电焊条结 422mm ϕ3.2mm	kg	30	6.67	200.10
		2.乙炔气	kg	40	24.00	960.00
		3.氧气	m³	35	5.00	175.00
		4.砂轮片　ϕ400mm	m³	10	25.80	258.00
		5.水泥　32.5	kg	65	0.26	16.90

续 表

序号	分类	名 称	计量单位	数量	金额/元	
					综合单价	合价
二	以人工、材料、机械列项	机械： 1.管子切断套丝 φ159mm 2.直流电焊机 20kW 3.电焊条烘干箱 600mm×500mm×750mm	台班 台班 台班	15 18 10	17.40 90.79 20.57	261.00 1 634.22 205.70
	合计					7 227.08

表 5.25 主要材料价格表

工程名称：某建筑室内采暖工程

序号	材料编码	材料名称	规格型号	单位	单价/元	备注
1		焊接钢管	DN15	t	4 850	
2		焊接钢管	DN20	t	4 850	
3		焊接钢管	DN25	t	4 650	
4		焊接钢管	DN32	t	4 650	
5		焊接钢管	DN40	t	4 660	
6		焊接钢管	DN50	t	4 660	
7		截止阀	J11W-16T DN15	个	17	
8		截止阀	J11W-16T DN20	个	21	
9		截止阀	J11W-16T DN25	个	33	
10		截止阀	J11W-16T DN40	个	92	
11		自动排气阀	ZP-II型 DN20	个	59.50	
12		手动跑风阀		个	20.20	
13		铸铁散热器	四柱760型	片	28	
14		黑活接头	DN15	个	4.00	
15		黑活接头	DN20	个	6.00	
16		超细玻璃棉壳	$d=50mm$	m³	480	
17		玻璃丝布	$d=0.5mm$	m²	3.13	

表 5.26 焊接钢管主材单价换算表

序号	材料名称及规格	理论重量/(kg·m⁻¹)	信息价/(元·t⁻¹)	主材单价/(元·m⁻¹)
1	焊接钢管 DN15	1.25	4 850	6.06
2	焊接钢管 DN20	1.63	4 850	7.91
3	焊接钢管 DN25	2.42	4 650	11.25
4	焊接钢管 DN32	3.13	4 650	14.35
5	焊接钢管 DN40	3.84	4 660	17.89
6	焊接钢管 DN50	4.88	4 660	22.74

表 5.27 - 1 分部分项工程量清单综合单价计算表   第 1 页   共 19 页

工程名称:某建筑室内采暖工程　　　　　　　　　　　　计量单位:m

项目编码:030801002001　　　　　　　　　　　　　　工程数量:264.82

项目名称:焊接钢管 DN15　　　　　　　　　　　　　　综合单价:18.62 元/m

序号	定额编号	项目名称	单位	数量	人工费	材料费	机械费	管理费	利润	风险	小计
							金额/元				
1	8 - 124	焊接钢管（螺纹连接）DN15	m	264.82	1 247.04	752.62					
2		焊接钢管 DN15	m	270.12		1 636.93					
3	8 - 310	管道水冲洗	m	264.82	35.43	27.44					
4	8 - 897	镀锌铁皮套管制作安装 DN25	个	74.00	56.98	68.82					
5	14 - 1	管道手工除轻锈	m²	17.69	15.48	6.60					
6	14 - 51	管道刷红丹漆防轻锈第一遍	m²	17.69	12.29	34.42					
7	14 - 52	管道刷红丹漆防轻锈第二遍	m²	17.69	12.29	30.46					
8	14 - 56	管道刷银粉漆第一遍	m²	17.69	12.74	17.81					
9	14 - 57	管道刷银粉漆第二遍	m²	17.69	12.29	16.24					
		合计			1 404.54	2 591.34		450.86	485.27		4 932.01

表 5.27-2　分部分项工程量清单综合单价计算表　第 2 页　共 19 页

工程名称:某建筑室内采暖工程

项目编码:030801002002

项目名称:焊接钢管 DN20

计量单位:m

工程数量:237.70

综合单价:21.60 元/m

序号	定额编号	项目名称	单位	数量	人工费	材料费	机械费	管理费	利润	风险	小计
1	8-125	焊接钢管(螺纹连接)DN20	m	237.70	1 119.33	775.85					
2		焊接钢管 DN20	m	242.45		1 917.78					
3	8-310	管道水冲洗	m	237.70	31.80	24.63					
4	8-898	镀锌铁皮套管制作安装 DN32	个	66.00	101.64	91.08					
5	14-1	管道手工除轻锈	m²	19.97	17.47	7.45					
6	14-51	管道刷红丹漆防轻锈第一遍	m²	19.97	13.88	38.86					
7	14-52	管道刷红丹漆防轻锈第二遍	m²	19.97	13.88	34.49					
8	14-56	管道刷银粉漆第一遍	m²	19.97	14.38	20.11					
9	14-57	管道刷银粉漆第二遍	m²	19.97	13.38	18.33					
		合计			1 326.26	2 928.48		423.80	456.15		5 134.69

表 5.27-3　分部分项工程量清单综合单价计算表　第 3 页　共 19 页

工程名称:某建筑室内采暖工程

项目编码:030801002003

项目名称:焊接钢管 DN25

计量单位:m

工程数量:55.49

综合单价:27.84 元/m

序号	定额编号	项目名称	单位	数量	人工费	材料费	机械费	管理费	利润	风险	小计
1	8-126	焊接钢管(螺纹连接)DN25	m	55.49	314.16	223.96	4.72				
2		焊接钢管 DN25	m	56.60		636.75					
3	8-310	管道水冲洗	m	55.49	7.42	5.75					
4	8-899	镀锌铁皮套管制作安装 DN40	个	17.00	26.18	23.46					
5	14-1	管道手工除轻锈	m²	5.84	5.11	2.18					

续 表

序号	定额编号	项目名称	单位	数量	金额/元						
					人工费	材料费	机械费	管理费	利润	风险	小计
6	14-51	管道刷红丹漆防轻锈第一遍	m²	5.84	4.06	11.36					
7	14-52	管道刷红丹漆防轻锈第二遍	m²	5.84	4.06	10.06					
8	14-56	管道刷银粉漆第一遍	m²	5.84	4.20	5.88					
9	14-57	管道刷银粉漆第二遍	m²	5.84	4.06	5.36					
		合计			369.22	924.76	4.72	118.52	127.57		1 544.79

表 5.27-4 分部分项工程量清单综合单价计算表 第 4 页 共 19 页

工程名称:某建筑室内采暖工程   计量单位:m

项目编码:030801002004   工程数量:28.97

项目名称:焊接钢管 DN32   综合单价:31.91 元/m

序号	定额编号	项目名称	单位	数量	金额/元						
					人工费	材料费	机械费	管理费	利润	风险	小计
1	8-127	焊接钢管(螺纹连接)DN32	m	28.97	164	132.25	2.46				
2		焊接钢管 DN32	m	29.55		429.95					
3	8-310	管道水冲洗	m	28.97	3.88	3.00					
4	8-900	镀锌铁皮套管制作安装 DN50	个	9.00	13.86	12.42					
5	14-1	管道手工除轻锈	m²	3.84	3.36	1.43					
6	14-51	管道刷红丹漆防轻锈第一遍	m²	3.84	2.67	7.47					
7	14-52	管道刷红丹漆防轻锈第二遍	m²	3.84	2.67	6.61					
8	14-56	管道刷银粉漆第一遍	m²	3.84	2.67	3.87					
9	14-57	管道刷银粉漆第二遍	m²	3.84	2.67	3.53					
		合计			195.87	600.53	2.46	62.87	62.67		924.40

表 5.27 – 5　分部分项工程量清单综合单价计算表　第 5 页　共 19 页

工程名称:某建筑室内采暖工程

项目编码:030801002005

项目名称:焊接钢管 DN40

计量单位:m

工程数量:30.50

综合单价:32.33 元/m

序号	定额编号	项目名称	单位	数量	金额/元						
					人工费	材料费	机械费	管理费	利润	风险	小计
1	8 – 136	焊接钢管(焊接连接)DN40	m	30.50	142.04	72.90	24.49				
2		焊接钢管 DN40	m	31.11		556.56					
3	8 – 310	管道水冲洗	m	30.50	4.08	3.16					
4	8 – 901	镀锌铁皮套管制作安装 DN65	个	5.00	11.60	10.40					
5	14 – 1	管道手工除轻锈	m²	4.60	4.03	1.72					
6	14 – 51	管道刷红丹漆防轻锈第一遍	m²	4.60	3.20	8.95					
7	14 – 52	管道刷红丹漆防轻锈第二遍	m²	4.60	3.20	7.92					
8	14 – 56	管道刷银粉漆第一遍	m²	4.60	3.31	4.63					
9	14 – 57	管道刷银粉漆第二遍	m²	4.60	3.20	4.22					
		合计			174.66	670.46	24.49	56.07	60.35		986.03

表 5.27 – 6　分部分项工程量清单综合单价计算表　第 6 页　共 19 页

工程名称:某建筑室内采暖工程

项目编码:030801002006

项目名称:焊接钢管 DN50

计量单位:m

工程数量:11.50

综合单价:40.80 元/m

序号	定额编号	项目名称	单位	数量	金额/元						
					人工费	材料费	机械费	管理费	利润	风险	小计
1	8 – 137	焊接钢管(焊接连接)DN50	m	11.50	58.88	40.23	10.28				
2		焊接钢管 DN50	m	11.73		266.74					
3	8 – 310	管道水冲洗	m	11.50	1.54	1.19					
4	8 – 902	镀锌铁皮套管制作安装 DN80	个	4.00	9.28	8.23					
5	14 – 1	管道手工除轻锈	m²	2.17	1.90	0.81					

续　表

序号	定额编号	项目名称	单位	数量	金额/元						
					人工费	材料费	机械费	管理费	利润	风险	小计
6	14-51	管道刷红丹漆防轻锈第一遍	m²	2.17	1.51	4.22					
7	14-52	管道刷红丹漆防轻锈第二遍	m²	2.17	1.51	3.74					
8	14-56	管道刷银粉漆第一遍	m²	2.17	1.51	2.19					
9	14-57	管道刷银粉漆第二遍	m²	2.17	1.51	1.99					
		合计			77.69	329.43	10.28	24.94	26.84		469.18

表 5.27-7　分部分项工程量清单综合单价计算表　第 7 页　共 19 页

工程名称:某建筑室内采暖工程　　　　　　　　　　　　　　计量单位:m
项目编码:030801002007　　　　　　　　　　　　　　　　工程数量:12.80
项目名称:焊接钢管 DN20　　　　　　　　　　　　　　　　综合单价:37.64 元/m

序号	定额编号	项目名称	单位	数量	金额/元						
					人工费	材料费	机械费	管理费	利润	风险	小计
1	8-127	焊接钢管(螺纹连接)DN20	m	12.80	60.28	41.78					
2		焊接钢管 DN20	m	13.06		103.3					
3	8-310	管道水冲洗 DN20	m	12.80	1.71	1.33					
4	14-1	管道手工除轻锈	m²	1.08	0.95	0.40					
5	14-51	管道刷红丹漆防轻锈第一遍	m²	1.08	0.75	2.10					
6	14-52	管道刷红丹漆防轻锈第二遍	m²	1.08	0.75	1.86					
7	14-835	超细玻璃管壳保温 $d=50\text{mm}$		0.16	19.23	3.55	1.16				
		超细玻璃管壳 $d=50\text{mm}$		0.17		81.60					
8	14-1167	缠玻璃丝布	m²	5.63	6.81	0.09					
		缠玻璃丝布 $d=0.5\text{mm}$	m²	7.88		24.66					

续 表

序号	定额编号	项目名称	单位	数量	金额/元						
					人工费	材料费	机械费	管理费	利润	风险	小计
9	14－248	玻璃布面刷银粉漆第一遍	m²	5.63	13.03	10.40					
10	14－249	玻璃布面刷银粉漆第二遍	m²	5.63	11.45	9.18					
		合计			114.96	290.25	1.16	35.75	39.72		481.84

表 5.27－8　分部分项工程量清单综合单价计算表　第 8 页　共 19 页

工程名称:某建筑室内采暖工程　　　　　　　　　　　　　　计量单位:m

项目编码:030801002008　　　　　　　　　　　　　　　　工程数量:11.24

项目名称:焊接钢管 DN25　　　　　　　　　　　　　　　　综合单价:44.63 元/m

序号	定额编号	项目名称	单位	数量	金额/元						
					人工费	材料费	机械费	管理费	利润	风险	小计
1	8－126	焊接钢管（螺纹连接）DN25	m	11.24	63.63	45.36	0.96				
2		焊接钢管 DN25	m	11.47		129.04					
3	8－310	管道水冲洗 DN25	m	11.24	1.50	1.16					
4	14－1	管道手工除轻锈	m²	1.18	1.03	0.44					
5	14－51	管道刷红丹漆防轻锈第一遍	m²	1.18	0.82	2.30					
6	14－52	管道刷红丹漆防轻锈第二遍	m²	1.18	0.82	2.03					
7	14－835	超细玻璃管壳保温 $d=50mm$		0.16	19.23	3.55	1.16				
		超细玻璃管壳 $d=50mm$		0.17		81.60					
8	14－1167	缠玻璃丝布	m²	5.18	6.26	0.08					
		缠玻璃丝布 $d=0.5mm$	m²	7.25		22.69					
9	14－248	玻璃布面刷银粉漆第一遍	m²	5.18	12.13	9.57					

续　表

序号	定额编号	项目名称	单位	数量	金额/元						
					人工费	材料费	机械费	管理费	利润	风险	小计
10	14－249	玻璃布面刷银粉漆第二遍	m²	5.18	10.53	8.44					
		合计			115.95	306.26	2.12	37.22	40.06		501.61

表 5.27－9　分部分项工程量清单综合单价计算表　第 9 页　共 19 页

工程名称:某建筑室内采暖工程　　　　　　　　　　　　　　计量单位:m

项目编码:030801002009　　　　　　　　　　　　　　　　工程数量:28.02

项目名称:焊接钢管 DN32　　　　　　　　　　　　　　　综合单价:49.78 元/m

序号	定额编号	项目名称	单位	数量	金额/元						
					人工费	材料费	机械费	管理费	利润	风险	小计
1	8－127	焊接钢管（螺纹连接）DN32	m	28.02	158.62	127.91					
2		焊接钢管 DN32	m	28.58		415.84					
3	8－310	管道水冲洗 DN32	m	28.02	3.75	2.90					
4	14－1	管道手工除轻锈	m²	3.72	3.26	1.39					
5	14－51	管道刷红丹漆防轻锈第一遍	m²	3.72	2.59	7.24					
6	14－52	管道刷红丹漆防轻锈第二遍	m²	3.72	2.59	6.41					
7	14－835	超细玻璃管壳保温 $d=50mm$		0.43	51.67	9.54	3.12				
		超细玻璃管壳 $d=50mm$		0.44		211.20					
8	14－1167	缠玻璃丝布	m²	13.69	16.55	0.22					
		缠玻璃丝布 $d=0.5mm$	m²	19.17		60.00					
9	14－248	玻璃布面刷银粉漆第一遍	m²	13.69	32.05	25.29					
10	14－249	玻璃布面刷银粉漆第二遍	m²	13.69	27.83	22.31					
		合计			298.91	890.25	5.50	95.95	103.27		1 393.88

表 5.27－10　分部分项工程量清单综合单价计算表　第 10 页　共 19 页

工程名称:某建筑室内采暖工程　　　　　　　　　　　计量单位:m

项目编码:030801002010　　　　　　　　　　　　　　工程数量:53.76

项目名称:焊接钢管 DN40　　　　　　　　　　　　　　综合单价:51.16 元/m

序号	定额编号	项目名称	单位	数量	人工费	材料费	机械费	管理费	利润	风险	小计
								金额/元			
1	8－136	焊接钢管（螺纹连接）DN40	m	53.76	250.36	128.49	43.17				
2		焊接钢管 DN40	m	54.84		981.09					
3	8－310	管道水冲洗 DN40	m	53.76	7.19	5.57					
4	14－1	管道手工除轻锈	m²	8.11	7.10	3.03					
5	14－51	管道刷红丹漆防轻锈第一遍	m²	8.11	5.64	15.78					
6	14－52	管道刷红丹漆防轻锈第二遍	m²	8.11	5.64	13.97					
7	14－835	超细玻璃管壳保温 d＝50mm		0.87	104.54	19.31	6.32				
		超细玻璃管壳 d＝50mm		0.90		432.00					
8	14－1167	缠玻璃丝布	m²	27.22	32.91	0.44					
		缠玻璃丝布 d＝0.5mm	m²	38.11		119.28					
9	14－248	玻璃布面刷银粉漆第一遍	m²	27.22	63.72	50.28					
10	14－249	玻璃布面刷银粉漆第二遍	m²	27.22	55.34	44.37					
		合计			532.44	1 813.61	49.49	170.91	183.96		2 750.41

表 5.27－11　分部分项工程量清单综合单价计算表　第 11 页　共 19 页

工程名称:某建筑室内采暖工程　　　　　　　　　　　计量单位:m

项目编码:0308010020011　　　　　　　　　　　　　工程数量:8.36

项目名称:焊接钢管 DN50　　　　　　　　　　　　　　综合单价:60.01 元/m

序号	定额编号	项目名称	单位	数量	人工费	材料费	机械费	管理费	利润	风险	小计
								金额/元			
1	8－136	焊接钢管（螺纹连接）DN50	m	8.36	42.80	29.24	7.47				

续 表

序号	定额编号	项目名称	单位	数量	人工费	材料费	机械费	管理费	利润	风险	小计
							金额/元				
2		焊接钢管 DN50	m	8.53		193.97					
3	8-310	管道水冲洗 DN50	m	8.36	1.12	0.87					
4	14-1	管道手工除轻锈	m²	1.58	1.38	0.59					
5	14-51	管道刷红丹漆防轻锈第一遍	m²	1.58	1.10	3.07					
6	14-52	管道刷红丹漆防轻锈第二遍	m²	1.58	1.10	2.72					
7	14-835	超细玻璃管壳保温 d=50mm		0.15	18.02	3.33	1.09				
		超细玻璃管壳 d=50mm		0.15		72.00					
8	14-1167	缠玻璃丝布	m²	4.55	5.50	0.07					
		缠玻璃丝布 d=0.5mm	m²	6.37		19.94					
9	14-248	玻璃布面刷银粉漆第一遍	m²	4.55	10.62	8.40					
10	14-249	玻璃布面刷银粉漆第二遍	m²	4.55	9.25	7.42					
		合计			90.92	341.62	8.56	29.19	31.41		501.70

表 5.27-12 分部分项工程量清单综合单价计算表 第 12 页 共 19 页

工程名称:某建筑室内采暖工程　　　　　　　　　　计量单位:个
项目编码:030803001001　　　　　　　　　　　　工程数量:18.00
项目名称:阀门安装 DN15　　　　　　　　　　　　综合单价:24.16 元/个

序号	定额编号	项目名称	单位	数量	人工费	材料费	机械费	管理费	利润	风险	小计
							金额/元				
1	8-321	阀门安装 DN15	个	18.00	46.26	48.82					
2		截止阀 J11T-16 DN15	个	18.18		308.89					
		合计			46.26	357.71		14.85	15.98		434.8

表 5.27 - 13　分部分项工程量清单综合单价计算表　第 13 页　共 19 页

工程名称:某建筑室内采暖工程　　　　　　　　　　计量单位:个

项目编码:030803001002　　　　　　　　　　　　工程数量:18.00

项目名称:阀门安装 DN20　　　　　　　　　　　　综合单价:29.04 元/个

序号	定额编号	项目名称	单位	数量	金额/元						
					人工费	材料费	机械费	管理费	利润	风险	小计
1	8 - 322	阀门安装 DN20	个	18.00	46.26	63.90					
2		截止阀 J11T - 16 DN20	个	18.18		381.78					
		合计			46.26	445.67		14.85	15.98		522.76

表 5.27 - 14　分部分项工程量清单综合单价计算表　第 14 页　共 19 页

工程名称:某建筑室内采暖工程　　　　　　　　　　计量单位:个

项目编码:030803001003　　　　　　　　　　　　工程数量:6.00

项目名称:阀门安装 DN25　　　　　　　　　　　　综合单价:43.36 元/个

序号	定额编号	项目名称	单位	数量	金额/元						
					人工费	材料费	机械费	管理费	利润	风险	小计
1	8 - 323	阀门安装 DN25	个	6.00	18.54	29.70					
2		截止阀 J11T - 16 DN25	个	6.06		199.98					
		合计			18.54	229.68		5.95	6.41		260.13

表 5.27 - 15　分部分项工程量清单综合单价计算表　第 15 页　共 19 页

工程名称:某建筑室内采暖工程　　　　　　　　　　计量单位:个

项目编码:030803005001　　　　　　　　　　　　工程数量:2.00

项目名称:阀门安装 DN40　　　　　　　　　　　　综合单价:112.26 元/个

序号	定额编号	项目名称	单位	数量	金额/元						
					人工费	材料费	机械费	管理费	利润	风险	小计
1	8 - 325	阀门安装 DN40	个	2.00	12.86	17.24					
2		截止阀 J11T - 16 DN40	个	2.02		185.84					
		合计			12.86	203.08		4.13	4.44		224.51

表 5.27-16　分部分项工程量清单综合单价计算表　第 16 页　共 19 页

工程名称:某建筑室内采暖工程　　　　　　　　　　　　　　　计量单位:个

项目编码:030803005001　　　　　　　　　　　　　　　　　工程数量:2.00

项目名称:自动排气阀安装 DN20　　　　　　　　　　　　　　综合单价:77.21 元/个

序号	定额编号	项目名称	单位	数量	金额/元						
					人工费	材料费	机械费	管理费	利润	风险	小计
1	8-389	自动排气阀安装 DN20	个	2.00	11.32	15.36					
2		自动排气阀 DN20	个	2.02		120.19					
		合计			11.32	135.55		3.63	3.91		154.41

表 5.27-17　分部分项工程量清单综合单价计算表　第 17 页　共 19 页

工程名称:某建筑室内采暖工程　　　　　　　　　　　　　　　计量单位:个

项目编码:030803005002　　　　　　　　　　　　　　　　　工程数量:28.00

项目名称:手动跑风阀安装 DN10　　　　　　　　　　　　　　综合单价:22.10 元/个

序号	定额编号	项目名称	单位	数量	金额/元						
					人工费	材料费	机械费	管理费	利润	风险	小计
1	8-326	手动跑风阀安装 DN10	个	28.00	21.56	11.48					
2		手动跑风阀 DN10	个	28.28		571.26					
		合计			21.56	582.74		6.92	7.45		618.67

表 5.27-18　分部分项工程量清单综合单价计算表　第 18 页　共 19 页

工程名称:某建筑室内采暖工程　　　　　　　　　　　　　　　计量单位:个

项目编码:030805001001　　　　　　　　　　　　　　　　　工程数量:1 087.00

项目名称:铸铁散热器组成安装　　　　　　　　　　　　　　　综合单价:39.39 元/个

序号	定额编号	项目名称	单位	数量	金额/元						
					人工费	材料费	机械费	管理费	利润	风险	小计
1	8-662	铸铁散热器组成安装	片	1 087.00	2 525.10	3 437.09					
2		铸铁散热器四柱 760 型	片	1 097.87		30 740.36					
3		黑活接头 DN15	个	130.00		520					
4		黑活接头 DN20	个	88.00		528					
5	14-1	散热器手工除锈	m²	260.88	228.27	97.31					
6	14-194	散热器刷红丹漆第一遍	m²	260.88	221.49	418.97					

续　表

序号	定额编号	项目名称	单位	数量	人工费	材料费	机械费	管理费	利润	风险	小计
							金额/元				
7	14-195	散热器刷红丹漆第二遍	m²	260.88	221.49	418.97					
8	14-196	散热器刷银粉漆第一遍	m²	260.88	228.27	306.53					
9	14-197	散热器刷银粉漆第二遍	m²	260.88	221.49	274.18					
		合计			3 646.11	36 741.41		1 170.40	1 259.73		42 817.65

表 5.27-19　分部分项工程量清单综合单价计算表　第 19 页　共 19 页

工程名称:某建筑室内采暖工程　　　　　　　　　　计量单位:系统
项目编码:030807001001　　　　　　　　　　　　工程数量:1
项目名称:采暖系统调整费　　　　　　　　　　　综合单价:1 289.77 元/系统

序号	定额编号	项目名称	单位	数量	人工费	材料费	机械费	管理费	利润	风险	小计
							金额/元				
1		采暖系统调整费	系统	1	276.39	276.39	552.78				
		合计			276.39	276.39	552.78	88.72	95.49		1 289.77

表 5.28　分部分项工程量清单综合单价计算汇总表

工程名称:某建筑室内采暖工程

序号	项目编码	项目名称	计量单位	数量	人工费	材料费	机械费	管理费	利润	风险	小计
							金额/元				
1	030801002001	焊接钢管(螺纹连接)DN15	m	264.82	1 404.54	2 591.34		450.86	485.27		4 932.01
2	030801002002	焊接钢管(螺纹连接)DN20	m	237.70	1 326.26	2 928.48		423.8	456.15		5 134.69
3	030801002003	焊接钢管(螺纹连接)DN25	m	55.49	369.22	924.76	4.72	118.52	127.57		1 544.79
4	030801002004	焊接钢管(螺纹连接)DN32	m	28.97	195.87	600.53	2.46	62.87	62.67		924.4
5	030801002005	焊接钢管(焊接连接)DN40	m	30.50	174.66	670.46	24.49	56.07	60.35		986.03

续 表

序号	项目编码	项目名称	计量单位	数量	金额/元						
					人工费	材料费	机械费	管理费	利润	风险	小计
6	030801002006	焊接钢管(焊接连接)DN50	m	11.50	77.69	329.43	10.28	24.94	26.84		469.18
7	030803002007	焊接钢管(螺纹连接)DN20	m	12.80	114.96	290.25	1.16	35.75	39.72		481.84
8	030803002008	焊接钢管(螺纹连接)DN25	m	11.24	115.95	306.26	2.12	37.22	40.06		501.61
9	030803002009	焊接钢管(螺纹连接)DN32	m	28.02	298.91	890.25	5.5	95.95	103.27		1 393.88
10	030803002010	焊接钢管(焊接连接)DN40	m	53.76	532.44	1 813.61	49.49	170.91	183.96		2 750.41
11	030803002011	焊接钢管(焊接连接)DN50	m	8.36	90.92	341.62	8.56	29.19	31.41		501.7
12	030803001001	截止阀 J11W-16T DN15	个	18	46.26	357.71		14.85	15.98		434.8
13	030803001002	截止阀 J11W-16T DN20	个	18	46.26	445.67		14.85	15.98		522.76
14	030803001003	截止阀 J11W-16T DN25	个	6	18.54	229.68		5.95	6.41		260.58
15	030803001004	截止阀 J11W-16T DN40	个	2	12.86	203.08		4.13	4.44		224.51
16	030803005001	自动排气阀 ZP-Ⅱ型 DN20	个	2	11.32	135.55		3.63	3.91		154.41
17	030803005002	手动跑风阀 DN10	个	28	21.56	582.74		6.92	7.45		618.67
18	030805001001	铸铁散热器 四柱760型	片	1 087	3 646.11	36 741.41		1 170.4	1 259.73		42 817.65
19	030807001001	采暖工程系统调整费	系统	1	276.39	276.39	552.78	88.72	95.49		1 289.77
		合计			8 780.72	50 659.22	661.56	2 815.53	3 026.66		65 943.69

五、措施项目清单费用的计算

1. 环境保护费

编制最高限价时,应按照当地环保部门规定费率计取,对本工程规定费率为分部分项工程费的 0.80%。编制投标报价时,应参考当地环保部门规定费率,由企业自主报价。

计取方法为

$$分部分项工程费 \times 规定费率$$

即 $$65\,943.69 \times 0.80\% = 527.55(元)$$

2. 检验实验及放线定位费

编制建设工程的最高限价时,应按规定费率计取,规定费率为人工费的 2.26%。编制投标报价时,应参考规定费率,由企业自主报价。

计取方法为

$$人工费 \times 规定费率$$

即 $$8\,780.72 \times 2.26\% = 198.44(元)$$

3. 临时设施费

编制建设工程的最高限价时,应按规定费率计取,规定费率为人工费的 8.98%。编制投标报价时,应参考规定费率,由企业自主报价。

计取方法为

$$人工费 \times 规定费率$$

即 $$8\,780.72 \times 8.98\% = 788.51(元)$$

4. 冬雨季、夜间施工增加费

编制建设工程的最高限价时,应按规定费率计取,规定费率为人工费的 5.13%。编制投标报价时,应参考规定费率,由企业自主报价。

计取方法为

$$人工费 \times 规定费率$$

即 $$8\,780.72 \times 5.13\% = 450.45(元)$$

5. 二次搬运及不利环境费

编制建设工程的最高限价时,应按规定费率计取,规定费率为人工费的 2.56%。编制投标报价时,应参考规定费率,由企业自主报价。

计取方法为

$$人工费 \times 规定费率$$

即 $$8\,780.72 \times 2.56\% = 224.79(元)$$

6. 脚手架搭拆费

编制建设工程的最高限价时,应按陕西省安装工程消耗量定额第八册《给排水、采暖、燃气工程》中的规定:给排水工程按人工费的 8% 计取。其中人工费占 25%,材料费占 65%,机械费占 10%。编制投标报价时,应参考消耗量定额规定费率,由企业自主报价。按照脚手架费用的计算方法可得出表 5.29。

表 5.29　脚手架搭拆费计算表

序号	项目名称	计量单位	数量	金额/元						
				人工费	材料费	机械费	管理费	利润	风险	合计
1	脚手架搭拆费	项	1	175.61	456.60	70.25	56.37	60.67		819.50

六、其他项目清单费用的计算

1.预留金

本工程中规定预留金按 16 200.00 元计取。

2.零星工作项目费

(1)零星工作项目费中的人工费。其中,人工单价应体现为综合单价,编制建设工程的最高限价时,应按规定的人工单价 25.73 元/工日,加管理费及利润后组成综合单价。编制投标报价时,应参考以上规定,由企业自主报价。

人工工日综合单价的计取方法为

$$人工工日单价+管理费+利润$$

即　　　　　　　　$25.73+25.73×32.10\%+25.73×34.55\%=42.88(元)$

人工费用的计算方法为

$$人工工日数量×人工工日综合单价$$

即　　　　　　　　$43×42.88=1\ 843.84(元)$

(2)零星工作项目费中的材料费。编制建设工程的最高限价时,应按《陕西省安装工程价目表》配套的材机库中规定的材料单价乘以暂定材料数量计算。编制投标报价时,应参考以上规定,由企业自主报价。

材料费用的计算方法为

$$\sum(各项材料用量×相应材料单价)$$

即　$30×6.67+40×24.00+35×5.00+25.80×10+65×0.26=1\ 610.00(元)$

(3)零星工作项目费中的机械费。编制建设工程的最高限价时,应按《陕西省安装工程价目表》配套的材机库中规定的机械台班单价乘以暂定机械台班数量计算。编制投标报价时,应参考以上规定,由企业自主报价。

机械费用的计算方法为

$$\sum(各项机械台班数量×相应机械台班单价)$$

即　　　　　$15×17.40+18×90.79+10×20.57=2\ 100.92(元)$

(4)零星工作项目费。零星工作项目费为

$$人工费+材料费+机械费$$

即　　　　　　　　$3\ 516.16+1\ 610.00+2\ 100.92=7\ 227.08(元)$

七、规费、税金、安全文明施工费及单位工程造价的计算

1.规费

规费的内容包括劳动统筹基金、职工失业保险、职工医疗保险、工伤及意外伤害保险、残疾人就业保险、工程定额测定费 6 项不可竞争费用。工程地点在西安市的,其费率为 4.60%;工程地点在西安市外的,其费率为 4.62%。

规费的计算方法为

$$(分部分项工程费＋措施项目费＋其他项目费)×规费费率$$

即　　　　$(65\,943.69＋3\,670.29＋23\,427.08)×4.60\%＝4\,279.89(元)$

2.税金

税金是指国家税法规定的应计入工程造价的营业税、城市维护建设税及教育费附加。按纳税地点不同,分别选择不同的税率。地点在市区:3.41%;地点在县城、镇:3.55%;地点不在市区、县城、镇:3.22%。

税金的计算方法为

$$(分部分项工程费＋措施项目费＋其他项目费＋规费)×税率$$

即　　　$(65\,943.69＋3\,670.29＋23\,427.08＋4\,279.89)×3.41\%＝3\,318.64(元)$

3.安全文明施工费

安全文明施工费的费率为不可竞争费率,规定费率为分部分项工程费的 2.60%。

计取方法为

$$分部分项工程费×规定费率$$

即　　　　　　　　$65\,943.69×2.60\%＝1\,714.54(元)$

4.单位工程造价计算

单位工程造价是单项工程的组成部分。单位工程是指有独立施工条件及单独作为计算成本的对象,但建成后不能独立进行生产或发挥效益的工程。

单位工程造价计算方法为

$$分部分项工程费＋措施项目费＋其他项目费＋规费＋安全文明施工费＋税金$$

即　　　　$65\,943.69＋3\,670.29＋23\,427.08＋4\,279.89＋3\,318.64＋1\,714.54$
$$＝102\,354.13(元)$$

思考与练习

1.简述采暖工程量计算原则。

2.室内采暖工程根据《计价规范》一般可以划分为哪些项目?

3.某采暖工程安装 H150×1 000 型钢制式散热器 10 片,根据市场价格信息,每片价格 120 元。计算其工程量,并编制分部分项工程量清单与计价表。

4.识读某办公楼采暖施工图。写出该工程采用哪种散热器,并且编制其工程量清单。计算所有供水和回水干管的工程量。

5.自学任务四中采暖工程施工图预算编制实例。

6.根据分部分项工程量清单项目表 C8 规定,室内供暖管道安装工程分部分项工程量清单可以划分为哪些项目?

项目六 通风空调工程计量与计价

知识目标

通过本项目的学习,了解通风空调工程的分类及组成,通风空调工程施工图的组成;熟悉通风空调工程量计算规则;掌握通风空调工程工程量计算方法。

能力目标

能够熟练应用《计价规范》编制通风空调工程工程量清单。

任务一 通风空调工程

一、通风空调工程概述

1.通风空调工程

通风就是把室外的新鲜空气适当地处理(如净化、加热等)后送入室内,把室内的废气(经消毒、除害)排至室外,从而保持室内空气的新鲜和洁净。而空气调节不仅要保证送入室内的空气的湿度和洁净度,同时还要保持一定的干燥度和速度,所以空气调节可称为更高一级的通风。通风工程与空调工程有许多相同的地方,也可以说空调是更高级的通风,因此我们只讲空调工程,也相当于介绍了通风工程。

2.空调系统的分类

设置在大型建筑(宾馆、商场、生产车间等)内的中央空调系统按不同的方法分类,空调系统的名称就不同。空调系统的分类方法有以下 4 种。

(1)按空气处理设备的布置情况分。

1)集中式中央空调系统。集中式中央空调系统是将所有的空气处理设备设置在一个空调机房内,对送入空调房间的空气进行集中处理,然后经风机加压,再通过风管送到各空调房间或空调区域。这种集中式中央空调系统一般用于生产车间和大型商场。

2)半集中式中央空调系统。半集中式中央空调系统除了有集中空调机房集中处理一部分空调系统需要的空气外,还有分散设置在各空调房间的末端(风机盘管)空气处理设备。例如:大型宾馆、酒店等建筑使用的风机盘管空调器加独立新风的空调系统,就是典型的半集中式中央空调系统。

3)分散式空调系统。分散式空调系统是指空气处理设备分散设置在各空调房间。例如：家用房间空调器就是典型的分散式空调系统，但不属于中央空调系统的范围。

（2）按负担空调房间空调负荷用介质分。

1)全空气中央空调系统。空调房间的空调负荷全部由送入空调房间内的（冷、热）空气来承担。可见全空气中央空调系统空调房间内没有末端空气处理设备。

2)空气-水中央空调系统。空调房间的空调负荷一部分由送入空调房间的（冷、热）空气承担，另一部分是由送入空调房间内的末端空气处理设备内的（冷、热）水来承担。

3)全水中央空调系统。空调房间的空调负荷全部由送入空调房间末端空气处理设备（风机盘管空调器）内的冷、热水来承担。

4)制冷剂空调系统。制冷剂空调系统也称直接蒸发式空调系统。它是利用制冷系统的蒸发器内的制冷剂蒸发吸收热量进行空气调节的。例如：家用房间空调器（家用窗式空调器、分体式空调器、柜式空调器）就是典型的制冷剂空调系统。

（3）按全空气中央空调系统处理空气的来源分。

1)封闭式全空气中央空调系统。空调系统处理的空气全部来自空调房间，空调房间完全没有室外的新风送入，所以室内的卫生条件差，但是运行费用低。它适用于没有人工作（或只有机器人工作）的车间。

2)直流式全空气中央空调系统。空调系统处理的空气全部都取自室外的新鲜空气，故送入空调房间的全部是新鲜空气，所以室内的卫生条件好，但运行费用高，能耗大，一般用于产生有毒气体的生产车间，因为空调系统不允许使用室内的回风。

3)混合式全空气中央空调系统。空调系统处理的空气一部分来自空调房间（俗称回风），另一部分是来自室外的新风（俗称空调新风）。这种系统是闭式和直式系统的综合，既解决了封闭式系统卫生条件不满足的问题，也解决了直流式系统运行能耗大、费用高的问题。一般的生产车间的工艺性空调都采用这种系统。

二、空气-水系统中央空调系统的组成与全空气中央空调系统的组成

为了说明空调系统的组成，我们以工程上用得最多的风机盘管系统（见图6.1）为例，来看空气-水系统中央空调系统的组成。

1. 空气-水系统的中央空调系统的组成

（1）空调制冷（热）循环系统。其作用是制备中央空调工程处理空气用的冷冻水（或热水）。我们知道中央空调工程必须有处理空气的冷（热）工作介质，其中冷工作介质（就是冷冻水）用于夏季空气的冷却降温处理，热工作介质（热水）用于冬季的空气加热升温处理。因此，中央空调工程的制冷（热）循环系统是必不可少的。但通常情况下都是以机组（俗称空调冷水机组）的形式出现安装在中央空调工程中，不需要工程设计人员去考虑设计。

（2）空调冷（热）水循环系统。其作用是输送空调冷冻水（或热水），使其在管道内循环流动。参见上面提供的流程原理图，该系统在上图的循环环路是5→3→4→7→6(蒸发器)→5。

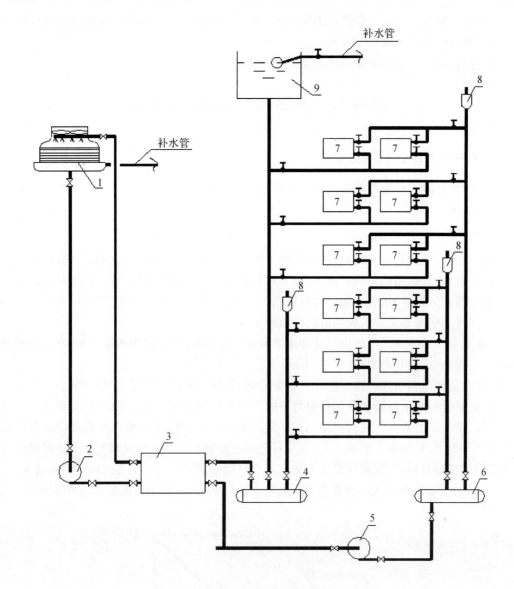

图 6.1　空调系统的组成

1—冷却塔;2—冷却水循环泵;3—冷水机组;4—集水器(也叫集水缸);5—冷水循环泵;6—分水器(也叫分水缸);

7—风机盘管空调器;8—自动排气阀;9—膨胀水箱

　　(3)冷却水循环系统。其作用是输送循环冷却水。冷却水输送循环管道工程量的统计计算是重点。方法也是根据施工图进行统计计算,与室内给水管道工程的工程量统计方法相同。

　　(4)空气循环系统。其作用是将空气处理设备(空调器)处理好的空气用风管输送到空调房间或空调区域进行空气调节。

　　2.全空气中央空调系统的组成

　　一般的中央空调系统由以下 4 部分组成:

　　(1)空气处理部分:是指处理空气(加热、加湿、过滤、冷却和除湿等)用的各种设备。

　　(2)空气输送部分:是指送风管、回风管和风机等。

（3）空气分配部分：是指设置在不同位置上的送回风口及风量调节阀；作用是按设计要求向各空调房间或空调区域分配风量。

（4）冷热源部分：是指空调用的制冷制热设备。

任务二　中央空调工程施工图

一、中央空调工程施工图的组成

由于中央空调工程施工图相对室内给排水工程施工图要复杂一些，所以它的组成也有别于室内给排水工程施工图。空调工程施工图一般由以下几部分组成。

1.设计与施工说明

对于空调工程预算，在阅读空调工程施工图设计与施工说明时，要注意的问题如下：

（1）风管、水管选用的材料。诸如：风管材料常用的有镀锌钢板（俗称白铁皮）风管、玻璃钢风管、复合材料风管等；水管常用的有焊接钢管、无缝钢管、ABS 塑料管、PPR 塑料管等。

（2）水管的防腐方法。水管的防腐分两种情况：

1）冷却水管的防腐工序。由于冷却水管是非保温管道，所以防腐的工序是：除锈→刷防锈底漆（红丹漆）→刷调和面漆。

2）冷水管的防腐工序。由于冷水管是保温管道，所以防腐工序是：除锈→刷防锈漆。

（3）风管、冷水管、冷凝水管的保温材料的选用及保温厚度。要说明的是，如果选用玻璃钢保温风管，就不需要对风管进行保温；只有当选用钢板风管时，才需要对风管进行保温。保温材料的种类很多，价格相差也很大，在做工程造价时要特别注意保温材料的种类。保温厚度关系到保温材料的数量，所以阅读设计与施工说明时要特别注意。这里要分以下两种情况：

1）对于镀锌钢板矩形风管保温材料用量的计算。参见矩形风管保温的示意图（见图6.2）。

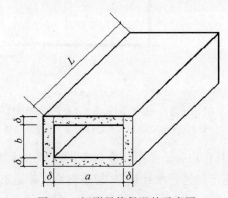

图 6.2　矩形风管保温的示意图

图 6.2 中，δ 是风管保温材料的厚度，a 是风管的宽度，b 是风管的高度，L 是矩形风管的长度，所以矩形风管保温材料用量的计算关系式为

$$V = 2a\delta L + 2(b + 2\delta)L$$

2）对于镀锌钢板圆形风管保温材料用量的计算。参见圆形风管保温的示意图（见图6.3）。

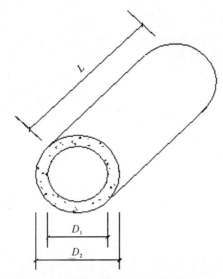

图 6.3　圆形风管保温的示意图

图 6.3 中，D_1 是风管的直径，D_2 是风管保温以后的直径，L 是圆形风管的长度，而保温材料的厚度是 $D_2 - D_1$ 的 1/2。则圆形风管保温材料用量的计算关系式为

$$V = 0.25(\pi D_2^2 - \pi D_1^2)L$$

(4)设备进出口与管道的连接方法。设备进出口与管道的连接方法关系到系统的防振和防噪，一般都没有在施工图上画出来，而是在设计与施工说明中加以说明。设备进出口与管道的连接方法有以下几种情况：

1)大型设备与水管采用可曲挠球形橡胶软接头连接；

2)风机盘管和容量较小的空调器与水管采用金属波纹管连接；

3)空调器、风机与风管采用防火帆布软接头连接。

(5)动力设备与基础间的连接。动力设备与基础间的连接也关系到系统的防振，因为动力设备在运行过程中要产生振动，这种振动对系统的运行将产生不利的影响，所以动力设备与基础间的连接一定要做减振处理。这种减振处理的技术方法如下：

1)容量较小的动力设备与基础间采用橡胶减振垫连接；

2)容量较大的动力设备与基础间采用专用的减振器连接。

专用的减振器是由专门的减振器生产厂家生产的，在工程预算中可根据减振器的型号向生产厂家询价。

(6)温度计、压力表设置位置。在施工图中温度计与压力表有时不一定画出来，而是在设计与施工说明中加以说明，但二者又是施工图预算中不可缺少的内容，所以阅读施工图时要注意温度计和压力表设置的位置，以便统计它们的数量。

(7)空调管道系统防冷(热)桥木卡及支吊架的设置。空调冷(热)管道需要保温，如果保温管道与支架间不设防冷(热)桥木卡，冷(热)量要通过支架散失掉。所以管道与支架间一定要设木卡(参见图 6.4)，防止冷(热)量通过支架散失掉。而这些支架或防冷(热)桥木卡是安装工程量不可缺少的一部分。

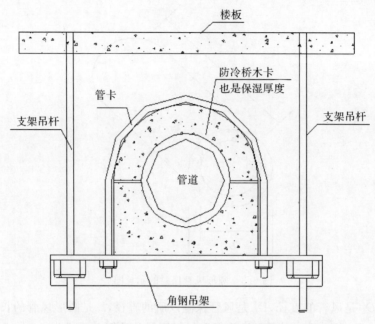

图 6.4　桥木卡及支吊架示意图

2.空调工程平面图

大型中央空调工程施工平面图分为以下几种：

(1)空调风系统平面图。空调风系统平面图参见提供的图纸(见图 6.5)，在空调风系统平面图上绘制的内容如下：

1)与空调工程有关的建筑轮廓及主要尺寸，用细线条绘制；

2)空调设备在平面上的布置，用中粗线条绘制，这里的空调设备是指各种形式的空调器(或空调机)；

3)空调送回风管道在平面上的布置，用粗线条按比例双线绘制；

4)空调设备、风管在平面上的安装定位尺寸及风管断面尺寸的标注，用细线按规定标注；

5)注明系统及设备编号。

空调施工平面图上的设备编号是为了便于编制设备材料表，并且图中的设备编号与设备材料表中的序号是相对应的，这样以便阅读施工图时对照查找。

(2)空调工程水系统平面图。空调工程水系统平面图参见提供的图纸(见图 6.6)。空调工程水系统平面图与室内给水工程平面图相仿，包含的内容这里也不重复。

(3)空调机房平面图(一般用较大比例绘制)。对于集中全空气中央空调系统，空调机房的配管相对比较复杂，所以一般用较大比例单独绘制，以便施工技术人员能够看清楚设备上的配管。空调机房平面图绘制的主要内容如下：

1)空调机房内设备平面布置及设备的定位尺寸；

2)水管、风管与空调器的连接方法。

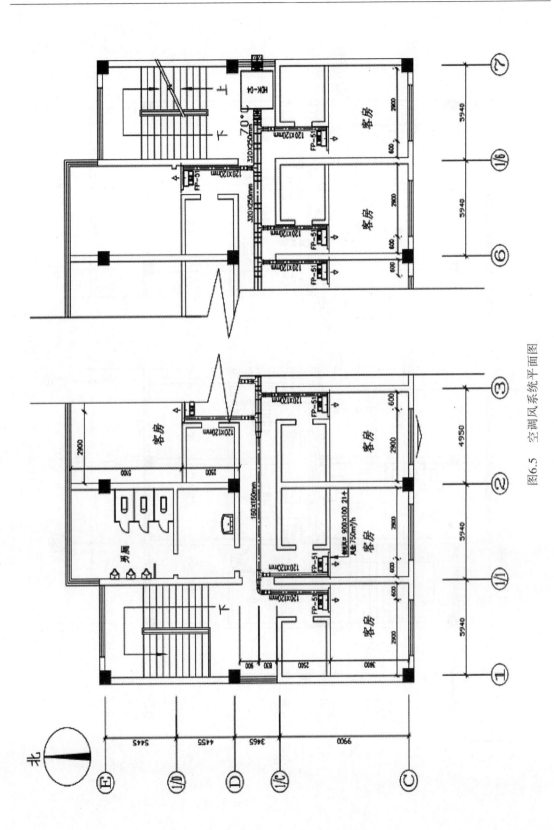

图6.5　空调风系统平面图

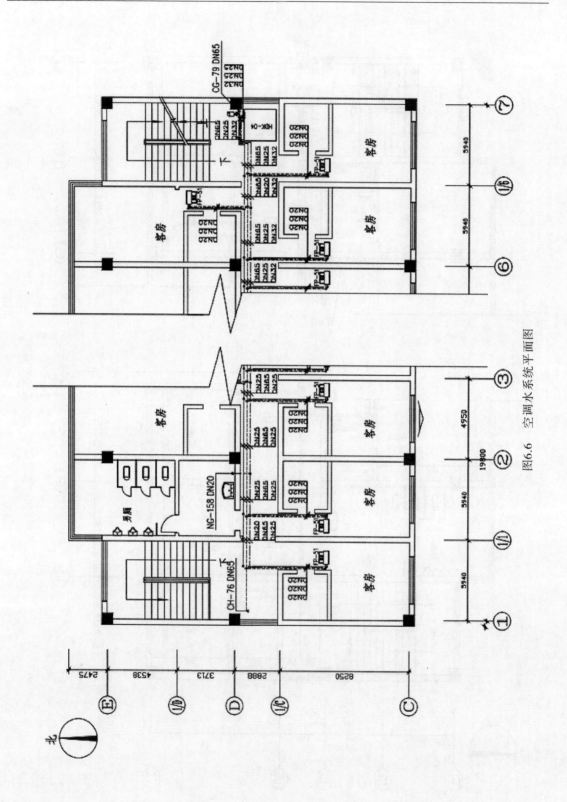

图6.6 空调水系统平面图

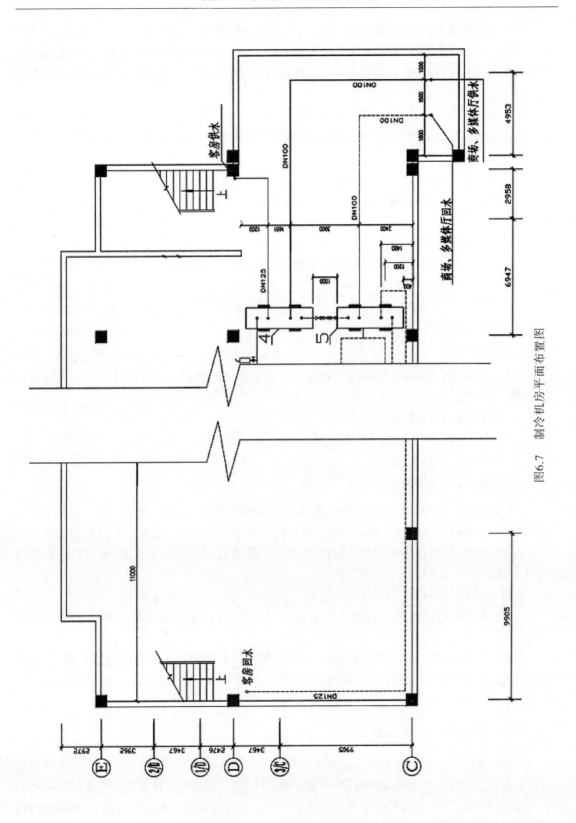

图6.7　制冷机房平面布置图

水管与空调器的连接分两种情况:第一,对于容量较小的空调器,空调器与管道间加金属波纹管(参见上面的风机盘管进出水管的连接);第二,对于容量较大的空调器,空调器与管道间加可曲挠球形橡胶软接头。空调器与风管的连接,直接在空调器与风管间加防火帆布软接头。

(4)空调制冷机房施工平面图。制冷机房的设备、水管较多,连接也非常复杂,所以在空调工程施工图中往往也要用大比例单独绘制空调制冷机房施工平面图(参见提供的图纸"通施-10改"),如图6.7所示。

制冷机房施工平面图绘制的主要内容如下:

1)制冷机组(或制热机组)、水泵及其他设备在平面上的布置,注意所有的设备用中粗线绘制其轮廓;

2)设备的施工定位尺寸;

3)连接设备的水管在平面上的布置,用粗实线绘制;

4)管道与设备的连接方法;

5)管道管径的标注;

6)设备及主要阀件的编号;

3. 剖面(视)图

空调工程剖面(视)图是表示某一剖面上空调设备、管道的布置、排列及走向情况的施工图。其中又分为:

(1)空调系统剖面(视)图。

(2)空调机房剖面(视)图。

(3)制冷机房剖面(视)图。

4. 系统图(或流程原理图)

一般在空调工程中如果绘制了系统图,就不要画流程原理图;反过来也一样。但其中系统图完全反映了空调系统的设备及管道在三维空间的布置与走向;而流程原理图不能反映出空调设备、管道在三维空间的布置及走向,只是表示了管道与设备的连接关系、流体的流程原理(与工程量的计算无关)。

空调工程系统图分为以下两种:

(1)空调水系统图:反映了商场内空调设备及水管、冷却塔及配管在三维空间的布置及走向。

(2)空调风系统图:从空调风系统图上可以看清楚风管及风口在三维空间的布置及走向,并且有关空调风系统中的配件(如防火阀、对开多叶调节阀等)数量在图上也如实地反映了出来。

二、空调工程施工图的阅读

大型中央空调工程的施工图一般都比较复杂,阅读时一定要按系统顺序进行,复杂部位要结合平面图、系统图、剖面图进行阅读,才能弄明白管道间的关系,以及管道与设备间的关系。

(1)空调工程施工图的阅读顺序。空调工程施工图有水系统与风系统两部分,水系统的施工图阅读与前面介绍的室内给水工程施工图相仿,一般是顺水流方向进行。对空调风系统的施工图一般也是顺气流方向进行:新风口→新风管道→空气处理设备→送风机→送风干管→送风支管→送风口→空调房间→回风口→回风管道→回风机→空气处理设备。

(2)阅读空调工程施工图要注意的几个问题。

1)看清楚整个建筑空调系统的编号及数量;

2)查明空气处理设备(包括末端空气处理设备)的种类、型号规格及在平面图上的布置;

3)看清楚空调水系统和空调风系统中的水管、风管在平面图上的布置;

4)查明空调水系统和空调风系统中的附件(水管上的控制阀门)、配件(风管上设置的各种风量调节阀、防火阀等)的种类、型号规格及数量;

5)核对系统图与平面图之间是否有矛盾;

6)如果空调风管与水管都用单线条绘制的话,要分清楚风管与水管。

任务三　空调工程工程量计算规则

一、通风管道工程量计算规则

(1)风管制作安装:以施工图规格不同按展开面积以"m²"为计量单位,不扣除检查孔、测定孔、送风口、吸风口等所占面积,则有

$$圆形风管\ F = \pi DL$$

式中:F 为圆形风管展开面积,m²;D 为圆形风管直径,m;L 为管道中心线长度,m。

矩形风管按图示风管周长乘以风管中心线长度计算。

(2)风管长度:一律以施工图示中心线长度为准,包括弯头、三通、变径管、天圆地方等管件的长度,但不包括部件(调节阀、消声器、消声弯头、静压箱)所占长度。直径和周长以图示尺寸为准,咬口重叠部分已包括在相应项目内,不得另行增加。

(3)塑料风管、复合型材料风管制作安装:所列规格直径为内径,周长为内周长。

(4)薄钢板通风管道、净化通风管道、玻璃钢通风管道、复合型材料通风管道的制作安装:已包括法兰、加固框和吊托支架,不得另行计算。

(5)不锈钢通风管道、铝板通风管道、塑料通风管道的制作安装中不包括吊托支架,可按相应项目以"kg"为计量单位,另行计算。

(6)计算风管长度时,主管与支管以其中心线交点划分,变径管长度计算到大管径风管延长米内,弯头长度按两风管中心线交点计算。

(7)柔性软风管安装、按图示中心线长度,以"m"为计量单位。

(8)镀锌薄钢板密度为普通薄钢板密度的 1.05 倍。

二、调节阀工程量计算规则

(1)调节阀的制作,按其成品重量以"kg"为计量单位,标准部件根据设计型号、规格,按"国标通风部件标准重量表"计算,非标准部件按图示成品重量计算。

(2)调节阀的安装,按图示规格尺寸(周长或直径)以"个"为计量单位,分别执行相应项目。

(3)柔性软风管阀门安装,以"个"为单位计算。

三、风口工程量计算规则

(1)风口制作:按其成品重量以"kg"为计量单位,标准部件根据设计型号、规格按"国标通风部件标准重量表"计算;非标准部件按成品质量计算。

(2)风口安装:均按设计型号、规格以"个"为计量单位。

(3)钢百叶窗及活动金属百叶风口的制作以"m²"为计量单位,安装按规格尺寸以"个"为计量单位。

四、风帽工程量计算规则

(1)风帽制作、安装:按其成品重量以"kg"为计量单位,标准部件根据设计型号、规格,按"国标通风部件标准重量表"计算;非标准部件按图示成品重量计算。

(2)风帽筝绳制作安装:按图示规格、长度,以"kg"为计量单位。

(3)风帽泛水制作安装:按图示展开面积,以"m²"为计量单位。

五、罩类制作安装工程量计算规则

罩类制作、安装:按其成品重量以"kg"为计量单位。标准部件根据设计型号、规格,按"国标通风部件标准重量表"计算;非标准部件按图示成品重量计算。

六、消声器、静压箱制作安装工程量计算规则

(1)消声器制作、安装:按其成品重量以"kg"为计量单位。标准部件根据设计型号、规格,按"国标通风部件标准重量表"计算;非标准部件按图示成品重量计算。

(2)消声器安装:适用于各种成品消声器、消声弯头的安装,均按设计规格、型号,以"个"为计量单位。

(3)静压箱制作、安装:按其展开面积以"m²"为计量单位,均不扣除与风管接口所占面积。

(4)静压箱安装:适用于各种成品静压箱安装,均按设计规格、型号,以"个"为计量单位。

七、通风空调设备安装工程量计算规则

通风空调工程中的各种风机安装,不得执行第一册《机械设备安装工程》中的通风机安装项目。通风机安装项目内包括电动机安装,其安装形式包括 A 型、B 型、C 型或 D 型,也适用于不锈钢和塑料风机安装;玻璃钢通风机安装应执行离心式通风机安装的相应项目;通风、空调设备安装项目中不包括设备费和应配备的地脚螺栓,应另行计算;通风、空调设备(吊顶式风机盘管除外)安装项目中未包括支架及减震台座的制作安装,应另行计算,执行设备支架制作安装相应项目;诱导器安装执行风机盘管安装相应项目,风机盘管(空调器、冷冻机房配管除外)的配管执行第八册《给排水、采暖、燃气工程》相应项目。计算规则如下:

(1)风机盘管安装:按安装方式的不同,以"台"为计量单位。

(2)空气加热器、除尘设备安装:按重量不同,以"台"为计量单位。

(3)通风机安装:按不同的风机型号,以"台"为计量单位。

(4)整体式空调机组、空调器按其不同质量和安装方式的不同,分别以"台"为计量单位。

(5)分段组装式空调器安装:按重量以"kg"为计量单位。

（6）洁净室安装：按重量以"kg"为计量单位，执行分段组装式空调器安装项目。

八、空调部件及其他

空调部件，风管软接口，导流叶片，风管检查孔，温度、风量测定孔等制作安装项目工程量计算规则如下：

（1）金属空调器壳体、滤水器、溢水盘制作、安装，按其成品重量以"kg"为计量单位。

（2）挡水板制作安装，按空调器断面面积，以"m²"为计量单位。

（3）钢板密闭门制作安装，以"个"为计量单位。

（4）设备支架制作安装，按图示尺寸以"kg"为计量单位。

（5）电加热器外壳制作安装，按图示尺寸以"kg"为计量单位。

（6）高、中、低效过滤器，净化工作台安装，以"台"为计量单位；风淋室安装，按不同重量，以"台"为计量单位。

（7）洁净室安装，以"kg"为计量单位，执行本册第七章"分段组装式空调器"安装项目。

（8）风管弯头导流叶片制作安装，按图示叶片的面积，以"m²"为计量单位。

（9）风管检查孔制作安装，以"kg"为计量单位，按本册附录一"国标通风部件标准重量表"计算。

（10）温度、风量测定孔制作安装，按其型号以"个"为计量单位。

（11）软管（帆布）接口、塑料柔性接口及伸缩节制作安装，按图示尺寸以"m²"为计量单位。

（12）风管吊托支架制作安装，以"kg"为计量单位。

（13）风管法兰制作安装，应区分不同材质，均以"kg"为计量单位。

任务四　通风空调工程工程量计算实例

一、工程概况

本工程为某工厂车间送风系统的安装，其施工图如图 6.8、图 6.9 所示。室外空气由空调箱的固定式钢百叶窗引入，经保温阀去空气过滤器过滤。再由上通阀，进入空气加热器（冷却器），加热或降温后的空气由帆布软管，经风机圆形瓣式启动阀进入风机，由风机驱动进入主风管。再由 6 根支管上的空气分布器送入室内。空气分布器前均设有圆形蝶阀，供调节风量用。

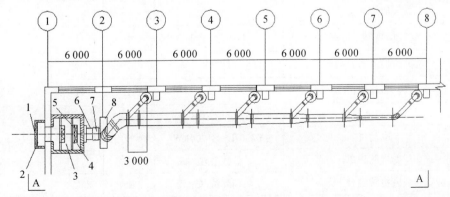

图 6.8　通风系统平面图

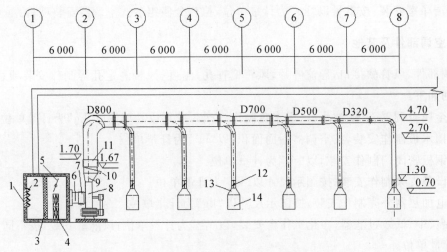

图 6.9　通风系统 A-A 剖面图

1.施工说明

(1)风管采用热轧薄钢板。风管壁厚:DN500,$\delta=0.75$mm;DN500 以上,$\delta=1.0$mm。

(2)风管角钢法兰规格:DN500,$L25\times4$;DN500 以上,$L30\times4$。

(3)风管内外表面除锈后刷红丹酚醛防锈漆两道,外表面再刷灰色酚醛调和漆两道。

(4)所有钢部件内外表面除锈后刷红丹酚醛防锈漆两道,外表面再刷灰色厚漆两道。

(5)风管、部件制作安装要求,执行国家施工验收规范有关规定。

2.设备部件一览表(见表 6.1)

表 6.1　设备部件一览表

编号	名　称	型号及规格	单位	数量	备注
1	钢百叶窗	500×400	个	1	20kg
2	保温阀	500×400	个	1	
3	空气过滤器	LWP-D(Ⅰ型)	台	1	
	空气过滤器框架		个	1	41kg
4	空气加热器(冷却器)	$SRZ-12\times6D$	台	2	139kg
	空气加热器支架				$m=9.64$kg
5	空气加热器上通阀	$1\,200\times400$	个	1	
6	风机圆形瓣式启动阀	D800	个	1	
7	帆布软接头	D600	个	1	$L=300$
8	离心式通风机	T4-72No8C	台	1	
	电动机	Y200 L-4 300kW	台	1	
	皮带防护罩	C式Ⅱ型	个	1	$m=15.5$kg
	风机减震台	CG3278C	kg	291.3	

续　表

编号	名　称	型号及规格	单位	数量	备注
9	天圆地方管	$D800/560 \times 640$	个	1	$H=400$
10	密闭式斜插板阀	$D800$	个	1	$m=40\text{kg}/$个
11	帆布软接头	$D800$	个	1	$L=300$
12	圆形蝶阀	$D320$	个	6	
13	天圆地方管	$D320/600 \times 300$		6	$H=200$
14	空气分布器	$4^{\#}\ 600 \times 300$	个	6	
	空气分布器支架		个	6	见图6.11

二、编制的依据

(1)某工厂车间通风工程施工图。

(2)全国统一安装工程预算工程量计算规则。

(3)《全国统一安装工程预算定额》第九册《通风空调工程》;第十一册《刷油、防腐蚀、绝热工程》。

(4)某省建筑安装工程费用定额。

(5)某市建筑安装工程造价信息。

三、分项工程项目的划分和排列

根据本例的工程内容,通风系统安装套用《全国统一安装工程预算定额》第九册《通风空调工程》,通风系统的除锈、刷油漆套用第十一册《刷油、防腐蚀、绝热工程》。按以上两册定额划分和排列的分项工程项目如下:

(1)薄钢板通风管道制作安装。

(2)帆布接口制作安装。

(3)调节阀制作安装。

(4)矩形空气分布器制作安装。

(5)矩形空气分布器支架制作安装。

(6)空气加热器金属支架制作安装。

(7)皮带防护罩制作安装。

(8)过滤器安装。

(9)过滤器框架制作安装。

(10)通风设备安装。

(以上属于第九册定额范围)

(11)风管、部件、管架除锈刷油。

1)通风管道(含吊托支架)除锈。

2)金属结构(部件、框架、设备支架)除锈。

3)通风部件及支架刷油。

（以上属于第十一册定额范围）

四、工程量计算

按照所列分项工程项目，依据工程量计算规则逐项计算工程量。

1.薄钢板通风管道制作安装

根据图6.8通风系统平面图和图6.9通风系统A-A剖面图，将通风管道的水平投影长度和标高标注在图6.10通风管网系统图上。

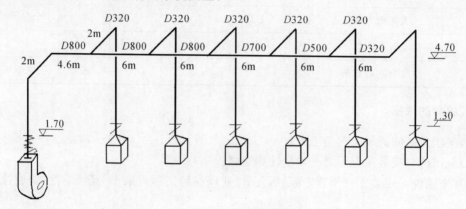

图6.10　通风管网系统图

计算通风管道的面积如下。

（1）D800：长度$L=(4.7-1.7)$（标高差）$+2$（水平长度）$+(4.6+6+6)$（水平长度）$=21.6$（m）

面积$S=21.6\times0.8\times\pi\approx54.27$（m²）

（2）D700：长度$L=6-0.5$（大小头长度）$=5.5$（m）

面积$S=5.5\times0.7\times\pi\approx12.10$（m²）

大小头$D800\times700$，平均直径：$(0.8+0.7)/2=0.75$（m）

面积$S=0.5\times0.75\times\pi\approx1.18$（m²）

（3）D500：长度$L=6-0.5$（大小头长度）$=5.5$（m）

面积$S=5.5\times0.5\times\pi\approx8.64$（m²）

大小头$D700\times500$，平均直径：$(0.7+0.5)/2=0.6$（m）

面积$S=0.5\times0.6\times\pi\approx0.95$（m²）

（4）D320：长度$L=[6-0.5$（大小头长度）$]$（主管水平长度）$+2\times6$（6根支管水平长度）$+(4.7-1.3)\times6$（6根支管标高差）$=37.9$（m）

面积$S=37.9\times0.32\times\pi\approx38.10$（m²）

大小头$D500\times320$，平均直径：$(0.5+0.32)/2=0.41$（m）

面积$S=0.5\times0.41\times\pi\approx0.65$（m²）

（5）天圆地方管$D800/560\times640$，$H=400$，1个。

面积$S=[(0.8\times\pi)/2+0.56+0.64]\times0.4=0.98$（m²）

（6）天圆地方管$D320/600\times300$，6个。

面积$S=[(0.32\times\pi)/2+0.6+0.3]\times0.2\times6=1.69$（m²）

2.帆布接口制作安装

帆布软接头 $D600, L=300mm$ 及 $D800, L=300mm$ 各1个。

面积 $S=3.141\ 6\times(0.6\times0.3+0.8\times0.3)=1.32(m^2)$

3.调节阀制作安装

(1)空气加热器上通阀 $1\ 200\times400$, 1个。

制作:查国标通风部件标准重量表得尺寸为 $1\ 200\times400$ 的空气加热器上通阀的单体质量为 23.16kg/个。

周长为

$$2\times(1\ 200+400)=3\ 200(mm)$$

安装:空气加热器上通阀1个。

(2)风机圆形瓣式启动阀 $D800$, 1个。

制作:查国标通风部件标准重量表得尺寸为 $D800$ 的风机圆形瓣式启动阀的单体质量为 42.38kg/个。

安装:直径800mm风机圆形瓣式启动阀1个。

(3)密闭式斜插板阀 $D800$, 1个。

制作:国标通风部件标准质量表中未列尺寸为 $D800$ 的密闭式斜插板阀的单体质量。由设备部件一览表(见表6.1)查得其单体重量为40kg/个。

安装:直径800mm密闭式斜插板阀1个。

(4)圆形蝶阀 $D320$, 6个。

制作:查国标通风部件标准重量表得尺寸为 $D320$ 的圆形蝶阀的单体质量为5.78kg/个。总重量为

$$5.78kg/个\times6\ 个=34.68(kg)$$

安装:直径320mm圆形蝶阀6个。

4.矩形空气分布器制作安装(600×300, 6个)

制作:查国标通风部件标准重量表尺寸为 600×300 矩形空气分布器的单体质量为 12.42kg/个。总重量为

$$12.42kg/个\times6\ 个=74.52kg$$

周长为

$$2\times(600+300)=1\ 800(mm)$$

安装:矩形空气分布器,6个。

5.矩形空气分布器支架制作安装

本例矩形分布器安装在图6.11所示的型钢支架上。其质量计算如下:

$$[(0.41+0.2)\times2+0.61](角钢长度)\times6(个)\times2.42(角钢每米质量)=26.57(kg)$$

6.空气加热器金属支架制作安装

由设备部件一览表(见表6.1)查得空气加热器金属支架单体质量为 $m=9.64kg$。

7.皮带防护罩制作安装

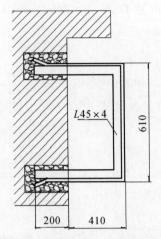

图 6.11　矩形空气分布器支架

LWP‐D(Ⅰ型)过滤器;1台。

由设备部件一览表(见表 6.1)查得皮带防护罩(C 式)单体重量为:$m=15.5$kg。

8.过滤器安装

9.过滤器框架制作安装

由设备部件一览表(见表 6.1)查得过滤器框架单体重量为:$m=41$kg。

10.钢百叶窗制作安装

制作:面积 $S=0.5\times0.4=0.2$(m²)

安装:钢百叶窗 500×400,1 个。

11.通风设备安装

由设备部件一览表(见表 6.1)查得

(1)离心式通风机安装:T4‐72No8C,1 台;

(2)风机减震台制作安装:291.3kg;

(3)空气加热器安装:SRZ‐12×6D,2 台,$m=139$kg/台。

12.风管、部件、支架除锈、刷油

(1)薄钢板风管(包括法兰、吊托支架)内、外除锈、刷油(见以上风管面积计算)。风管内外表面除锈后刷红丹酚醛防锈漆两道,面积为

$(54.27+0.98+12.10+1.18+8.64+0.95+38.10+0.65+1.69)\times2\times1.1=119\times2\times1.1=262$(m²)

外表面再刷灰色酚醛调和漆两道,面积:$119\times1.2=143$(m²)

(2)通风部件除锈、刷油。为[23.16(加热器上通阀)+42.38(圆形瓣式启动阀)+40(斜插板阀)+34.68(圆形蝶阀)+74.52(矩形空气分布器)+20(钢百叶窗)]×1.15=270(kg)

(3)空气分布器、空气加热器、防护罩、过滤器框架、支架及风机减震台制作安装除锈、刷油。为 26.57(矩形空气分布器支架)+9.64(空气加热器金属支架)+15.5(皮带防护罩)+41

（过滤器框架）＋291.3（风机减震台）＝384（kg）。

(4)零星刷油估计（如帆布接口法兰等）:46kg

13.工程量计算表（见表6.2）

表 6.2 工程量计算表

工程名称:通风安装工程

序 号	分项工程名称	计算式	单位	工程量
1	通风管道制作安装			
①	薄钢板圆形风管（δ＝1mm 咬口）D800	［(4.7－1.7)(标高差)＋2(水平长度)＋(4.6＋6＋6)(水平长度)］×0.8×π	m²	54.27
⑤	天圆地方管 D800/560×640,H＝400,1 个	［(0.8×π)/2 ＋ 0.56＋0.64］×0.4	m²	0.98
②	薄钢板圆形风管（δ＝1mm 咬口）D700	［6 －0.5(大小头长度)］×0.7×π	m²	12.10
	D800×700 大小头	0.5×(0.8＋0.7)/2×π	m²	1.18
	薄钢板圆形风管（δ＝1mm 咬口）D1120 以下共:	54.27＋0.98＋12.10		67.4
③	薄钢板圆形风管（δ＝0.75mm 咬口）D500	［6 －0.5(大小头长度)］×0.5×π	m²	8.64
	D700×500 大小头	0.5×［(0.7＋0.5)/2］×π	m²	0.95
④	薄钢板圆形风管（δ＝0.75mm 咬口）D320	｛［6－0.5(大小头长度)］(主管水平长度)＋2×6(6 根支管水平长度)＋(4.7－1.3)×6(6 根支管标高差)｝×0.32×π	m²	38.10
	D500×320 大小头	0.5×［(0.5＋0.32)/2］×π	m²	0.65
⑥	天圆地方管 D320/600×300,6 个	(0.32×π/2 ＋ 0.6＋0.3)×0.2×6	m²	1.69
	薄钢板圆形风管（δ＝0.75mm 咬口）D500 以下共:	8.64＋0.95＋38.10＋0.65＋1.69	m²	50
2	帆布接口制作安装 D600,L＝300mm D800,L＝300mm 各 1 个	3.141 6×(0.6×0.3＋0.8×0.3)	m²	1.32
3	调节阀制作安装			
①	空气加热器上通阀 1 200×400,1 个	查国标通风部件标准重量表得单体重量为 23.16kg/个		
	制作	23.16(kg /个)×1(个)	kg	23.2

续　表

序号	分项工程名称	计算式	单位	工程量
	安装	周长为:2×(1 200＋400)＝3 200(mm)	个	1
②	风机圆形瓣式启动阀 D800,1个	查国标通风部件标准重量表得单体重量为42.38kg/个		
	制作	42.38(kg／个)×1(个)	kg	42.4
	安装	直径为800mm	个	1
③	密闭式斜插板阀 D800,1个	由设备部件一览表(见表6.1)查得其单体重量为40kg/个		
	制作	40(kg／个)×1(个)	kg	40
	安装	直径为800mm	个	1
④	圆形蝶阀 D320,6个	查国标通风部件标准重量表得单体重量为5.78kg/个		
	制作	5.78(kg/个)×6(个)	kg	34.7
	安装	直径为320mm	个	6
4	矩形空气分布器制作安装 600×300,6个	查国标通风部件标准质量表得单体重量为12.42kg/个		
	制作	12.42(kg／个)×6(个)	kg	74.5
	安装	周长为:2×(600＋300)＝1 800(mm)	个	6
5	矩形空气分布器支架制作安装	[(0.41＋0.2)×2＋0.61](角钢长度)×6(个)×2.42(角钢每米重量)	kg	26.57
6	空气加热器金属支架,1个	由设备部件一览表(见表6.1)查得其单体重量为9.64kg/个		
	制作安装	9.64(kg／个)×1(个)	kg	9.64
7	皮带防护罩	由设备部件一览表(见表6.1)查得其单体重量为15.5kg/个		
	制作安装	15.5(kg／个)×1(个)	kg	15.5
8	过滤器安装 LWP-D(Ⅰ型)	1	台	1
9	过滤器框架	由设备部件一览表(见表6.1)查得其单体重量为41kg/个		
	制作安装	41(kg／个)×1(个)	kg	41
10	钢百叶窗 500×400			

续　表

序号	分项工程名称	计算式	单位	工程量
	制作	0.5×0.4	m²	0.2
	安装	0.5m² 以内	个	1
11	离心式风机安装:T4-72No8C	8号	台	1
12	风机减震台制作安装	291.3(风机减震台)	kg	291.3
13	空气加热器安装 SRZ-12×6D	139kg/台	台	2
14	设备支架制作安装(50kg 以下)	26.57(空气分布器支架)+9.64(空气加热器金属支架)	kg	36.21
15	风管刷油			
	内外表面除锈后刷红丹酚醛防锈漆	[54.27+0.98+12.10+1.18+8.64+0.95+38.10+0.65+1.69]×2×1.1=119×2×1.1	m²	262
	外表面刷灰色酚醛调和漆	119×1.2	m²	143
16	通风部件除锈、刷油	[23.16(加热器上通阀)+42.38(圆形瓣式启动阀)+40(斜插板阀)+34.68(圆形蝶阀)+74.5(矩形空气分布器)+20(钢百叶窗)]×1.15	kg	270
17	框架、支架除锈、刷油	26.57(矩形空气分布器支架)+9.64(空气加热器金属支架)+15.5(皮带防护罩)+41(过滤器框架)+291.3(风机减震台)	kg	384
	金属结构刷油共	270+384+46(零星)	kg	700

思考与练习

1. 简述风管工程量计算规则。

2. 某工程安装空气加热器(200kg 以下)2 台,根据市场价格信息,每台空气加热器的价格为 1 280 元。试计算其工程量,对其编制分部分项工程项目清单与计价表。

3. 某工程制作、安装双层碳钢百叶风口 8 个,尺寸为 200mm×150mm。试计算其工程量,对其编制分部分项工程项目清单与计价表。

4. 某通风系统设计圆形渐缩风管均匀送风,采用 3mm 玻璃钢风管,风管直径 $D_1 = 500$mm,$D_2 = 300$mm,风管中心线长度为 8m。根据市场价格,3mm 玻璃钢风管的价格为 66 元。试计算其工程量,对其编制分部分项工程项目清单与计价表。

5. 自学任务四中通风空调工程工程量计算实例。

项目七　消防工程计量与计价

知识目标

通过本项目的学习,了解消防工程的分类及组成,消防工程施工图的组成;熟悉消防工程量计算规则;掌握消防工程量计算方法。

能力目标

能够熟练应用《计价规范》编制消防工程工程量清单。

任务一　消防工程

在民用建筑中,使用最广泛的仍是水消防系统。因为水作为灭火工质,用于扑灭建筑物中一般物质的火灾,是最经济有效的方法。常用的室内消防给水系统有消火栓灭火系统、闭式自动喷水灭火系统、开式自动喷水灭火系统等。

一、消火栓系统

1. 设置原则

执行国家《建筑设计防火规范》《高层民用建筑设计防火规范》。例如:第 8.4.1 条第 4 款:超过 7 层的单元式住宅,超过 6 层的塔式住宅、通廊式住宅、底层设有商业网点的单元式住宅,应设室内消防给水。

2. 建筑内消火栓给水系统组成、组件及类型

组成及组件为水枪、水龙带、消火栓、消防水喉、消防通道、水箱、消防水泵接合器、增压设备和水源。

(1)水枪。喷嘴口径为 $\phi 13, \phi 16, \phi 19 mm$;与水龙带接口为用快速螺母连接。

(2)水龙带为 DN50 和 DN65;麻质为抗折叠,质轻,水流阻力大;橡胶:易老化,质重,水流阻力小。

(3)消火栓。内扣式快速连接螺母＋球形阀,单出口、双出口为 DN65,DN50。

(4)消防水喉——小口径拴：25mm,喷嘴,$\phi 6 \sim 8mm$,$L=20m$,25m,30m。

(5)消火栓箱——玻璃门。

内置：消火栓、水枪、水龙带、水喉、消防报警及启泵装置;设置：承重墙;明、暗、半暗。

(6)消防水泵接合器。作用：一端接室内消防管网,另一端可供消防车加压供水。

(7)消防给水管网：环状,立管不变径。低层可生活＋消防,高层需独立设置。

(8)消防贮水设备及加压设备、水源。

3.室内消火给水管道的布置

(1)室内消火栓个数大于 10 个,且室外消防水量大于 15L/s,市内给水管道应为环状,进水管应为两条。一条发生事故时使用,另一条供应全部水量。

(2)阀门设置便于检修又不过多影响供水。

(3)室内消火栓管网与喷淋管网宜分开设,如有困难,在报警阀前分开。

(4)水泵接合器设置便于消防车接管供水地点,同时考虑周围 15~40m 内有室外消火栓或消防贮水池：数量按室内消防水量及每个接合器流量经计算定,每个接合器 10.15L/s。

二、闭式自动喷水灭火系统

闭式自动喷水灭火系统是利用火场达到一定温度时能自动地将喷头打开,扑灭和控制火势并发出火警信号的室内消防给水系统。

1.闭式自动喷水灭火系统的类型

闭式自动喷水灭火系统管网主要有以下 4 种类型：

(1)湿式自动喷水灭火系统;

(2)干式自动喷水灭火系统;

(3)干湿式自动喷水灭火系统;

(4)预作用自动喷水灭火系统。

2.闭式系统的组成

闭式系统由闭式喷头、管网、报警阀门系统,探测器,水流指示器,末端试水装置,加压设备等组成。

(1)喷头：喷水口,温感释器,溅水盘。

(2)控制装置：控制阀,一般选用闸阀装在报警阀前;报警阀分为干式报警阀、湿式报警阀、干湿式报警阀。

(3)报警装置：水力警铃、延迟器、压力开关。

(4)监测装置：火灾探测器、水流指示器。

(5)末端试水装置：试水阀、压力表及试水接头。

(6)自动排气装置。

(7)安全信号阀。

任务二　消防工程系统安装工程量计算规则

一、水灭火系统安装

用于工业和民用建（构）筑物设置的自动喷水灭火系统的管道、各种组件、消火栓、气压水罐的安装以及管道支吊架的制作、安装。

(1)界线划分。

1)室内外界线：以建筑物外墙皮1.5m为界，入口处设阀门者以阀门为界。

2)设在高层建筑内的消防泵间管道与本章界线，以泵间外墙皮为界。

(2)管道安装。

1)管道安装包括工序内一次性水压实验。

2)镀锌钢管螺纹连接项目内已包括直管及管件含量的安装工作内容。

3)镀锌钢管法兰连接项目，管件是按成品、弯头两端是按接短管焊法兰考虑的，定额中包括直管、管件、法兰等全部安装工序内容，但管件及法兰应按设计用量另行计算主材费，而螺栓应按实际用量加3%损耗另计材料费。

4)镀锌钢管法兰连接项目也适用于镀锌无缝钢管的安装。

(3)喷头、报警装置及水流指示器安装项目均按管网系统试压、冲洗合格后安装考虑的，定额中已包括丝堵、临时短管的安装、拆除及其摊销。

(4)温感式水幕装置安装定额中已包括给水三通至喷头、阀门间的管道、管件、阀门、喷头等全部安装内容，但管道的主材数量按设计管道中心长度另加损耗计算；喷头数量按设计数量另加损耗计算。

(5)集热板的安装位置：应在喷头上方设置集热板。

(6)隔膜式气压水罐安装项目中出入口连接用法兰和螺栓按设计规定另行计算。地脚螺栓是按设备配带考虑的，定额中包括指导二次灌浆用工，但二次灌浆费用按第一册定额相应项目另行计算。

(7)管道支吊架制作安装项目中综合考虑了支架、吊架及防晃支架的制作及安装。

(8)管网冲洗项目是按水冲洗考虑的，若采用水压气动冲洗法时，可按施工方案另行计算。

(9)管道安装项目内的水压实验内容主要是配合主干管及立管安装时的压力实验，施工完成后的整体实验应执行第六册《工业管道工程》定额相应项目。

(10)不包括以下工作内容：

1)阀门、法兰安装，各种套管的制作安装，泵房间管道安装及管道系统强度实验、严密性实验，应执行第六册《工业管道工程》定额相应项目。

2)室内外消火栓给水管道安装及水箱制作安装，应执行第八册《给排水、采暖、燃气工程》定额相应项目。

3)室内沟槽式卡箍连接管道安装，应执行第八册《给排水、采暖、燃气工程》定额相应项目。

4)各种消防泵、稳压泵安装及设备二次灌浆等应执行第一册《机械设备安装工程》定额相应项目。

5)各种仪表的安装及带电讯号的阀门、水流指示器、压力开关的接线、校线,应执行第十册《自动化控制仪表安装工程》定额相应项目。

6)各种设备支架的制作安装,应执行第五册《静置设备与工艺金属结构制作安装工程》定额相应项目。

7)管道、设备、支架、法兰焊口除锈刷油,应执行第十四册《刷油、防腐蚀、绝热工程》定额相应项目。

(11)工程量计算规则如下:

1)管道安装按施工图所示中心线长度,以"m"为计量单位,不扣除阀门、管件及各种组件所占长度。

2)镀锌钢管(螺纹连接)管件含量查阅2001年《陕西省安装工程价目表》。

3)镀锌钢管安装定额也适用于镀锌无缝钢管,其对应关系查阅2001年《陕西省安装工程价目表》。

4)喷头安装按有吊顶、无吊顶分别以"个"为计量单位。

5)报警装置安装按成套产品以"组"为计量单位。其他报警装置适用于雨淋、干湿两用及预作用报警装置,其安装执行湿式报警装置安装定额相应项目,其中人工乘以系数1.2,其余不变。成套产品包括内容查阅2001年《陕西省安装工程价目表》。

6)温感式水幕装置安装按不同型号和规格以"组"为计量单位。

7)水流指示器、减压孔板安装按不同规格均以"个"为计量单位。

8)末端试水装置按不同规格均以"组"为计量单位。

9)集热板制作安装均以"个"为计量单位。

10)室内消火栓安装,区分单栓和双栓以"套"为计量单位,所带消防按钮的安装另行计算。成套产品包括的内容:消火栓箱、消火栓、水枪、水龙带、水龙带接口、挂架、消防按钮。

11)室内消火栓组合卷盘安装,执行室内消火栓安装相应定额项目乘以系数1.2。成套产品包括的内容:消火栓箱、消火栓、水枪、水龙带、水龙带接口、挂架、消防按钮、消防软管卷盘。

12)室外消火栓安装,区分不同规格、工作压力和覆土深度以"套"为计量单位。

13)消防水泵接合器安装,区分不同安装方式和规格以"套"为计量单位。如设计要求用短管时,其本身价值可另行计算,其余不变。

14)自动喷水灭火系统管网水冲洗,区分不同规格以"m"为计量单位。

15)隔膜式气压水罐安装,区分不同规格以"台"为计量单位。

二、气体灭火系统安装

用于工业和民用建筑中设置的二氧化碳灭火系统、卤代烷1211灭火系统和卤代烷1301灭火系统中的管道、管件、系统组件等的安装。定额中的钢管、钢制管件、选择阀安装及系统组件实验等均适用于卤代烷1211,1301灭火系统,二氧化碳灭火系统执行本章相应定额乘以系数1.20。

(1)管道及管件安装。

1)钢管和钢制管件内外镀锌及场外运输费用另行计算。

2)螺纹连接的不锈钢管、铜管及管件安装时,执行钢管和钢制管件安装相应定额乘以系数1.20。

3)钢管螺纹连接项目中不包括钢制管件连接内容,应按设计用量执行钢制管件连接相应定额项目。

4)钢管法兰连接项目,管件是按成品、弯头两端是按接短管焊接法兰考虑的,定额中包括直管、管件、法兰等全部安装工序内容,但管件及法兰应按设计用量另行计算主材费,而螺栓应按实际用量加3%损耗另计材料费。

5)气动驱动装置管道安装项目包括卡套连接件的安装,其本身价值按设计用量另行计算。

(2)喷头安装,项目中包括管件安装及配合水压实验安装拆除丝堵的工作内容。

(3)贮存装置安装,定额中包括灭火剂贮存容器和驱动气瓶的安装固定、支框架、系统组件(集流管,容器阀,气、液单向阀,高压软管)、安全阀等贮存装置和阀驱动装置的安装及氮气增压。二氧化碳贮存装置安装时,不需增压,执行定额时,应扣除高纯氮气,其余不变。

(4)二氧化碳称重检漏装置包括泄漏报警开关、配重及支架。

(5)系统组件包括选择阀,气、液单向阀和高压软管。

(6)本章不包括的工作内容如下:

1)管道支吊架的制作安装应执行《陕西省安装工程消耗量定额》中的相应定额项目。

2)不锈钢管、铜管及管件的焊接或法兰连接,各种套管的制作安装,管道系统强度实验、严密性实验和吹扫等均执行第六册《工业管道工程》定额相应项目。

3)管道及支吊架的防腐刷油等应执行第十四册《刷油、防腐蚀、绝热工程》定额相应项目。

4)阀驱动装置与泄漏报警开关的电气接线等执行第十册《自动化控制仪表安装工程》定额相应项目。

5)各种阀门安装执行第六册《工业管道工程》定额相应项目。

6)钢管(DN80以内)及管件(DN80以内)焊接或法兰连接执行第六册《工业管道工程》定额相应项目。

(7)工程量计算规则如下:

1)管道安装包括钢管螺纹连接、法兰连接、气动驱动装置管道安装及钢制管件的螺纹连接。

2)各种管道安装均按施工图所示中心线长度,以"m"为计量单位,不扣除阀门、管件及各种组件所占长度。

3)钢制管件螺纹连接均按不同规格以"个"为计量单位。

4)喷头安装均按不同规格以"个"为计量单位。

5)选择阀安装按不同规格和连接方式分别以"个"为计量单位。

6)贮存装置安装按贮存容器和驱动气瓶的规格(L)以"套"为计量单位。

7)系统组件实验包括选择阀、单向阀及高压软管。实验按水压强度实验和气压严密性实验,分别以"个"为计量单位。

任务三　消防工程工程量清单项目的划分

一、消防管道安装工程工程量清单项目划分

消防管道安装工程分部分项工程量清单项目划分应依据《陕西省建设工程工程量清单计价规则》中 C7 消防工程进行划分。实际编制工程量清单时应划分为室外消防管道安装工程和室内消防管道安装工程两部分。

1.室外消防管道安装工程

分部分项工程量清单项目表 C7 规定,室外消防管道安装工程分部分项工程量清单可以划分为:

(1)管道安装;

(2)管道支架制作安装;

(3)阀门安装;

(4)法兰安装;

(5)室外消火栓安装;

(6)消防水泵接合器安装;

(7)管道地沟土、石方开挖、回填;

(8)阀门井室砌筑。

2.室内消防管道安装工程

按分部分项工程量清单项目表 C7 规定,室内消防管道安装工程分部分项工程量清单项目可划分为:

(1)管道安装;

(2)系统组件安装;

(3)其他组件(减压孔板、末端试水装置、集热板等)安装;

(4)水喷头安装;

(5)室内消火栓安装;

(6)气压水罐安装;

(7)管道支架、吊架制作安装;

(8)系统组件实验;

(9)二氧化碳称重检漏装置安装;

(10)泡沫发生器、泡沫比例混合器安装;

(11)阀门安装;

(12)法兰安装;

(13)消防水箱制作安装;

(14)水、气灭火系统调试。

二、室内、外消防管道安装工程工程量清单项目划分应遵循的原则

(1)室内、外消防管道安装应按设计要求采用的不同材质、不同的连接方法,区别其不同的公称直径分别列出工程量清单项目,计算工程量时应按设计图示管道中心线长度以"m"为计量单位,不扣除各种阀门、管件及各种组件所占长度。

(2)管道支架制作安装(管道安装项目中已包括支架制作安装者除外)均综合列计算工程量时应按设计图示数量以"kg"为计量单位。

(3)阀门安装(除系统组件配套者外)均应按设计要求采用的不同类型,不同的连接方法,区别其不同的公称直径分别列出工程量清单项目,计算工程量应按设计图示数量以"个"为计量单位。

(4)法兰安装应按其设计要求采用的不同材质,不同连接方法,区别其不同公称直径分别列出工程量清单项目,计算工程量时应按设计图示数量以"付"为计量单位。

(5)室内消火栓安装应按单栓、双栓分别列出工程量清单项目,计算工程量时应按设计图示数量以"套"为计量单位。

(6)室外消火栓安装应按地上式和地下式,区别其不同压力、安装形式(浅型、深Ⅰ型、深Ⅱ型)分别列出工程量清单项目,计算工程量时应按设计图示数量以"套"计量单位。

(7)消防水泵接合器安装应按其不同安装方式,区别其不同规格分别列出工程量清单项目,计算工程量时应按设计图示数量以"套"为计量单位。

(8)系统组件安装应按其组件的不同名称,区别其不同公称直径分别列出工程量清单项目,计算工程量时应按设计图示数量以"个"或"组"为计量单位。

(9)水喷头安装应按其水喷头的不同材质、型号、规格,区别其不同的安装形式(有吊顶、无吊顶)分别列出工程量清单项目,计算工程量时应按设计图示数量以"个"为计量单位。

(10)气压水罐安装应按其不同公称直径分别列出工程量清单项目,计算工程量时应按设计图示数量以"台"为计量单位。

(11)系统组件实验应区分水压强度实验、气压严密性实验分别列出工程量清单项目,计算工程量时应按设计图示数量以"台"为计量单位。

(12)二氧化碳称重检漏装置安装包括泄漏报警开关、配重、支架等,计算工程量时应按设计图示数量以"套"为计量单位。

(13)泡沫发生器、泡沫比例混合器安装,应按不同型号分别列出工程量清单项目,计算工程量时应按设计图示数量以"套"为计量单位。

(14)水、气灭火系统调试由水、气灭火管道,管件、阀门、法兰、系统组件,喷头,消火栓等组成灭火系统,计算工程量时应以"系统"为计量单位。

(15)管道地沟土、石方开挖,回填,阀门井室砌筑等均应按建筑工程工程量清单项目有关规定列出工程量清单项目,并计算工程量。

任务四　消防工程施工图预算编制实例

一、施工图样

本实例采用的施工图样是某建筑室内自动喷淋消防管道工程(详见图7.1)。

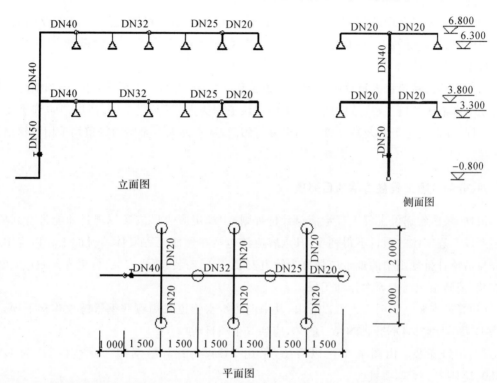

图7.1　某建筑室内自动喷淋消防管道工程平面图、立面图、侧面图

二、设计说明及相关要求

1.设计说明

(1)管材均采用镀锌钢管螺纹连接。

(2)阀门采用 Z15W－10T 型闸阀。

(3)消防自动喷头采用 ZSTX(68℃)DN15 自溶型喷头,吊顶安装。

(4)图中未标注的支管管径均为 DN20。

(5)管道支架制作安装暂按 4.55kg/m 计算。

(6)镀锌钢管表面刷红丹防锈漆两遍,红色调和漆两遍;管道支架除锈后刷红丹防锈漆两遍,红色调和漆两遍。

2.相关要求

(1)该工程为两层框架结构,工程地点位于陕西省安康市市区。

(2)本工程实行工程量计价模式招标。

（3）本工程中所采用的材料按照 2008 年第六期《陕西工程造价管理信息（材料信息价）》计取。

（4）本工程的环境保护费暂按分部分项工程费的 0.60％计取。

（5）按照相关规定编制出该工程的最高限价。

三、施工图识读

为使预算编制有序进行，不重复立项，不漏项，应在计算工程量之前，仔细阅读图纸，包括施工图说明、设备材料表、平面图、系统图以及有关的标准图和详图。在此基础上，来划分和确定工程项目。

通过识读该建筑室内自动喷淋消防管道工程施工图，由图 7.1 可以看出，该项消防工程采用自动喷淋消防管道工程，从图中可以了解到该工程为上、下两层布置，两层消防管道及喷头布置相同，在两层主干管及总立管上均设置有阀门，从室外入口至室内管道均采用镀锌钢管螺纹连接。

四、分部分项工程量清单项目列项

根据《陕西省建设工程工程量清单计价规则》中规定应为形成实体项目才能进行列项，对于不形成工程实体的项目不得列项，其内容应该包括在形成工程实体项目的工程内容中。按工程量清单计价规则中的规定应划分为管道安装、阀门安装、喷头安装、管道支架制作安装、管件安装、消防系统调整等六分部工程。

（1）管道安装。由图 7.1 可以看出，其中消防给水管道采用镀锌钢管螺纹连接 1 项，其规格为 DN20,DN25,DN32,DN40,DN50,应列 5 个项目清单。

（2）阀门安装。由图 7.1 可以看出，采用 Z15W - 10T 型闸阀 1 项，其规格为 DN40,DN50,应列 2 个清单项目。

（3）消防自动喷头安装。从图中可以看出，采用自溶型喷头 1 项，其规格为 DN15,应列 1 个清单项目。

（4）管道支架制作安装。因在管道安装分项清单中未包括，应单独列 1 个清单项目。

（5）镀锌活接头安装。因消防管道安装工程消耗量定额规定阀门安装应执行第六册《工业管道工程消耗量定额》相应项目，但因第六册《工业管道工程消耗量定额》阀门安装项目中未包括活接头，所以活接头应单独列项。从图中可以看出，镀锌活接头的规格为 DN40,DN50,应列 2 个清单项目。

（6）消防系统调整费，是指安装工程在交工验收之前对所安装的消防管道系统按照规范要求进行调整、调试所发生的费用。消防系统调整费虽不形成工程实体，但按照工程量清单计价规则规定应列 1 个清单项目。

本室内自动喷淋消防管道工程工程量清单的项目列项除以上 6 项外，对于管件安装、管道水压实验及冲洗、管道刷油等辅助项目均已包括在消防管道安装工程的工程量清单项目中，不再单列清单项目。对于管道支架的除锈、刷油等辅助项目均已包括在管道支架制作安装工程的工程清单项目中，不再单列清单项目。

五、分部分项工程量清单项目的工程量计算

1. 主要项目的工程量计算

(1)管道安装的工程量计算。

镀锌钢管 DN20:$(1.50+4.0\times3+0.50\times9)\times2=36.0$(m)

镀锌钢管 DN25:$1.50\times2=3.0$(m)

镀锌钢管 DN32:$3.0\times2=6.0$(m)

镀锌钢管 DN40:$3.0+3.0\times2=9.0$(m)

镀锌钢管 DN50:$1.0+4.60=5.60$(m)

(2)管道支架制作安装的工程量计算。

$$(36.0+3.0+6.0+9.0+5.60)\times1.50=89.40(\text{kg})$$

消防管道支架制作安装项目中已综合了支架、吊架、防晃支架的制作安装,以"kg"为单位计算。工程量计算时应以施工图纸为依据,并按照 GB50261—2017《自动喷水灭火系统施工及验收规范》中规定的管道支架最大间距计算管道支架个数,参照消防管道工程标准图集,结合施工实际需要进行计算。管道支架制作安装暂按 1.50kg/m 计算工程量。

(3)阀门安装的工程量计算。

阀门 Z15W－10 TDN40:$1+1=2$(个)

阀门 Z15W－10 TDN50:1(个)

(4)自溶型喷头安装的工程量计算:

自溶型喷头 DN15:$9\times2=18$(个)

(5)镀锌活接头安装的工程量计算:

镀锌活接头 DN40:$1+1=2$(个)

镀锌活接头 DN50:1(个)

2. 辅助项目的工程量计算

(1)管道试压及水冲洗的工程量计算:

镀锌钢管 DN20:$(1.50+4.0\times3+0.50\times9)\times2=36.0$(m)

镀锌钢管 DN25:$1.50\times2=3.0$(m)

镀锌钢管 DN32:$3.0\times2=6.0$(m)

镀锌钢管 DN40:$3.0+3.0\times2=9.0$(m)

镀锌钢管 DN50:$1.0+4.60=5.60$(m)

(2)管道及支架除锈、刷油的工程量计算。

1)镀锌钢管表面刷红丹防锈漆及红色调和漆的工程量计算:

镀锌钢管 DN20:$36.0\times8.40/100=3.02(\text{m}^2)$

镀锌钢管 DN25:$3.0\times10.52/100=0.32(\text{m}^2)$

镀锌钢管 DN32:$6\times13.27/100=0.80(\text{m}^2)$

镀锌钢管 DN40:$9.0\times15.08/100=1.36(\text{m}^2)$

镀锌钢管 DN50:$5.60\times18.85/100=1.06(\text{m}^2)$

镀锌钢管表面刷红丹防锈漆及红色调和漆的工程量:

$$3.02+0.32+0.80+1.36+1.06=6.65(\text{m}^2)$$

注:根据计算出的管道延长米,查第十四册附录二"焊接管道绝热、刷油工程量计算表"可得知每百米管道表面积。

2)管道支架除锈、刷油的工程量为

$$(36+3+6+9+5.6)\times1.5=89.40(\text{kg})$$

六、室内自动喷淋消防管道工程工程量清单的编制

1.具体形式见表7.1~表7.3。

表 7.1 封面

某建筑室内自动喷淋消防管道工程
工程量清单
编制单位:＿＿＿＿＿＿＿＿＿＿＿(签字盖章)
法定代表人:＿＿＿＿＿＿＿＿＿＿(签字盖章)
造价工程师及注册号:＿＿＿＿＿＿＿(签字及专业印章)
编制时间:＿＿＿年＿＿＿月＿＿＿日

表 7.2 填表须知

填 表 须 知

(1)工程量清单及其计价表中所有要求签字、盖章的,必须按规定签字盖章。

(2)工程量清单及其计价表中的全部内容不得随意涂改或删除。

(3)工程量计价表中列明需填报的单价和合价,计价人均应填报。未填报的单价和合价,均视为此项费用已包含在工程量清单的其他单价和合价中。

(4)造价(金额)均以人民币表示。

表 7.3 总说明

总 说 明

工程名称: 某建筑室内自动喷淋消防管道工程 第1页 共1页

1.工程概况

该建筑为二层框架结构,建筑面积3 800m²,工期要求100天,工程地点位于陕西省安康市市区,施工现场已具备安装条件,材料运输便利,道路顺畅。

2.工程发包范围

该建筑施工图中全部消防管道工程。

3.工程量清单编制依据

(1)《陕西省建设工程工程量清单计价规则》。

(2)本工程设计施工图纸文件。

(3)正常施工方法及施工组织。

(4)招标文件中的有关要求。

续　表

4.工程质量
工程质量应达到合格标准,施工材料必须全部采用合格产品,安装专业应与土建专业密切配合。
5.材料供应范围及材料价格
(1)所有材料均由施工单位采购。
(2)所有材料价格暂按 2008 年第六期《陕西工程造价管理信息(材料信息价)》计取,发生材料价差工程结算时按实调整。
6.预留金
对于本工程,考虑到设计变更及材料差价,暂按预留金额 2 500 元。
7.其他需要说明的问题
(1)本工程要求投标人严格按照《陕西省建设工程工程量清单计价规则》中规定的表格格式进行投标报价。
(2)环境保护费暂按分部分项工程费的 0.60% 计取。
(3)本工程投标人提供的投标文件一式三份,正本一份,副本两份。

2.分部分项工程量清单(见表7.4)

表 7.4　分部分项工程量清单

工程名称:某建筑室内自动喷淋消防管道工程

序 号	项目编码	项目名称	计量单位	工程数量
1	030701001001	镀锌钢管(螺纹连接)DN20	m	36.00
2	030701001002	镀锌钢管(螺纹连接)DN25	m	3.00
3	030701001003	镀锌钢管(螺纹连接)DN32	m	6.00
4	030701001004	镀锌钢管(螺纹连接)DN40	m	9.00
5	030701001005	镀锌钢管(螺纹连接)DN50	m	5.60
以上管道安装包括管道及管件安装,水压实验、冲洗,管道支架制作安装,管道表面刷红丹防锈漆及红色调和漆各两遍。				
6	030701005001	闸阀 Z15W－10T　DN40	个	2
7	030701005002	闸阀 Z15W－10T　DN50	个	1
8	030701011001	消防喷头 ZSTX(68℃)　DN15	个	18
9	030704001001	管道支架制作安装	kg	89.40
管道支架的工程包括制作及安装,手工除轻锈后刷红丹防锈漆两遍,红色调和漆两遍。				
10	030604001001	镀锌活接头安装　DN40	个	2
11	030604001002	镀锌活接头安装　DN50	个	1
12	030706002001	水灭火系统调整费	系统	1

3.措施项目清单(见表7.5)

表7.5 措施项目清单

工程名称:某建筑室内自动喷淋消防管道工程

序 号	项目名称	计量单位	工程数量
1	环境保护费	项	1
2	检验实验及放线定位费	项	1
3	临时设施费	项	1
4	冬雨季、夜间施工措施费	项	1
5	二次搬运及不利施工环境费	项	1
6	脚手架搭拆费	项	1

4.其他项目清单(见表7.6)

表7.6 其他项目清单

工程名称:某建筑室内自动喷淋消防管道工程

序 号	项目名称	计量单位	工程数量
1	预留金	项	1
2	零星工作项目费	项	1

5.零星工作项目表(见表7.7)

表7.7 零星工作项目

工程名称:某建筑室内自动喷淋消防管道工程

序 号	分类	名 称	计量单位	数量
一	可暂估工程量项目			
二	以人工、材料、机械列项	人工: 变更签证用工	工日	25
		材料:		
		1.电焊条 结422mm ϕ3.2mm	kg	25
		2.乙炔气	kg	20
		3.氧气	m³	10
		4.钢锯条	根	35
		5.砂轮片 ϕ400mm	片	4
		机械:		
		1.管子切断套丝机 ϕ159mm	台班	5
		2.直流电焊机 20kW	台班	6
		3.电焊条烘干箱 600mm×500mm×750mm	台班	8

6.室内自动喷淋消防管道工程工程量清单计价(见表7.8~表7.18)

表7.8 工程项目总造价表

工程名称:某建筑室内自动喷淋消防管道工程

序 号	单项工程名称	造价/元
1	某建筑室内自动喷淋消防管道工程	10 806.47
	合计	10 806.47
大写:壹万零捌佰零元肆角柒分		

表7.9 单项工程造价汇总表

工程名称:某建筑室内自动喷淋消防管道工程

序 号	单位工程名称	造价/元
1	某建筑室内自动喷淋消防管道工程	10 806.47
	合计	10 806.47

表7.10 单位工程造价汇总表

工程名称:某建筑室内自动喷淋消防管道工程

序 号	单位工程名称	造价/元
1	分部分项工程费	4 488.59
2	安全文明施工费	116.70
3	措施项目费	268.94
4	其他项目费	5 123.25
5	规费	456.49
6	税金	352.50
	合计	10 806.47

表7.11 分部分项工程量清单计价表

工程名称:某建筑室内自动喷淋消防管道工程

序 号	项目编码	项目名称	计量单位	工程数量	金额/元	
					综合单价	合价
1	030701001001	镀锌钢管(螺纹连接)DN20	m	36.00	27.34	984.23
2	030701001002	镀锌钢管(螺纹连接)DN25	m	3.00	32.51	97.54

续 表

序 号	项目编码	项目名称	计量单位	工程数量	金额/元	
					综合单价	合价
3	030701001003	镀锌钢管(螺纹连接)DN32	m	6.00	38.61	231.67
4	030701001004	镀锌钢管(螺纹连接)DN40	m	9.00	46.06	414.55
5	030701001005	镀锌钢管(螺纹连接)DN50	m	5.60	53.86	301.62

以上管道安装包括管道及管件安装,水压实验、冲洗,管道支架制作安装,管道表面刷红丹防锈漆及红色调和漆各两遍。

6	030701005001	闸阀 Z15W-10T DN40	个	2	62.25	124.49
7	030701005002	闸阀 Z15W-10T DN50	个	1	82.73	82.73
8	030701011001	消防喷头 ZSTX(68℃)DN15	个	18	27.80	500.38
9	030704001001	管道支架制作安装	kg	89.40	17.11	1 529.58

管道支架的工程包括制作及安装,手工除轻锈后刷红丹防锈漆两遍,红色调和漆两遍。

10	030604001001	镀锌活接头安装 DN40	个	2	27.45	54.9
11	030604001002	镀锌活接头安装 DN50	个	1	35.72	35.72
12	030706002001	水灭火系统调整费	系统	1	131.18	131.18
合计						4 488.59

表 7.12 措施项目清单计价表

工程名称:某建筑室内自动喷淋消防管道工程

序 号	项目名称	计量单位	工程数量	金额/元	
				综合单价	合价
1	环境保护费	项	1	26.93	26.93
2	检验实验及放线定位费	项	1	20.19	20.19
3	临时设施费	项	1	80.20	80.20
4	冬雨季、夜间施工措施费	项	1	45.82	45.82
5	二次搬运及不利环境费	项	1	22.86	22.86
6	脚手架搭拆费	项	1	72.94	72.94
合计					268.94

表 7.13　其他项目清单计价表

工程名称:某建筑室内自动喷淋消防管道工程

序 号	项目名称	计量单位	工程数量	金额/元	
				综合单价	合价
1	预留金	项	1	2 500.00	2 500.00
2	零星工作项目费	项	1	2 623.25	2 623.25
	合计				5 123.25

表 7.14　零星工作项目费

工程名称:某建筑室内自动喷淋消防管道工程

序 号	分类	名 称	计量单位	数量	金额/元	
					综合单价	合价
一	可暂估工程量项目					
二	以人工、材料、机械列项	人工: 变更签证用工	工日	25	42.88	1 072.00
		材料: 1.电焊条结 422mm φ3.2mm 2.乙炔气 3.氧气 4.钢锯条 5.砂轮片 φ400 mm	kg kg m³ 根 片	15 20 10 35 4	6.67 24.00 5.00 0.62 25.80	100.05 480.00 50.00 21.70 103.20
		机械: 1.管子切断套丝 φ159mm 2.直流电焊机 20kW 3.电焊条烘干箱 600mm×500mm×750mm	台班 台班 台班	5 6 8	17.40 90.79 20.57	87.00 544.74 164.56
	合计					2 623.25

表 7.15　主要材料价格表

工程名称:某建筑室内自动喷淋消防管道工程

序 号	材料编码	材料名称	规格型号	单位	单价/元	备注
1		镀锌钢管	DN20	t	5 970.00	
2		镀锌钢管	DN25	t	5 900.00	

续　表

序号	材料编码	材料名称	规格型号	单位	单价/元	备注
3		镀锌钢管	DN32	t	5 800.00	
4		镀锌钢管	DN40	t	5 500.00	
5		镀锌钢管	DN50	t	5 500.00	
6		闸阀 Z15W-10T	DN40	个	32.79	
7		闸阀 Z15W-10T	DN50	个	48.75	
8		消防喷头 ZSTX(68℃)	DN15	个	14.00	
9		支架型钢		kg	4.55	
10		镀锌活接头	DN40	个	15.00	
11		镀锌活接头	DN50	个	20.00	

表 7.16　镀锌钢管主材单价换算表

序号	材料名称及规格	理论重量/(kg·m⁻¹)	信息价/(元·t⁻¹)	主材单价/(元·m⁻¹)
1	镀锌钢管 DN20	1.73	5 970.00	10.33
2	镀锌钢管 DN25	2.57	5 900.00	15.16
3	镀锌钢管 DN32	3.32	5 800.00	19.26
4	镀锌钢管 DN40	4.07	5 500.00	22.39
5	镀锌钢管 DN50	5.17	5 500.00	28.44

表 7.17-1　分部分项工程量清单综合单价计算表　第 1 页　共 12 页

工程名称:某建筑室内自动喷淋消防工程　　　　计量单位:m

项目编码:030701001001　　　　工程数量:36.00

项目名称:镀锌钢管(螺纹连接)DN20　　　　综合单价:27.34 元/m

序号	定额编号	项目名称	单位	数量	人工费	材料费	机械费	管理费	利润	风险	小计
1	7-1	镀锌钢管(螺纹连接)DN20	m	36.00	168.59	87.16	14.69				
2		镀锌钢管 DN20	m	36.72		379.32					
3	6-2468	管道水压实验	m	36.00	42.89	16.02	5.53				
4	7-66	管道水冲洗	m	36.00	23.44	32.05	4.01				

续　表

序号	定额编号	项目名称	单位	数量	金额/元						
					人工费	材料费	机械费	管理费	利润	风险	小计
5	14-51	管道刷红丹漆防轻锈第一遍	m²	3.02	2.10	5.88					
6	14-52	管道刷红丹漆防轻锈第二遍	m²	3.02	2.10	5.20					
7	14-60	管道刷红色调和漆第一遍	m²	3.02	2.17	4.49					
8	14-61	管道刷红色调和漆第二遍	m²	3.02	2.10	3.99					
		主体结构系数			12.17						
		合计			255.56	534.11	24.23	82.03	88.30		984.23

表 7.17-2　分部分项工程量清单综合单价计算表　第 2 页　共 12 页

工程名称:某建筑室内自动喷淋消防工程　　　　　　　　计量单位:m

项目编码:030701001002　　　　　　　　　　　　　　工程数量:3.00

项目名称:镀锌钢管(螺纹连接)DN25　　　　　　　　　综合单价:32.51 元/m

序号	定额编号	项目名称	单位	数量	金额/元						
					人工费	材料费	机械费	管理费	利润	风险	小计
1	7-1	镀锌钢管(螺纹连接)DN25	m	3.00	14.05	7.26	1.22				
2		镀锌钢管 DN25	m	3.06		46.39					
3	6-2468	管道水压实验	m	3.00	3.57	1.34	0.46				
4	7-66	管道水冲洗	m	3.00	1.95	2.67	0.33				
5	14-51	管道刷红丹漆防轻锈第一遍	m²	0.32	0.22	0.62					
6	14-52	管道刷红丹漆防轻锈第二遍	m²	0.32	0.22	0.55					
7	14-60	管道刷红色调和漆第一遍	m²	0.32	0.23	0.48					

续　表

序号	定额编号	项目名称	单位	数量	金额/元						
					人工费	材料费	机械费	管理费	利润	风险	小计
8	14-61	管道刷红色调和漆第二遍	m²	0.32	0.22	0.42					
		主体结构系数		1.02							
		合计			21.48	59.73	2.01	6.90	7.42		97.54

表 7.17－3　分部分项工程量清单综合单价计算表　第 3 页　共 12 页

工程名称:某建筑室内自动喷淋消防工程　　　　　　　　计量单位:m

项目编码:030701001003　　　　　　　　　　　　　　工程数量:6.00

项目名称:镀锌钢管(螺纹连接)DN32　　　　　　　　　综合单价:38.61 元/m

序号	定额编号	项目名称	单位	数量	金额/元						
					人工费	材料费	机械费	管理费	利润	风险	小计
1	7-2	镀锌钢管(螺纹连接)DN32	m	6.00	29.18	21.05	3.59				
2		镀锌钢管 DN32	m	6.12		117.87					
3	6-2468	管道水压实验	m	6.00	7.15	2.67	0.92				
4	7-66	管道水冲洗	m	6.00	3.91	5.34	0.67				
5	14-51	管道刷红丹漆防轻锈第一遍	m²	0.80	0.56	1.56					
6	14-52	管道刷红丹漆防轻锈第二遍	m²	0.80	0.56	1.38					
7	14-60	管道刷红色调和漆第一遍	m²	0.80	0.58	1.19					
8	14-61	管道刷红色调和漆第二遍	m²	0.80	0.56	1.06					
		主体结构系数		2.13							
		合计			44.63	152.12	5.18	14.32	15.42		231.67

表 7.17-4　分部分项工程量清单综合单价计算表　第4页　共12页

工程名称:某建筑室内自动喷淋消防工程　　　　　　　　　计量单位:m

项目编码:030701001004　　　　　　　　　　　　　　　工程数量:9.00

项目名称:镀锌钢管(螺纹连接)DN40　　　　　　　　　　综合单价:46.06元/m

序号	定额编号	项目名称	单位	数量	金额/元						
					人工费	材料费	机械费	管理费	利润	风险	小计
1	7-3	镀锌钢管(螺纹连接)DN40	m	9.00	49.79	57.74	8.26				
2		镀锌钢管 DN40	m	9.18		202.54					
3	6-2468	管道水压实验	m	9.00	10.72	4.01	1.38				
4	7-66	管道水冲洗	m	9.00	5.86	8.01	1.00				
5	14-51	管道刷红丹漆防轻锈第一遍	m²	1.36	0.95	2.65					
6	14-52	管道刷红丹漆防轻锈第二遍	m²	1.36	0.95	2.34					
7	14-60	管道刷红色调和漆第一遍	m²	1.36	0.98	2.02					
8	14-61	管道刷红色调和漆第二遍	m²	1.36	0.95	1.80					
		主体结构系数			3.51						
		合计			73.71	281.11	10.64	23.66	25.43		414.55

表 7.17-5　分部分项工程量清单综合单价计算表　第5页　共12页

工程名称:某建筑室内自动喷淋消防工程　　　　　　　　　计量单位:m

项目编码:030701001005　　　　　　　　　　　　　　　工程数量:5.60

项目名称:镀锌钢管(螺纹连接)DN50　　　　　　　　　　综合单价:53.86元/m

序号	定额编号	项目名称	单位	数量	金额/元						
					人工费	材料费	机械费	管理费	利润	风险	小计
1	7-4	镀锌钢管(螺纹连接)DN50	m	5.60	32.28	39.13	4.51				
2		镀锌钢管 DN50	m	5.71		162.39					
3	6-2468	管道水压实验	m	5.60	6.67	2.49	0.86				
4	7-66	管道水冲洗	m	5.60	3.65	4.99	0.62				

续　表

序号	定额编号	项目名称	单位	数量	金额/元						
					人工费	材料费	机械费	管理费	利润	风险	小计
5	14-51	管道刷红丹漆防轻锈第一遍	m²	1.06	0.74	2.06					
6	14-52	管道刷红丹漆防轻锈第二遍	m²	1.06	0.74	1.83					
7	14-60	管道刷红色调和漆第一遍	m²	1.06	0.74	1.58					
8	14-61	管道刷红色调和漆第二遍	m²	1.06	0.74	1.40					
		主体结构系数			2.28						
		合计			47.86	215.87	5.99	15.36	16.54		301.62

表7.17-6　分部分项工程量清单综合单价计算表　第6页　共12页

工程名称:某建筑室内自动喷淋消防工程　　　　计量单位:个

项目编码:030701005001　　　　工程数量:2.0

项目名称:闸阀 Z15-10T DN40　　　　综合单价:62.25 元/个

序号	定额编号	项目名称	单位	数量	金额/元						
					人工费	材料费	机械费	管理费	利润	风险	小计
1	6-1292	闸阀安装 DN40	个	2.00	19.40	15.38	8.92				
2		闸阀 Z15-10T DN40	个	2.02		66.24					
		主体结构系数			0.97						
		合计			20.37	81.62	8.92	6.54	7.04		124.49

表7.17-7　分部分项工程量清单综合单价计算表　第7页　共12页

工程名称:某建筑室内自动喷淋消防工程　　　　计量单位:个

项目编码:030701005002　　　　工程数量:100

项目名称:闸阀 Z15-10T DN50　　　　综合单价:92.07 元/个

序号	定额编号	项目名称	单位	数量	金额/元						
					人工费	材料费	机械费	管理费	利润	风险	小计
1	6-1293	闸阀安装 DN50	个	1.00	11.50	8.85	4.51				

续 表

序号	定额编号	项目名称	单位	数量	金额/元						
					人工费	材料费	机械费	管理费	利润	风险	小计
2		闸阀 Z15－10T DN50	个	1.01		49.24					
		主体结构系数			0.58						
		合计			12.08	58.09	4.51	3.88	4.17		82.73

表 7.17－8　分部分项工程量清单综合单价计算表　第 8 页　共 12 页

工程名称:某建筑室内自动喷淋消防工程　　　　　　　　计量单位:个

项目编码:030701011001　　　　　　　　　　　　　　工程数量:18.00

项目名称:消防喷头 ZSTX(68℃) DN15　　　　　　　综合单价:40.42 元/个

序号	定额编号	项目名称	单位	数量	金额/元						
					人工费	材料费	机械费	管理费	利润	风险	小计
1	7－11	消防喷头（有吊顶）安装	个	18.00	89.86	75.73	12.89				
2		消防喷头 ZSTX(68℃)DN15	个	18.18		254.52					
		主体结构系数			4.49						
		合计			94.35	330.25	12.89	30.29	32.60		500.38

表 7.17－9　分部分项工程量清单综合单价计算表　第 9 页　共 12 页

工程名称:某建筑室内自动喷淋消防工程　　　　　　　　计量单位:kg

项目编码:030704001001　　　　　　　　　　　　　　工程数量:89.40

项目名称:管道支架制作安装　　　　　　　　　　　　综合单价:17.11 元/kg

序号	定额编号	项目名称	单位	数量	金额/元						
					人工费	材料费	机械费	管理费	利润	风险	小计
1	7－65	管道支架制作安装	kg	89.40	233.24	218.19	340.66				
2		支架型钢	kg	94.76		431.16					
3	14－7	管道支架手工除轻锈	kg	89.40	7.82	2.47	6.87				
4	14－113	支架刷红丹防锈漆第一遍	kg	89.40	5.29	13.75	6.87				
5	14－114	支架刷红丹防锈漆第二遍	kg	89.40	5.06	11.32	6.87				

续　表

序号	定额编号	项目名称	单位	数量	金额/元						
					人工费	材料费	机械费	管理费	利润	风险	小计
6	14-122	支架刷红色调和漆第一遍	kg	89.40	5.06	10.15	6.87				
7	14-123	支架刷红色调和漆第二遍	kg	89.40	5.06	8.89	6.87				
		主体结构系数			13.08						
		合计			274.61	696.93	375.01	88.15	94.88		1529.58

表 7.17-10　分部分项工程量清单综合单价计算表　第 10 页　共 12 页

工程名称：某建筑室内自动喷淋消防工程　　　　　　　　　计量单位：个

项目编码：03060400100　　　　　　　　　　　　　　　　工程数量：2.00

项目名称：镀锌活接头安装 DN40　　　　　　　　　　　　综合单价：14.93 元/个

序号	定额编号	项目名称	单位	数量	金额/元						
					人工费	材料费	机械费	管理费	利润	风险	小计
1	6-1292	镀锌活接头安装 DN40	个	2.00	11.90	3.26	0.51				
2		镀锌活接头 DN40	个	2.02		30.3					
		主体结构系数			0.60						
		合计			12.50	33.56	0.51	4.01	4.32		54.9

表 7.17-11　分部分项工程量清单综合单价计算表　第 11 页　共 12 页

工程名称：某建筑室内自动喷淋消防工程　　　　　　　　　计量单位：个

项目编码：030604001002　　　　　　　　　　　　　　　　工程数量：1.00

项目名称：镀锌活接头安装 DN50　　　　　　　　　　　　综合单价：18.65 元/个

序号	定额编号	项目名称	单位	数量	金额/元						
					人工费	材料费	机械费	管理费	利润	风险	小计
1	6-1292	镀锌活接头安装 DN50	个	1.00	7.51	2.07					
2		镀锌活接头 DN50	个	1.01		20.2					
		主体结构系数			0.38						
		合计			7.89	22.27	0.31	2.53	2.72		35.72

表 7.17－12 分部分项工程量清单综合单价计算表 第 12 页 共 12 页

工程名称:某建筑室内自动喷淋消防工程　　　　　　　　　　计量单位:个

项目编码:030706001001　　　　　　　　　　　　　　　　工程数量:1.00

项目名称:水灭火系统调整　　　　　　　　　　　　　　　综合单价:131.18 元/系统

序号	定额编号	项目名称	单位	数量	金额/元						
					人工费	材料费	机械费	管理费	利润	风险	小计
1		水灭火系统调整费	系统	1.00	28.11	28.11	56.23				
		合计			28.11	28.11	56.23	9.02	9.71		131.18

表 7.18 分部分项工程量清单综合单价计算汇总表

工程名称:某建筑室内采暖工程

序号	项目编码	项目名称	计量单位	数量	金额/元						
					人工费	材料费	机械费	管理费	利润	风险	小计
1	030701001001	镀锌钢管 (螺纹连接)DN20	m	36.00	255.56	534.11	24.23	82.03	88.3		984.23
2	030701001002	镀锌钢管 (螺纹连接)DN25	m	3.00	21.48	59.73	2.01	6.9	7.42		97.54
3	030701001003	镀锌钢管 (螺纹连接)DN32	m	6.00	44.63	152.12	5.18	14.32	15.42		231.67
4	030701001004	镀锌钢管 (螺纹连接)DN40	m	9.00	73.71	281.11	10.64	23.66	25.43		414.55
5	030701001005	镀锌钢管 (螺纹连接)DN50	m	5.60	47.86	215.87	5.99	15.36	16.54		301.62
6	030701005001	闸阀 Z15W－10T DN40	个	2	274.61	696.93	375.01	88.15	94.88		124.49
7	030701005002	闸阀 Z15W－10T DN50	个	1	20.37	81.62	8.92	6.54	7.04		82.73
8	030701011001	消防喷头 ZSTX(68℃)DN15	个	18	12.08	58.09	4.51	3.88	4.17		500.38
9	030704001001	管道支架 制作安装	kg	89.40	94.35	330.25	12.89	30.29	32.6		1 529.58

续　表

序号	项目编码	项目名称	计量单位	数量	金额/元						
					人工费	材料费	机械费	管理费	利润	风险	小计
10	030604001001	镀锌活接头安装 DN40	个	2	12.5	33.56	0.51	4.01	4.32		54.9
11	030604001002	镀锌活接头安装 DN50	个	1	7.89	22.27	0.31	2.53	2.72		35.72
12	030706002001	水灭火系统调整	系统	1	28.11	28.11	56.23	9.02	9.71		131.18
		合计			893.15	2 493.77	506.43	286.69	308.55		4 488.59

七、措施项目清单费用的计算

1. 环境保护费

编制建设工程的最高限价时,应按当地环保部门规定费率计取,对本工程规定费率为分部分项工程费的 0.06%。编制投标报价时,应参考当地环保部门规定费率,由企业自主报价。

计取方法为

$$分部分项工程费 \times 规定费率$$

即 　　　　　　　　$4\,488.59 \times 0.06\% = 26.93(元)$

2. 检验实验及放线定位费

编制建设工程的最高限价时,应按规定费率计取,规定费率为人工费的 2.26%。编制投标报价时,应参考规定费率,由企业自主报价。

计取方法为

$$人工费 \times 规定费率$$

即 　　　　　　　　$893.15 \times 2.26\% = 20.19(元)$

3. 临时设施费

编制建设工程的最高限价时,应按规定费率计取,规定费率为人工费的 8.98%。编制投标报价时,应参考规定费率,由企业自主报价。

计取方法为

$$人工费 \times 规定费率$$

即 　　　　　　　　$893.15 \times 8.98\% = 80.20(元)$

4. 冬雨季、夜间施工增加费

编制建设工程的最高限价时,应按规定费率计取,规定费率为人工费的 5.13%。编制投标报价时,应参考规定费率,由企业自主报价。

计取方法为

$$人工费 \times 规定费率$$

即
$$893.15 \times 5.13\% = 45.85(元)$$

5. 二次搬运及不利环境费

编制建设工程的最高限价时,应按规定费率计取,规定费率为人工费的 2.56%。编制投标报价时,应参考规定费率,由企业自主报价。

计取方法为

$$人工费 \times 规定费率$$

即
$$893.15 \times 2.56\% = 22.86(元)$$

6. 脚手架搭拆费

编制建设工程的最高限价时,应按陕西省安装工程消耗量定额第八册《自动喷淋消防管道、采暖、燃气工程》中的规定:自动喷淋消防管道工程按人工费的 7% 计取。其中人工费占 25%,材料费占 65%,机械费占 10%。编制投标报价时,应参考消耗量定额规定费率,由企业自主报价。

计取方法为

$$人工费 + 材料费 + 机械费 + 管理费 + 利润 + 风险$$

具体结果见表 7.19。

表 7.19 脚手架搭拆费计算表

序号	项目名称	计量单位	数量	金额/元						
				人工费	材料费	机械费	管理费	利润	风险	合计
1	脚手架搭拆费	项	1	15.63	40.64	6.25	5.02	5.40		72.94

八、其他项目清单费用的计算

1. 预留金

本工程中规定预留金按 2 500 元计取。

2. 零星工作项目费

(1)零星工作项目费中的人工费。其中人工单价应体现为综合单价,编制建设工程的最高限价时,应按规定的人工单价 25.73 元/工日,加管理费及利润后组成综合单价。编制投标报价时,应参考以上规定,由企业自主报价。

人工工日综合单价的计取方法为

$$人工工日单价 + 管理费 + 利润$$

即
$$25.73 + 25.73 \times 32.10\% + 25.73 \times 34.55\% = 42.88(元)$$

人工费用的计算方法为

$$人工工日数量 \times 人工工日综合单价$$

即 $25 \times 42.88 = 1\,072.00$(元)

(2)零星工作项目费中的材料费。编制建设工程的最高限价时,应按《陕西省安装工程价目表》配套的材机库中规定的材料单价乘以暂定材料数量计算。编制投标报价时,应参考以上规定,由企业自主报价。

材料费用的计算方法为

$$\sum(\text{各项材料用量} \times \text{相应材料单价})$$

即 $15 \times 6.67 + 20 \times 24.00 + 10 \times 5.00 + 35 \times 0.620 + 4 \times 25.80 = 754.95$(元)

(3)零星工作项目费中的机械费。编制建设工程的最高限价时,应按《陕西省安装工程价目表》配套的材机库中规定的机械台班单价乘以暂定机械台班数量计算。编制投标报价时,应参考以上规定,由企业自主报价。

机械费用的计算方法为

$$\sum(\text{各项机械台班数量} \times \text{相应机械台班单价})$$

即 $5 \times 17.40 + 6 \times 90.79 + 8 \times 20.57 = 796.30$(元)

(4)零星工作项目费。零星工作项目费为

人工费＋材料费＋机械费

即 $1\,072.00 + 754.95 + 796.30 = 2\,623.25$(元)

九、规费、税金、安全文明施工费及单位工程造价的计算

1. 规费

规费的内容包括劳动统筹基金、职工失业保险、职工医疗保险、工伤及意外伤害保险、残疾人就业保险、工程定额测定费 6 项不可竞争费用。工程地点在西安市其费率为 4.60%,工程地点在西安市外的,其费率为 4.62%。

规费的计算方法为

(分部分项工程费＋措施项目费＋其他项目费)×规费费率

即 $(4\,488.59 + 268.94 + 5\,123.25) \times 4.62\% = 456.49$(元)

2. 税金

是指国家税法规定的应计入工程造价的营业税、城市维护建设税及教育费附加。按纳税地点不同,分别选择不同的税率。地点在市区:3.41%;地点在县城、镇:3.55%;地点不在市区、县城、镇:3.22%。

税金的计算方法为

(分部分项工程费＋措施项目费＋其他项目费＋规费)×税率

即 $(4\,488.59 + 268.94 + 5\,123.25 + 456.49) \times 3.41\% = 352.50$(元)

3. 安全文明施工费

安全文明施工费的费率为不可竞争费率,规定费率为分部分项工程费的 2.60%。

计取方法为

分部分项工程费 × 规定费率

即　　　　　　　　$4\ 389.59 \times 2.60\% = 116.70$(元)

4. 单位工程造价计算

单位工程造价是单项工程的组成部分。单位工程是指由独立施工条件及单独作为计算成本的对象,但建成后不能独立进行生产或发挥效益的工程。

单位工程造价计算方法为

分部分项工程费 + 措施项目费 + 其他项目费 + 规费 + 安全文明施工费 + 税金

即　　　　　　　　$4\ 488.59 + 268.94 + 5\ 123.25 + 456.49 + 116.70 + 352.50$

$= 10\ 806.47$(元)

思考与练习

1. 简述消防工程工程量计算原则。

2. 简述消防气体灭火系统工程量计算规则。

3. 按分部分项工程量清单项目表 C7 规定,室内消防管道安装工程分部分项工程量清单项目可划分为哪些项目?

4. 识读某办公楼消防系统施工图,编制该工程的消防管道工程量清单。

项目八　工业管道工程计量与计价

知识目标

通过本项目的学习,了解工业管道的定义和分类,工业管道的常用工程材料;熟悉工业管道工程量计算规则;掌握工业管道工程量计算方法。

能力目标

能够熟练应用《计价规范》编制工业管道工程工程量清单,并且根据清单进行计价。

任务一　工业管道

一、工业管道概念及其分类

1.工业管道的概念

在工业生产过程中,按产品生产工艺流程的要求,用管道把生产设备连接成完整生产系统,这些管道是生产过程不可分割的组成部分,是设备之间连接的命脉,故称为工业管道。这种管道种类较多,如氧气、乙炔、煤气、氢气、氮气、压缩气、燃料油等介质管道。工业管道又可细分为工艺管道和动力管道两种。工艺管道一般指直接为产品生产输送主要物料(介质)的管道,又称为物料管道;动力管道是指为生产设备输送动力煤质的管道。

工业管道包括厂区范围内的车间、装置、站、罐区及其相互之间各种生产用介质管道和厂区第一个连接点以内生产、生活共用的输送给水、排水、蒸汽、燃气管道。

工业管道界限的划分或以设备、罐类外部法兰为界,或以建筑物、构筑物墙皮为界。

2.工业管道分类

(1)按介质压力分类。

低压管道:$0<p\leqslant1.6\text{MPa}$。

中压管道:$1.6\text{MPa}<p\leqslant10\text{MPa}$。

高压管道:$10\text{MPa}<p\leqslant42\text{MPa}$;或蒸汽管道:$p\geqslant9\text{MPa}$,工作温度$\geqslant500℃$。

(2)按介质的温度分类。

介质温度$\leqslant-40℃$时,称为低温管道。

$-40℃<$介质温度$\leqslant120℃$,称为常温管道。

120℃＜介质温度≤450℃,称为中温管道。

介质温度＞450℃时,称为高温管道。

(3)按介质毒性与易燃程度分类。

A类管道:输送剧毒介质的管道,高压管道。

B类管道:1.6MPa＜p≤10MPa,输送无毒或易燃介质管道;

动力蒸汽系统管道。

C类管道:p＜1.6MPa,输送有毒介质或易燃介质管道;p＜1.6MPa,且设计温度低于－29℃或高于186℃,输送无毒或非易燃介质管道;1.6MPa≤p＜10MPa,输送无毒或非易燃介质管道。

D类管道:p＜1.6MPa,设计温度低于－29℃,输送无毒或非易燃介质管道。

(4)按介质性质分类。

汽、水介质管道:输送介质为过热水蒸气、饱和水蒸气和冷水、热水,应根据工作压力和温度进行选材,保证管道具有足够的机械强度、耐热和稳定性。

腐蚀性介质管道:输送介质为硫酸、硝酸、盐酸、磷酸、苛性碱、氯化物、硫化物等,所用管材必须具有耐腐蚀的化学稳定性。

化学危险品介质管道:输送介质为毒性介质(氯、氰化钾、氨、沥青、煤焦油等)、可燃与易燃、易爆介质(油品、油气、水煤气、氢气、乙炔、乙烯、丙烯、甲醇、乙醇等)以及窒息性、刺激性、腐蚀性、易挥发性介质等,输送这类介质的管道,除必须保证足够的机械强度外,还应满足以下要求:密封性好、安全性高、放空与排泄快。

易凝固、易沉淀介质管道:输送介质为重油、沥青、苯、尿素溶液。对输送这类介质的管道,应采取以下的特殊措施:采取管外保温和另外加装伴热管的办法,来保持介质温度。此外还应采取蒸汽吹洗的办法,进行扫线。

粉粒介质管道:输送介质为一些固体物料、粉粒介质,应选用合适的输送速度,管道的受阻部件和转弯处,应做成便于介质流到的形状,并适当加厚管壁或敷设耐磨材料。

二、工业管道的管材

1.金属管材

(1)无缝钢管。一般无缝钢管,主要适用于高供热系统和高层建筑的冷热水管和蒸汽管道以及各种机械零件的坯料,一般在0.6MPa气压以上的管路都应采用无缝钢管。锅炉及过热器用无缝钢管。

(2)焊接钢管。直缝电焊钢管,主要用于水、煤气等低压流体和制作结构零件等;螺旋缝钢管,按生产方法可以分为单面螺旋焊管和双面螺旋缝焊管两种。单面螺旋缝焊管用于输送水等一般用途,双面螺旋焊管用于输送石油和天然气等特殊用途。

(3)合金钢管。合金钢管用于各种加热炉工程、锅炉耐热管道及过热管道等,具有高强度性,在同等条件下采用合金钢管可达到节省钢材的目的。但合金钢管的焊接都有特殊的工艺要求,焊后要对焊口部位采取热处理。

(4)铸铁管。铸铁管分给水铸铁管和排水铸铁管两种,连接形式分为承插式和法兰式两种,多用的形式是承插式。

(5)有色金属管。

1）铅及铅合金管：在化工、医药等方面使用较多，其耐蚀性能强，用于输送 15％～65％的硫酸、二氧化硫、60％氢氟酸、浓度小于 80％的醋酸，但不能输送硝酸、次氯酸、高锰酸钾及盐酸，是金属管材中最重的一种。

2）铜及铜合金管：铜管分为紫铜管和黄铜管两种，适用温度在 250℃以下，多用于制造换热器、压缩机输油管、低温管道、自控仪表以及保温伴热管、氧气管道和建筑给水管道等。

3）铝及铝合金管：多用于耐腐蚀性介质管道、食品卫生管道及有特殊要求的管道。

4）钛及钛合金管：钛管具有重量轻、强度高、耐腐蚀性强和耐低温等特点，常用于其他管材无法胜任的工艺部位，但因价格高昂、焊接难度大，所以还没有广泛被采用。

2.非金属管材

（1）混凝土管，有预应力钢筋混凝土管和自应力钢筋混凝土管两种，主要用于输水管道，管道连接采取承插接口，用圆形橡圈密封。

（2）陶瓷管，分普通陶瓷管和耐酸陶瓷管两种，一般都是承插接口，普通陶瓷管口多用于室处排水管道，耐酸陶瓷管用于化工和石油工业输送酸性介质的工艺管道。

（3）玻璃管，具有表面光滑、不易挂料、液体时阻力小、耐磨且价低，并具有保持产品高纯度和便于观察生产过程等特点，用于输送除氢氟酸、氟硅酸、热磷酸和热浓碱以外的一切腐蚀性介质和有机溶剂。

（4）石墨管，主要用于高温耐腐蚀生产环境中石墨加热器所需管材。

（5）橡胶管，具有较好的物理机械性能和耐腐蚀性能，根据用途不同可分为输水胶管、耐热胶管、耐酸碱胶管、耐油胶管和专用胶管。

（6）塑料管，常用的塑料管有硬聚氯乙烯（PVC）管、聚乙烯（PE）管（无毒、重量轻，可用于饮用水管等）、聚丙烯（PP）管和耐酸酚醛塑料管等，具有重量轻、耐腐蚀、加工容易和施工方便等特点。

3.复合管材

复合管材主要有玻璃钢管（FRP 管）、铝塑复合管（PAP 管）、钢塑复合管（SP 管）。

任务二　工业管道工程量计算规则

一、管道安装

（1）各种管道安装应根据管道不同的压力、材质与焊接形式，按设计管道中心长度，以"10m"为计算单位。管道安装工程量均按设计管道中心线长度以"延长米"计算，不扣除阀门及各种管件所占长度，管路附件所占长度。主材按定额用量计算。

（2）衬里钢管预制安装，管件按成品，弯头两端按接短管焊法兰考虑，定额中包括了直管、管件、法兰安装全部与拆除工作内容（二次安装、一次拆除），以"10m"为计算单位。

说明如下：

（1）有缝钢管螺纹连接项目中已包括封头、补芯的安装内容，不得另行计算。

（2）加热套管安装按内、外管分别计算工程量，执行相应的定额项目。

（3）伴热管项目已包括煨弯工序内容，不得另行计算。

(4)螺旋卷管安装执行钢板卷管的相应定额。

二、管件安装

(1)各种管件连接均按压力等级、材质、焊接形式,不分种类,以"10个"为计量单位。

(2)管件连接定额中已综合考虑了弯头、三通、异经管、官帽、管接头等管口含量差异,应按设计图纸的用量不分种类执行同一定额。

(3)在主管上挖眼接管三通、摔制异径管,均应按不同压力、材质、规格以主管径执行管件连接相应定额,不另计制造费和主材费。

(4)挖眼接管三通支线管径小于主管径1/2时,不计算管件工程量;在主管上挖眼焊接管接头、凸台等配件,按配件管径计算管件工程量。

(5)管件用法兰连接时执行法兰连接相应定额,管件本身安装不再计算安装费。

(6)全加热套管的外套管件安装,定额以碳钢两半(半成品)管件为准。两半封闭短管可执行两半弯头项目。

(7)具体说明如下:

1)在管道上安装的仪表部件,由管道安装专业负责,并计算安装费。

2)在管道上安装的仪表一次部件,执行本章管件连接相应定额乘以系数0.7。

3)仪表的温度计扩大管制造安装,执行本章管件连接定额乘以系数1.5,工程量按大口径计算。

三、阀门安装

各种阀门按不同压力、连接形式,不分种类以"个"为计量单位。

(1)各种法兰阀门与配套法兰的安装,应分别计算其工程量;螺栓与透镜垫的安装费已包括在定额内,其本身价值另计;螺栓的规格数量如设计未作规定时,可根据法兰阀门的压力和法兰密封形式,按本定额附录的"法兰螺栓重量表"计算。(螺栓1.03损耗量已包括在重量表内。)

(2)减压阀定额的套用,直径按高压侧计算。

(3)高压对焊阀门按碳钢焊接考虑,如果设计要求其他材质,其电焊条价格可以换算。本项目不包括壳体压力实验、解体研磨工序内容,发生时应另行计算。

(4)低、中压法兰阀门安装,定额内阀门垫片材质与实际不符时,可按实际调整。

(5)阀门壳体液压实验介质是按普通水考虑的,如设计要求用其他介质实验时可以调整。

(6)阀门安装综合考虑了壳体压力实验(包括强度实验和严密性实验)、解体研磨工序内容,执行定额时不得因现场具体情况而调整。

(7)阀门安装不包括有特殊要求的工作内容,如阀体磁粉探伤、密封做气密性实验、阀杆密封填料的更换。

(8)安装在管道上的仪表流量计、执行阀门的安装执行阀门安装相应项目乘以系数0.7。

(9)高中压螺纹阀门安装执行低压相应定额,人工乘以系数1.2。

(10)电动阀门安装已包括电动机安装,电动机接线检查与调试应另行计算。调节阀安装定额仅包括安装工序内容,配合安装工作由仪表专业考虑。

四、法兰安装

低、中、高压管道、管路附件上的各种法兰安装,应按不同压力、材质、规格和种类,分别以"付"为计量单位。压力等级按图纸执行相应定额。

(1)中低压法兰安装,垫片是按石棉橡胶板考虑的,其本身价格已计入基价,如设计有特殊要求,可进行调整。

(2)法兰安装不包括安装后的系统调试中的冷、热紧固内容,发生时可另行计算。

(3)高压对焊法兰,依据规范要求定额中包括了密封面涂机油内容,但不包括螺栓涂二硫化钼、石墨机油或石墨粉、硬度实验,发生时应按设计要求另行计算。

(4)高压碳钢螺纹法兰安装包括了螺栓涂二硫化钼工作内容。

(5)中压螺纹连接法兰安装,按低压螺纹法兰项目乘以系数1.2计算。

(6)用法兰连接的管道安装,管道与法兰分别计算工程量,并分别套用相应定额。

(7)在管道上安装的节流装置,执行法兰安装相应项目,基价乘以系数0.8,包括短管安拆内容。

(8)配法兰的盲板只计主材费,安装费已包括在单片法兰安装费用中。

(9)焊接盲板(封头)执行管件连接相应项目乘以系数0.6。

(10)中压平焊法兰执行低压平焊法兰项目乘以系数1.2。

需要说明的几个问题如下:

(1)法兰以"片"为单位计算时,套用法兰安装定额乘以系数0.61,螺栓数量不变。

(2)各种法兰安装,定额只包括一个垫片和一副法兰用的螺栓的安装费。

(3)全加热套管法兰安装,按内套管法兰管径套用相应定额乘以系数2.0计算。

(4)高压法兰安装项目透镜垫应计主材费,安装费用已计入基价。

五、板卷管与管件制作

(1)板卷管制作按不同材质、规格以"吨"为计量单位,主材用量包括规定的损耗量。

(2)板卷管件制作按不同的材质、规格、种类以"吨"为计量单位,主材用量包括规定的损耗量。

(3)成品管材制作管件按不同材质、规格、种类以"个"为计量单位,主材用量螺旋卷管虾体弯制作包括规定的损耗量(螺旋管),碳钢管虾体弯制作无主材。

(4)三通不分同径或异径,均按主管径计算,异径管不分同心或偏心,均按大管径计算。

(5)各种板卷管和板卷管件制作,其焊缝已按透油试漏考虑,但不包括单体压力实验和无损探伤。

(6)各种板卷管和板卷管件制作,是按在结构(加工)厂制作考虑的,不包括原材料(板材)及成品的水平运输和卷筒钢板展开、平直的工序内容。发生时应执行有关定额。

(7)用成品管材制作管件项目,其焊缝均不包括试漏和无损探伤工作内容,应按相应管道类别要求计算探伤费用。

(8)中频煨弯定额不包括煨制时胎具更换内容。

需要说明的几个问题如下:

(1)卷管制作工程量的确定:图示卷管延长米×(1+安装损耗量)-管件长度,弯头长度的

确定 $1.5D \times \pi/2 = 2.36D$。

（2）各种钢管焊接虾米弯，公称直径在 250mm 以下的为三整块瓦，公称直径在 250mm 以上的为四整块瓦（不适用板卷管制作管件）。

（3）煨弯角度均按 90°考虑的，煨制 180°弯者，定额乘以系数 1.5。

六、管道压力实验、吹扫与清洗

（1）管道压力实验、吹扫与清洗按不同的压力、规格，不分材质以"100m"为计量单位。

（2）泄漏性实验适用于输送剧毒、有毒及可燃介质的管道，按压力、规格，不分材质以"m"为计量单位。

（3）定额内已包括临时用空压机和水泵做动力进行试压、吹扫、清洗管道连接的临时管线、盲板、阀门、螺栓等材料摊销量。但不包括管道之间的串通临时管口及管道排放至排放点的临时管线，应按施工方案另计。

（4）调节阀等临时短管制作安拆项目，使用管道系统试压、吹扫时需要拆除的阀件以临时短管代替连通管道，其工作内容包括完工后短管拆除和原阀件复位等。

（5）液压实验和气压实验定额依据《工业金属管道工程施工规范》（GB 50235—2010）规定，已包括强度实验和严密性实验工作内容。实验应以液体作为介质，除设计另有规定，方可以气体进行压力实验。

（6）当管道与设备作为一个系统进行实验时，如管道的实验压力等于或小于设备的实验压力，则按管道的实验压力进行实验。如管道实验压力超过设备的实验压力，且设备的实验压力不低于管道实验压力的 115% 时，可按设备的实验压力进行实验。

（7）管道油清洗项目适用于传动设备，按系统循环法考虑，包括油冲洗、系统连接和滤油机用橡胶管的摊销，但不包括管内除锈，需要时另行计算。

（8）液压实验是按普通水考虑的，如试压介质有特殊要求，水质可按实调整。

（9）管道系统吹扫适用于管道压力实验完工后系统吹（洗）扫。

（10）管道系统清洗定额按系统循环清洗考虑；酸洗定额以硫酸、硝酸等酸类为主要溶剂，脱脂定额以二氯乙烷、三氯乙烯、四氯化碳、动力苯、丙酮和酒精为主要溶剂。

七、无损探伤与焊口热处理

（1）管材表面磁粉探伤和超声波探伤，不分材质、壁厚以"m"为计量单位。

（2）焊缝 X 射线、γ 射线探伤，按管壁厚不分规格、材质以"张"为计量单位。

（3）焊缝超声波、磁粉及渗透探伤，按规格不分材质、壁厚以"口"为计量单位。

（4）焊前预热和焊后热处理，按不同材质、规格及施工方法以"口"为计量单位。

八、说明

（1）无损探伤。

1）本定额适用于工业管道焊缝及母材的无损探伤。

2）定额内已综合考虑了高空作业降效因素。

3）本定额不包括下列内容：固定射线探伤仪器使用的各种支架的制作；因超声波探伤需要各种对比试块的制作。

(2)预热与热处理。

1)本章适用于碳钢、低合金钢和中高合金钢各种施工方法的焊前预热或焊后热处理。

2)电加热片或电感应预热中,如施焊后立即进行焊口局部热处理,则焊前预热和焊后热处理定额人工乘以系数0.87。

3)电加热片加热进行焊前预热或焊后局部热处理时,如要求增加一层石棉布保温,石棉布的消耗量与高硅(氧)布相同,人工不再增加。

4)用电加热片或电感应法加热进行焊前预热或焊后局部热理的项目中,除石棉布和高硅(氧)布为一次性消耗材料外,其他各种材料均按摊销量计入定额。

5)电加热片是按履带式考虑的,如实际与定额不符时可按实调整。

(3)计算X射线、γ射线探伤工程量时,按管材的双壁厚执行相应定额项目。

(4)管材对接焊接过程中的渗透探伤检验及管材表面的渗透探伤检验,执行管材对接焊缝渗透探伤定额。

(5)管道焊缝采用超声波无损探伤时,其检测范围内的打磨工程量按展开长度计算。

(6)无损探伤定额已综合考虑了高空作业降效因素。

(7)无损探伤定额中不包括固定射线探伤仪器适用的各种支架的制作,因超声波探伤所需的各种对比试块的制作,发生时可根据现场实际情况另行计算。

(8)管道焊缝应按照设计要求的检验方法和数量进行无损探伤。当设计无规定时,管道焊缝的射线照相检验比例应符合规范规定。管口射线片子数量按现场实际拍片张数计算。

(9)热处理的有效时间是依据《工业金属管道工程施工规范》(GB 50235-2010)所规定的加热速率、温度下的恒温时间及冷却速率公式计算的,并考虑了必要的辅助时间、拆除和回收用料等工作内容。

(10)其他。

1)一般管架制作安装以"t"为计量单位,适用于单件重量在100kg以内的管架制作安装;单件重量大于100kg的管架制作安装应执行相应定额。

2)冷排管制作与安装以"m"为计量单位。

3)套管制作与安装,按不同规格,分一般穿墙套管和柔、刚性套管,以"个"为计量单位,所需的钢管和钢板已包括在制作定额内,执行定额时应按设计及规范要求选用项目。

4)管道焊接焊口充氩保护定额,适用于各种材质氩弧焊接或氩电联焊焊接方法的项目,按不同的规格和充氩部位,不分材质以"口"为计量单位。执行定额时,按设计及规范要求选用项目。

(11)具体说明如下:

1)一般管架制作安装定额按单件重量列项,并包括所需螺栓、螺母本身的价格。

2)除木垫式、弹簧式管架外,其他类型管架均执行一般管架定额。

3)木垫式管架不包括木垫重量,但木垫的安装工料已包括在定额内。

4)弹簧式管架制作,不包括弹簧价格,其价格应另行计算。

5)有色金属管、非金属管的管架制作安装,按一般管架定额乘以系数1.1。

6)采用成型钢管焊接的异形管架制作安装,按一般管架定额乘以系数1.3,其中不锈钢用焊条可作调整。

7)冷排管制作与安装定额中已包括煨弯、组对、焊接、钢带的轧绞、绕片,但不包括钢带退火和冲、套翅片,管架制作与安装可按本章所列项目计算,冲、套翅片可根据实际情况自行补充。

8)分气缸、集气罐和空气分气筒的安装,定额内不包括附件安装,其附件可执行相应定额。

9)空气调节器喷雾管安装,按《采暖通风国家标准图》(T 704－12)以 6 种形式分列,可按不同形式以组分别计算。

10)吸水喇叭口及支架制作安装,不包括与喇叭口连接的吸水直管及法兰的安装,若发生时执行相应定额。

任务三　工业管道安装工程工程量清单项目划分

一、工业管道安装工程工程量清单项目划分

工业管道安装工程分部分项工程量清单项目划分应依据《陕西省建设工程量清单计价规则》中 C6 工业管道工程进行划分。实际编制工程量清单时应划分为室外工业管道安装工程和室内工业管道安装工程两部分。

1.室外工业管道安装工程

按分部分项工程量清单项目表 C6 规定,室外工业管道安装工程分部分项工程量清单项目可划分为以下几项:

(1)管道安装;

(2)管件安装;

(3)阀门安装;

(5)板卷管制作;

(6)管件制作;

(7)管道支架制作安装;

(8)管材表面及焊缝无损探伤;

(9)管道地沟土、石方开挖、回填;

(10)管道地沟、阀门井室砌筑。

2.室内工业管道安装工程

按分部分项工程量清单项目表 C6 规定,站类及其他室内工业管道安装工程分部分项工程量清单项目可划分为以下几项:

(1)管道安装;

(2)管件安装;

(3)阀门安装;

(4)法兰安装;

(5)法兰盲板安装;

(6)板卷管制作;

(7)管件制作;

(8)管道支架制作安装;

(9)管道表面及焊缝无损探伤;

(10)分气缸、分水器制作安装;

(11)钢制排水漏斗制作安装;

(12)仪表安装(压力表、温度计等);

(13)操作平台、梯子、栏杆制作安装;

(14)站类工艺系统调整。

二、室内、外工业管道安装工程工程量清单项目划分应遵循的原则

(1)室内、外工业管道:安装应按设计要求采用的不同材质、不同的压力等级及连接方法的不同,区别其不同的公称直径或管外径分别列出工程量清单项目,计算工程量时均应按设计图示管道中心线长度以"m"为计量单位,不扣除阀门及各种管件所占的长度,遇弯管时,按两管交叉的中心线交点计算。方形补偿器以其所占长度按管道安装工程量计算。

(2)管件安装:应按设计要求采用的不同材质、不同的压力等级及连接方法的不同,区别其不同的公称直径或管外径分别列出工程量清单项目,计算工程量时应按设计图示数量以"个"为计量单位。

(3)阀门安装:应按设计要求采用的不同类型、不同的压力等级及连接方法的不同,区别其不同的公称直径分别列出工程量清单项目,计算工程量时应按设计图示数量以"个"为计量单位。

(4)法兰安装:应按设计要求采用的不同材质、不同的压力等级及连接方法的不同,区别其不同的公称直径分别列出工程量清单项目,计算工程量时应按设计图示数量以"付"为计量单位。

(5)法兰盲板安装:应按设计要求采用的不同材质,区别其不同的公称直径分别列出工程量清单项目,计算工程量时应按设计图示数量以"组"为计量单位。

(6)板卷管制作:应按设计要求采用的不同材质,区别其不同规格分别列出工程量清单项目,计算工程量时应按设计制作直管段长度以"t"为计量单位。

(7)管件制作:应按设计要求采用的不同材质,区别管件的不同规格、种类分别列出工程量清单项目,计算工程量时应按设计图示数量以"个"或"t"为计量单位。管件包括弯头、三通、异径管;异径管应按大头管径计算,三通应按主管管径计算。

(8)管道表面探伤:不区分材质、壁厚,均按不同的公称直径分别列出工程量清单项目,计算工程量时应按规范或设计技术要求以"m"为计量单位。

(9)管道焊缝超声波、磁粉、渗透探伤:不区分材质、壁厚,均按不同公称直径分别列出工程量清单项目,计算工程量时应按规范或设计技术要求以"口"为计量单位。

(10)管道焊缝X射线、γ射线无损探伤:不区分管道规格及材质,应区分不同底片规格、管壁厚度分别列出工程量清单项目,计算工程量时应按规范或设计技术要求以"张"为计量单位。

(11)管道支架制作安装:应按设计要求采用的不同管道支架形式分别列出工程量清单项目,计算工程量时应按设计图示数量以"kg"为计量单位。

(12)分气缸、分水器制作、安装:应区别每个分气缸、分水器的不同重量分别列出工程量清单项目,计算工程量时应按设计图示数量以"个"为计量单位。

(13)钢制排水漏斗制作安装:应按其不同的公称直径分别列出工程量清单项目,计算工程量时应按设计图示数量以"个"为计量单位。

（14）仪表安装：应按自动化控制仪表安装工程工程量清单项目有关规定列清单项目，并计算工程量。

（15）操作平台、梯子、栏杆制作安装：应按静置设备与工艺金属结构制作安装工程工程量清单项目有关规定列出工程量清单项目，并计算工程量。

（16）站类工艺系统调整、由站内工业管道、管件、阀门、法兰、管道支架、容器、设备、非标设备等组成站类工艺系统，计算工程量时应以"系统"为计量单位。

任务四　工业管道安装工程预算编制实例

一、施工图样与设计说明及相关要求

1.施工图样

本实例采用的施工图样是某工业厂房压缩空气管道，如图 8.1 和图 8.2 所示。

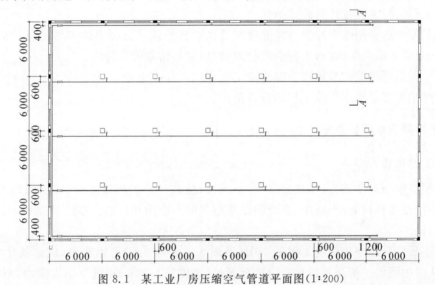

图 8.1　某工业厂房压缩空气管道平面图（1:200）

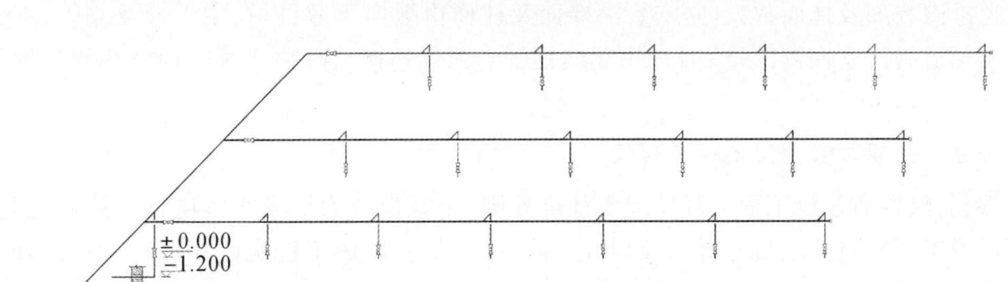

图 8.2　某工业厂房压缩空气管道系统图（1:200）

2.设计说明及相关要求

(1)设计说明。

1)管材选用:公称直径≥DN50 时选用无缝钢管电弧焊连接,公称直径≤DN50 时选用焊接钢管螺纹连接。

2)管道焊缝设计要求不进行无损探伤检验;但管道安装后应进行压力实验及空气吹扫。

3)阀门选用:公称直径≥DN50 时选用 Q41F－16 型球阀,公称直径≤50 时选用 Q11F－16T 型球阀。

4)图中未标注的支管管径均为 DN20。

5)沿墙面水平辐射管道支架间距为 600mm 一个;沿柱面水平敷设管道每根柱子上设置支架一个;每根立管设置支架一个。管径≥DN50 时,每个支架重量按 3.50kg 计算,管径≤DN50 时,每个支架重量按 1.50kg 计算。

6)管道表面及支架除锈后刷红丹防锈漆两遍,红色调和漆两遍。

(2)相关要求。

1)该工程为单层框剪结构,工程地点位于陕西省西安市经济技术开发区。

2)本工程实行工程量计价模式招标。

3)本工程中所采用的未计价材料除球阀及法兰盲板按甲方提供的参考价格计取外,其余材料按照 2008 年第六期《陕西工程造价管理信息(材料信息价)》计取。

4)本工程的环境保护费暂按分部分项工程费的 0.80％计取。

5)按照相关规定编制出该工程的最高限价。

二、工程量清单项目划分

1.施工图识读

为使预算编制有序进行,不重复立项,不漏项,应在计算工程量之前,仔细阅读图纸,包括施工图说明、设备材料表、平面图、系统图以及有关的标准图和详图。在此基础上,来划分和确定工程项目。

根据该厂房压缩空气管道工程施工图(见图 8.1 和图 8.2)可以看出,该建筑物为单层工业厂房,从图中我们了解到管道自室内外分界处(墙皮外 1.50m)由地下引入室内,室内水平干管管道沿内墙面及柱面敷设,立支管沿墙面及柱面由上向下敷设,在主干管及立管、支管上均装设有球形阀。管径≥DN50 时选用无缝钢管电弧焊连接,管径≤DN50 时选用焊接钢管螺纹连接。

2.分部分项工程量清单项目列项

根据《陕西省建设工程工程量清单计价规则》中规定应为形成实体项目才能进行列项,对于不形成工程实体的项目不得列项,其内容应该包括在形成工程实体项目的工程内容中。按工程量清单计价规则中的规定应划分为管道安装、阀门安装、法兰安装、法兰盲板安装以及管道支架制作安装等 5 项工程。

(1)管道安装。从图中可以看出,其压缩空气管道选用两种材质,管径≥DN50 时选用无缝钢管电弧焊连接,其管道规格为 D57,D76,D89,D107 等 4 项,应列 4 个清单项目;管径≤DN50时选用焊接钢管螺纹连接,其管道规格为 DN20 的 1 项,应列 1 个清单项目。

(2)阀门安装。分为法兰阀门与螺纹阀门两大项。从图中可以看出,法兰阀门选用 Q41F-16T 型球阀,其规格为 DN80,DN100,应列 2 个清单项目;螺纹阀门选用 Q11F-16T 型球阀,其规格为 DN20,应列 1 个清单项目。

(3)碳钢法兰安装。从图中可以看出,其规格为 DN80,DN100,应列 2 个清单项目。

(4)碳钢法兰盲板安装。从图中可以看出,其规格为 DN50,应列 1 个清单项目。

(5)管道支架制作安装。因在管道安装分项清单项目中未包括,应单独列 1 个清单项目。

本室内压缩空气管道工程工程量清单项目的列项除以上 5 大项以外,对于管件制作安装、管道气压实验及吹扫、管道的除锈、刷油等辅助项目均已包括在压缩空气管道安装工程的工程量清单项目中,不再单列清单项目。对于法兰阀门连接用的碳钢螺栓的材料应包括在阀门安装工程的工程量清单项目中,不再单列清单项目。对于碳钢法兰、碳钢法兰盲板连接用的碳钢螺栓的材料应包括在碳钢法兰、碳钢法兰盲板安装工程的工程量清单项目中,不再单列清单项目。对于管道支架的除锈、刷油等辅助项目均已包括在管道支架制作安装工程的工程量清单项目中,不再单列清单项目。

法兰与法兰阀门连接时,连接用的螺栓应计入法兰阀门安装材料中,法兰安装不再另计螺栓;法兰与法兰连接所用的螺栓应计入法兰安装的材料中。

三、分部分项工程量清单项目的工程量计算

1. 主要项目的工程量计算

(1)管道安装的工程量计算:

焊接钢管 DN20:$(5.70+0.20)\times12+(5.70+0.60)\times18=184.20$(m)

无缝钢管 $D57\times3.5$:$6.60\times5=33.0$(m)

无缝钢管 $D76\times3.5$:$18.0\times5=90.0$(m)

无缝钢管 $D89\times4$:$6.20+5+12.30\times5=72.70$(m)

无缝钢管 DN108×4:$1.50+0.44+1.20+6.80+12.0=21.94$(m)

(2)阀门安装的工程量计算:

球阀 Q41F-16T DN80:$1\times5=5$(个)

球阀 Q41F-16T DN100:1(个)

球阀 Q11F-16T DN20:$1\times6\times5=30$(个)

(3)法兰安装的工程量计算:

1)碳钢平焊法兰:

碳钢法兰 PN16DN80:$1\times5=5$(付)

碳钢法兰 PN16DN100:1(付)

2)碳钢法兰盲板:

碳钢法兰盲板 PN16DN50:$1\times5=5$(组)

(4)管道支架制作安装的工程量计算

1)管道支架的数量。

按照施工图及设计要求计算管道支架个数如下:

管径≥DN50 时管道的支架个数:$1+3+7\times2+6\times3=36$(个)

管径≤DN50 时管道的支架个数:$1\times6\times5=30$(个)

2)单个支架的重量。

按照设计施工图设计说明中规定,如下:

管径≥DN50 时管道的支架重量为 3.50kg/个;

管径≤DN50 时管道的支架重量为 1.50kg/个。

3)管道支架制作安装的工程量:

$36 \times 3.50 + 30 \times 1.50 = 171.0$(kg)

2.辅助项目的工程量计算

(1)管道气压实验及吹扫的工程量计算。

焊接钢管 DN20:$(5.70 + 0.20) \times 12 + (5.70 + 0.60) \times 18 = 184.20$(m)

无缝钢管 $D57 \times 3.5$:$6.60 \times 5 = 33.0$(m)

无缝钢管 $D76 \times 3.5$:$18.0 \times 5 = 90.0$(m)

无缝钢管 $D89 \times 4$:$6.20 + 5 + 12.30 \times 5 = 72.70$(m)

无缝钢管 $DN108 \times 4$:$1.50 + 0.44 + 1.20 + 6.80 + 12.0 = 21.94$(m)

(2)法兰阀门及法兰盲板连接用螺栓的工程量计算。

1)法兰阀门及法兰盲板连接用螺栓的数量:

法兰盲板 PN1.6DN50:$1 \times 5 = 5$(付)

法兰阀门 PN1.6DN80:$1 \times 5 \times 2 = 10$(付)

法兰阀门 PN1.6DN100:$1 \times 2 = 2$(付)

2)实用螺栓套数:

通过查第六册《工业管道工程消耗量定额》附录一"平焊法兰螺栓重量表"可得

公称压力 PN1.6DN50:每付法兰实用 M16×65 螺栓 4 套

公称压力 PN1.6DN80:每付法兰实用 M16×70 螺栓 8 套

公称压力 PN1.6DN100:每付法兰实用 M16×70 螺栓 8 套

3)法兰阀门及法兰盲板连接用螺栓工程量:

法兰盲板 DN50　M16×65:$5 \times 4 \times 1.09 = 20.60$(套)

法兰阀门 DN80　M16×70:$10 \times 8 \times 1.03 = 82.40$(套)

法兰阀门 DN100　M16×70:$2 \times 8 \times 1.03 = 16.48$(套)

(3)管道及支架除锈、刷油的工程量计算。

焊接钢管 DN20:$182.40 \times 8.40/100 = 15.41$(m²)

无缝钢管 $D57 \times 3.5$:$33.0 \times 17.90/100 = 5.91$(m²)

无缝钢管 $D76 \times 3.5$:$90.00 \times 23.86/100 = 21.47$(m²)

无缝钢管 $D89 \times 4$:$72.70 \times 27.95/100 = 20.32$(m²)

无缝钢管 $DN108 \times 4$:$21.94 \times 33.91/100 = 7.44$(m²)

镀锌钢管表面刷红丹防锈漆及红色调和漆的工程量为

$$15.41 + 5.91 + 21.47 + 20.32 + 7.44 = 70.61(m²)$$

根据计算出的管道延长米,查第十四册附录二"焊接管道绝热、刷油工程量计算表"可得知每百米管道表面积。

(4)管道支架除锈、刷油的工程量计算:

$$36 \times 1.5 + 30 \times 1.50 = 171.0(kg)$$

四、工业管道工程工程量清单的编制

1.封面、填表须知和总说明

具体形式见表 8.1～表 8.3。

表 8.1　封面

某工业厂房压缩空气管道工程

某建筑室内给排水工程

编制单位：_____（签字盖章）

法定代表人：_____（签字盖章）

造价工程师及注册号：_____（签字及专业印章）

编制时间：_____年_____月_____日

表 8.2　填表须知

填　表　须　知

1.工程量清单及其计价表中所有要求签字、盖章的，必须按规定签字盖章。

2.工程量清单及其计价表中的全部内容不得随意涂改或删除。

3.工程量计价表中列明需填报的单价和合价，计价人均应填报。未填报的单价和合价，均视为此项费用已包含在工程量清单的其他单价和合价中。

4.造价（金额）均以 人民币 表示。

表 8.3　总说明

总　说　明

工程名称:某工业厂房压缩空气管道工程　第 1 页　共 1 页

1.工程概况

该工程为单层工业厂房，框剪结构，建筑面积 1 023.80m²，施工工期要求为 150 天，工程地点位于陕西省西安市经济技术开发区，施工现场已经具备安装施工条件，材料运输极为方便。

2.工程发包范围

该建筑施工图中全部压缩空气管道安装工程。

3.工程量清单编制依据

(1)《陕西省建设工程工程量清单计价规则》。

(2)本工程设计施工图纸文件。

(3)正常施工方法及施工组织。

(4)招标文件中的有关要求。

4.工程质量

工程质量应达到合格标准，施工材料必须全部采用合格产品。

5.材料供应范围及材料价格

(1)所有材料均全部由投标人自行采购供应，材料价格暂按 2008 第六期《陕西工程造价管理信息（材料信息价）》计取，发生材料价差工程结算时按实调整。

续 表

（2）凡《陕西工程造价管理信息（材料信息价）》缺项材料，由投标人按照甲方提供的材料参考价格自主报价。

6.预留金

对于本工程，考虑到设计变更及材料差价，暂按预留金额2 800.00元。

7.其他需要说明的问题

（1）本工程要求投标人严格按照《陕西省建设工程工程量清单计价规则》中规定的表格格式进行投标报价。

（2）环境保护费暂按分部分项工程费的0.80%计取。

（3）本工程要求投标人提供"主要材料价格表"，并按规定如实填报。

2.分部分项工程量清单（见表8.4）

表8.4 分部分项工程量清单

工程名称：某工业厂房压缩空气管道工程

序 号	项目编码	项目名称	计量单位	工程数量
1	030601001001	焊接钢管（螺纹连接）DN20	m	184.20
2	030601001002	无缝钢管（电弧焊接）$D57\times3.5$	m	33.00
3	030601001003	无缝钢管（电弧焊接）$D76\times3.5$	m	90.00
4	030601001004	无缝钢管（电弧焊接）$D89\times4$	m	72.70

以上压缩空气管道安装项目的工作内容包括管道及管件安装，管道气压实验及吹扫，管道表面手工除轻锈后刷红丹防锈漆两遍、调和漆两遍。

5	030607001001	球阀 Q11F－16T　　DN20	个	30
6	030607003001	球阀 Q41F－16T　　DN80	个	5
8	030607003002	球阀 Q41F－16T　　DN100	个	1
9	030610002001	碳钢法兰（电弧焊）PN1.6DN80	付	5
10	030610002002	碳钢法兰（电弧焊）PN1.6DN100	付	1
11	030610002003	碳钢法兰盲板（电弧焊）PN1.6 DN50	组	5
12	030615001001	管道支架制作安装	kg	171.00

管道支架制作安装的工程内容包括支架制作与安装，手工除轻锈后刷红丹防锈漆两遍、调和漆两遍。

3.措施项目清单（见表8.5）

工程名称：某工业厂房压缩空气管道工程

表8.5 措施项目清单

序 号	项目名称	计量单位	工程数量
1	环境保护费	项	1

续　表

序　号	项目名称	计量单位	工程数量
2	检验实验及放线定位费	项	1
3	临时设施费	项	1
4	冬雨季、夜间施工措施费	项	1
5	二次搬运及不利施工环境费	项	1
6	脚手架搭拆费	项	1

4.其他项目清单(见表8.6)

表8.6　其他项目清单

工程名称:某工业厂房压缩空气管道工程

序　号	项目名称	计量单位	工程数量
1	预留金	项	1
2	零星工作项目费	项	1

5.零星工作项目表(见表8.7)

表8.7　零星工作项目表

工程名称:某工业厂房压缩空气管道工程

序　号	分类	名　　称	计量单位	数　量
一	可暂估工程量项目			
二	以人工、材料、机械列项	人工: 变更签证用工	工日	30
		材料: 1.电焊条　结422mm　ϕ3.2mm 2.乙炔气 3.氧气 4.钢锯条 5.砂轮片　ϕ400mm	kg kg m³ 根 片	22 15 10 30 8
		机械: 1.管子切断套丝机　　ϕ159mm 2.直流电焊机　　20kW 3.电焊条烘干箱　600mm×500mm×750mm	台班 台班 台班	2 8 5

6.参考材料价格一览(见表8.8)

表8.8 主材价格表

工程名称:某工业厂房压缩空气管道工程

序号	材料编码	材料名称	规格型号	单位	单价	备注
1		球阀 Q11F-16T	DN20	个	20.00	
2		球阀 Q41F-16T	DN80	个	400.00	
3		球阀 Q41F-16T	DN100	个	620.00	
4		碳钢法兰盲板 PN1.6	DN50	组	72.00	
5		碳钢带母螺栓	M16×65	套	1.20	
6		碳钢带母螺栓	M16×75	套	1.50	

7.工业管道工程工程量清单计价(见表8.9～表8.19)

表8.9 工程项目总造价表

工程名称:某工业厂房压缩空气管道工程

序号	单项工程名称	造价/元
1	某工业厂房压缩空气管道工程	38 861.48
	合计	38 861.48
大 写:叁万捌仟捌佰陆拾壹元肆角捌分整		

表8.10 单项工程造价汇总表

工程名称:某工业厂房压缩空气管道工程

序号	单位工程名称	造价/元
1	某工业厂房压缩空气管道工程	38 861.48
	合计	38 861.48

表8.11 单位工程造价汇总表

工程名称:某工业厂房压缩空气管道工程

序号	单位工程名称	造价/元
1	分部分项工程费	28 109.30
2	安全文明施工费	730.84
3	措施项目费	1 410.27
4	其他项目费	5 732.11

续　表

序　号	单位工程名称	造价/元
5	规费	1 621.58
6	税金	1 257.38
	合计	38 861.48

表 8.12　分部分项工程量清单计价表

工程名称:某工业厂房压缩空气管道工程

序　号	项目编码	项目名称	计量单位	工程数量	综合单价	合价
1	030601001001	焊接钢管(螺丝连接)DN20	m	184.20	22.17	4 083.51
2	030601001002	无缝钢管(电弧焊接)D57×3.5	m	33.00	48.53	1 601.51
3	030601001003	无缝钢管(电弧焊接)D76×3.5	m	90.00	65.13	5 861.53
4	030601001004	无缝钢管(电弧焊接)D89×4	m	72.70	80.31	5 838.23
5	030601001005	无缝钢管(电弧焊接)D108×4	m	21.940	107.77	2 364.57

以上压缩空气管道安装项目的工作内容包括管道及管件安装,管道气压实验及吹扫,管道表面手工除轻锈后刷红丹防锈漆两遍、调和漆两遍。

6	030607001001	球阀 Q11F-16T DN20	个	30	39.36	1 180.87
7	030607003001	球阀 Q41F-16T DN80	个	5	457.85	2 289.24
8	030607003002	球阀 Q41F-16T DN100	个	1	693.50	693.5
9	030610002001	碳钢法兰(电弧焊)PN1.6 DN80	付	5	171.95	859.76
10	030610002002	碳钢法兰(电弧焊)PN1.6DN100	付	1	216.84	216.84
11	030610002003	碳钢法兰盲板(电弧焊)PN1.6DN50	组	5	135.78	678.92
12	030615001001	管道支架制作安装	kg	171.00	14.27	2 440.82

管道支架制作安装的工程内容包括支架制作与安装,手工除轻锈后刷红丹防锈漆两遍、调和漆两遍。

| | | 合　计 | | | | 28 109.3 |

表 8.13　措施项目清单计价表

工程名称:某工业厂房压缩空气管道工程

序　号	项目名称	计量单位	工程数量	综合单价	合价
1	环境保护费	项	1	224.87	224.87
2	检验实验及放线定位费	项	1	90.95	90.95
3	临时设施费	项	1	361.40	361.40

续 表

序 号	项目名称	计量单位	工程数量	金额/元	
				综合单价	合价
4	冬雨季、夜间施工措施费	项	1	206.46	206.46
5	二次搬运及不利环境费	项	1	103.03	103.03
6	脚手架搭拆费	项	1	423.56	423.56
	合计				1 410.27

表 8.14 其他项目清单计价表

工程名称:某工业厂房压缩空气管道工程

序 号	项目名称	计量单位	工程数量	金额/元	
				综合单价	合价
1	预留金	项	1	2 800.00	2 800.00
2	零星工作项目费	项	1	2 932.11	2 932.11
	合计				5 732.11

表 8.15 零星工作项目费

工程名称:某工业厂房压缩空气管道工程

序号	分类	名 称	计量单位	数量	金额/元	
					综合单价	合价
一	可暂估工程量项目					
二	以人工、材料、机械列项	人工: 变更签证用工	工日	30	42.88	1 268.40
		材料: 1.电焊条结422mm ϕ3.2mm 2.乙炔气 3.氧气 4.钢锯条 5.砂轮片 ϕ400mm	kg kg m³ 根 片	22 15 10 30 8	6.67 24.00 5.00 0.62 25.80	146.74 360.00 50.00 18.60 206.40
		机械: 1.管子切断套丝机 ϕ159mm 2.直流电焊机 20kW 3.电焊条烘干箱 600mm×500mm×750mm	台班 台班 台班	2 8 5	17.40 90.79 20.57	34.8 726.32 102.85
	合计					2 932.11

表 8.16　主要材料价格表

工程名称:某工业厂房压缩空气管道工程

序 号	材料编码	材料名称	规格型号	单位	单价/元	备注
1		焊接钢管	t	m	3 800	
2		无缝钢管	t	m	5 750	
3		无缝钢管	t	m	5 750	
4		无缝钢管	t	m	5 750	
5		无缝钢管	t	m	5 750	
6		球阀 Q11F-16T	DN20	个	20.00	
7		球阀 Q41F-16T	DN80	个	400.00	
8		球阀 Q41F-16T	DN100	个	620.00	
9		碳钢法兰盲板 PN1.6	DN50	组	113	
10		碳钢带母螺栓	M16×65	套	1.20	
11		碳钢带母螺栓	M16×75	套	1.50	
12		支架型钢		kg	4.55	
13		碳钢法兰	PN1.6 DN80	片	69.00	
14		碳钢法兰	PN1.6 DN100	片	87.00	

表 8.17　焊接钢管及无缝钢管主材单价换算表

序 号	材料名称及规格	理论重量/(kg·m^{-1})	信息价/(元·t^{-1})	主材单价/(元·m^{-1})
1	焊接钢管 DN20	1.63	3 800	6.19
2	无缝钢管 D57×3.5	4.62	5 750	26.57
3	无缝钢管 D76×3.5	6.26	5 750	36.00
4	无缝钢管 D89×4	8.38	5 750	48.19
5	无缝钢管 D108×4	10.26	5 750	59.00

表 8.18-1　分部分项工程量清单综合单价计算表　第 1 页　共 13 页

工程名称:某工业厂房压缩空气管道工程　　　　　　　　计量单位:m

项目编码:030601001001　　　　　　　　　　　　　　工程数量:184.20

项目名称:焊接钢管(螺纹连接) DN20　　　　　　　　　综合单价:22.17 元/m

序 号	定额编号	项目名称	单位	数量	金额/元						
					人工费	材料费	机械费	管理费	利润	风险	小计
1	6-630	焊接钢管(螺纹连接)DN20	m	184.20	830.37	812.69	18.60				

续　表

序号	定额编号	项目名称	单位	数量	人工费	材料费	机械费	管理费	利润	风险	小计
								金额/元			
2		焊接钢管 DN20	m	184.20		1 140.20					
3	6-2483	管道气压实验 DN20	m	184.20	114.22	45.46	50.91				
4	6-2521	管道空气吹扫 DN20	m	184.20	68.73	82.58	43.54				
5	14-1	管道手工除轻锈	m²	15.47	13.54	5.77					
6	14-51	管道刷红丹漆防轻锈第一遍	m²	15.47	10.75	30.10					
7	14-52	管道刷红丹漆防轻锈第二遍	m²	15.47	10.75	26.64					
8	14-60	管道刷调和漆第一遍	m²	15.47	11.14	23.00					
9	14-61	管道刷调和漆第二遍	m²	15.47	10.75	20.45					
		合计			1 070.25	2 186.89	113.05	343.55	369.77		4 083.51

表 8.18-2　分部分项工程量清单综合单价计算表　第2页　共13页

工程名称:某工业厂房压缩空气管道工程　　　　计量单位:m
项目编码:030601004001　　　　工程数量:33.00
项目名称:无缝钢管(电弧焊接)D57×3.5　　　　综合单价:48.53元/m

序号	定额编号	项目名称	单位	数量	人工费	材料费	机械费	管理费	利润	风险	小计
								金额/元			
1	6-646	钢管(电弧焊接) D57×3.5	m	33.00	211.27	139.92	99.23				
2		钢管 D57×3.5	m	31.58		839.08					
3	6-2483	管道气压实验 D57×3.5	m	33.00	20.46	8.14	9.12				
4	6-2521	管道空气吹扫 D57×3.5	m	33.00	12.31	14.79	7.80				
5	14-1	管道手工除轻锈	m²	5.91	5.17	2.20					
6	14-51	管道刷红丹漆防轻锈第一遍	m²	5.91	4.11	11.50					
7	14-52	管道刷红丹漆防轻锈第二遍	m²	5.91	4.11	10.18					

续　表

序号	定额编号	项目名称	单位	数量	金额/元						
					人工费	材料费	机械费	管理费	利润	风险	小计
8	14-60	管道刷调和漆第一遍	m²	5.91	4.26	8.79					
9	14-61	管道刷调和漆第二遍	m²	5.91	4.11	7.81					
		合计			265.80	1 042.41	116.15	85.32	91.83		1 601.51

表 8.18-3　分部分项工程量清单综合单价计算表　第 3 页　共 13 页

工程名称:某工业厂房压缩空气管道工程　　　　　　　　　　　计量单位:m

项目编码:030601004002　　　　　　　　　　　　　　　　工程数量:90.00

项目名称:无缝钢管(电弧焊接)D78×3.5　　　　　　　　　综合单价:65.13 元/m

序号	定额编号	项目名称	单位	数量	金额/元						
					人工费	材料费	机械费	管理费	利润	风险	小计
1	6-647	钢管(电弧焊接)D78×3.5	m	90.00	621.99	765.54	367.56				
2		无缝钢管D78×3.5	m	86.13		3100.68					
3	6-2484	管道气压实验D78×3.5	m	90.00	66.23	33.02	27.05				
4	6-2522	管道空气吹扫D78×3.5	m	90.00	39.83	52.19	23.45				
5	14-1	管道手工除轻锈	m²	21.47	18.79	8.01					
6	14-51	管道刷红丹漆防轻锈第一遍	m²	21.47	14.92	41.78					
7	14-52	管道刷红丹漆防轻锈第二遍	m²	21.47	14.92	36.97					
8	14-60	管道刷调和漆第一遍	m²	21.47	15.46	31.93					
9	14-61	管道刷调和漆第二遍	m²	21.47	14.92	28.38					

续　表

序号	定额编号	项目名称	单位	数量	金额/元						
					人工费	材料费	机械费	管理费	利润	风险	小计
		合计			807.06	4 098.5	418.06	259.07	278.84		5 861.53

表 8.18－4　分部分项工程量清单综合单价计算表　第 4 页　共 13 页

工程名称:某工业厂房压缩空气管道工程　　　　　　　　计量单位:m
项目编码:030601004003　　　　　　　　　　　　　　工程数量:72.70
项目名称:无缝钢管(电弧焊接)$D89\times4$　　　　　　　综合单价:80.31 元/m

序号	定额编号	项目名称	单位	数量	金额/元						
					人工费	材料费	机械费	管理费	利润	风险	小计
1	6－648	钢管(电弧焊接)$D89\times4$	m	72.70	572.80	795.12	213.74				
2		无缝钢管 $D89\times4$	m	69.57		3 352.58					
3	6－2484	管道气压实验 $D89\times4$	m	72.70	53.50	26.67	21.85				
4	6－2522	管道空气吹扫 $D89\times4$	m	72.70	32.18	42.16	18.94				
5	14－1	管道手工除轻锈	m²	20.32	17.78	7.58					
6	14－51	管道刷红丹漆防轻锈第一遍	m²	20.32	14.12	39.54					
7	14－52	管道刷红丹漆防轻锈第二遍	m²	20.32	14.12	34.99					
8	14－60	管道刷调和漆第一遍	m²	20.32	14.63	36.25					
9	14－61	管道刷调和漆第二遍	m²	20.32	14.12	26.85					
		合计			733.25	4 361.74	254.53	235.37	253.34		5 838.23

表 8.18-5　分部分项工程量清单综合单价计算表　第 5 页　共 13 页

工程名称:某工业厂房压缩空气管道工程　　　　　　　计量单位:m

项目编码:030601004004　　　　　　　　　　　　工程数量:21.94

项目名称:无缝钢管(电弧焊接)D108×4　　　　　　综合单价:107.77 元/m

序号	定额编号	项目名称	单位	数量	人工费	材料费	机械费	管理费	利润	风险	小计
1	8-136	钢管(电弧焊接)D108×4	m	21.94	195.66	364.49	262.23				
2		无缝钢管 D108×4	m	21.00		1 239.00					
3	8-310	管道气压实验 D108×4	m	21.94	16.15	8.05	6.59				
4	8-901	管道空气吹扫 D108×4	m	21.94	9.71	12.72	5.72				
5	14-1	管道手工除轻锈	m²	7.44	6.51	2.78					
6	14-51	管道刷红丹漆防轻锈第一遍	m²	7.44	5.17	14.48					
7	14-52	管道刷红丹漆防轻锈第二遍	m²	7.44	5.17	12.81					
8	14-60	管道刷调和漆第一遍	m²	7.44	5.36	11.06					
9	14-61	管道刷调和漆第二遍	m²	7.44	5.17	9.84					
		合计			248.90	1 675.23	274.54	79.90	86.00		2 364.57

表 8.18-6　分部分项工程量清单综合单价计算表　第 6 页　共 13 页

工程名称:某工业厂房压缩空气管道工程　　　　　　　计量单位:个

项目编码:030607001001　　　　　　　　　　　　工程数量:30.00

项目名称:球阀 Q11F-16T DN20　　　　　　　　综合单价:39.36 元/个

序号	定额编号	项目名称	单位	数量	人工费	材料费	机械费	管理费	利润	风险	小计
1	6-1289	球阀安装 DN20	个	30.00	180.60	161.70	106.20				
2		球阀 Q11F-16TDN20		30.60		612.00					

续　表

序号	定额编号	项目名称	单位	数量	金额/元						
					人工费	材料费	机械费	管理费	利润	风险	小计
		合计			180.60	773.70	106.20	57.97	62.40		1 180.87

表 8.18-7　分部分项工程量清单综合单价计算表　第 7 页　共 13 页

工程名称:某工业厂房压缩空气管道工程　　　　　　　　计量单位:个

项目编码:030607003001　　　　　　　　　　　　　　工程数量:5.00

项目名称:球阀 Q41F-16T DN80　　　　　　　　　　　综合单价:457.85 元/个

序号	定额编号	项目名称	单位	数量	金额/元						
					人工费	材料费	机械费	管理费	利润	风险	小计
1	6-1307	球阀安装 DN80	个	5.00	81.70	31.15	23.05				
2		球阀 Q11F-16T DN80	个	5.00		2 000.00					
3		碳钢带母螺栓 M16×70	套	82.40		98.88					
		合计			81.70	2 130.03	23.05	26.23	28.23		2 289.24

表 8.18-8　分部分项工程量清单综合单价计算表　第 8 页　共 13 页

工程名称:某工业厂房压缩空气管道工程　　　　　　　　计量单位:个

项目编码:030607003002　　　　　　　　　　　　　　工程数量:1.00

项目名称:球阀 Q41F-16T DN100　　　　　　　　　　综合单价:693.50 元/个

序号	定额编号	项目名称	单位	数量	金额/元						
					人工费	材料费	机械费	管理费	利润	风险	小计
1	6-1308	球阀安装 DN100	个	1.00	21.77	7.57	4.93				
2		球阀 Q11F-16TDN100	个	1.00		620.00					
3		碳钢带母螺栓 M16×70	套	16.48		24.72					
		合计			21.77	652.29	4.93	6.99	7.52		693.50

表 8.18-9　分部分项工程量清单综合单价计算表　第 9 页　共 13 页

工程名称:某工业厂房压缩空气管道工程　　　　　计量单位:付

项目编码:030610002001　　　　　　　　　　工程数量:5.00

项目名称:碳钢法兰(电弧焊)PN1.6　DN80　　综合单价:171.95 元/付

序号	定额编号	项目名称	单位	数量	金额/元						
					人工费	材料费	机械费	管理费	利润	风险	小计
1	6-1536	碳钢法兰安装 DN80	付	5.00	49.15	35.10	52.75				
2		碳钢法兰(电弧焊) PN1.6DN80	片	10.00		690.00					
		合计			49.15	725.10	52.75	15.78	16.98		859.76

表 8.18-10　分部分项工程量清单综合单价计算表　第 10 页　共 13 页

工程名称:某工业厂房压缩空气管道工程　　　　　计量单位:付

项目编码:030610002002　　　　　　　　　　工程数量:1.00

项目名称:碳钢法兰(电弧焊)PN1.6　DN100　综合单价:216.84 元/付

序号	定额编号	项目名称	单位	数量	金额/元						
					人工费	材料费	机械费	管理费	利润	风险	小计
1	6-1536	碳钢法兰安装 DN100	付	1.00	11.06	8.84	13.57				
2		碳钢法兰(电弧焊) PN1.6DN100	片	2.00		176.00					
		合计			11.06	184.84	13.57	3.55	3.82		216.84

分部分项工程量清单综合单价计算表　第 11 页　共 13 页

工程名称:某工业厂房压缩空气管道工程　　　　　计量单位:组

项目编码:030610002003　　　　　　　　　　工程数量:5.00

项目名称:碳钢法兰(电弧焊)PN1.6　DN50　　综合单价:135.78 元/组

序号	定额编号	项目名称	单位	数量	金额/元						
					人工费	材料费	机械费	管理费	利润	风险	小计
1	6-1988	碳钢法兰盲板安装 DN50	组	5.00	30.90	13.45	24.25				
2		碳钢法兰盲板(电弧焊) PN1.6DN50	组	5.00		565.00					

续　表

序号	定额编号	项目名称	单位	数量	金额/元						
					人工费	材料费	机械费	管理费	利润	风险	小计
		碳钢带母螺栓 M16×65	套	20.60		24.72					
		合计			30.90	603.17	24.25	9.92	10.68		678.92

表 8.18-12　分部分项工程量清单综合单价计算表　第 12 页　共 13 页

工程名称:某工业厂房压缩空气管道工程

项目编码:030615001001

项目名称:管道支架制作安装

计量单位:m

工程数量:171.00

综合单价:14.27 元/m

序号	定额编号	项目名称	单位	数量	金额/元						
					人工费	材料费	机械费	管理费	利润	风险	小计
1	6-2885	管道支架制作安装	kg	171.00	469.91	314.37	273.60				
2		支架型钢	kg	181.26		824.73					
3	14-7	支架手工除轻锈	kg	171.00	14.96	4.72	13.15				
4	14-51	支架刷红丹漆防轻锈第一遍	kg	171.00	10.12	26.30	13.15				
5	14-52	支架刷红丹漆防轻锈第二遍	kg	171.00	9.68	21.65	13.15				
6	14-60	支架刷调和漆第一遍	kg	171.00	9.68	19.41	13.15				
7	14-61	支架刷调和漆第二遍	kg	171.00	9.68	17.00	13.15				
		合计			524.03	1 288.18	339.35	168.21	181.05		2 440.82

表 8.19　分部分项工程量清单综合单价计算汇总表　第 13 页　共 13 页

工程名称:某工业厂房压缩空气管道工程

序号	项目编码	项目名称	计量单位	数量	金额/元						
					人工费	材料费	机械费	管理费	利润	风险	小计
1	030601001001	焊接钢管(螺纹连接)DN20	m	184.20	1 070.25	2 186.89	113.05	343.55	369.77		4 083.51

续　表

序号	项目编码	项目名称	计量单位	数量	金额/元						
					人工费	材料费	机械费	管理费	利润	风险	小计
2	030601001002	无缝钢管（电弧焊接）D57×3.5	m	33.00	265.8	1 042.41	116.15	85.32	91.83		1 601.51
3	030601001003	无缝钢管（电弧焊接）D76×3.5	m	90.00	807.06	4 098.5	418.06	259.07	278.84		5 861.53
4	030601001004	无缝钢管（电弧焊接）D89×4	m	72.70	733.25	4 361.74	254.53	235.37	253.34		5 838.23
5	030601001005	无缝钢管（电弧焊接）D108×4	m	21.94	248.9	1 675.23	274.54	79.9	86		2 364.57
6	030607001001	球阀 Q11F-16T DN20	个	30	180.6	773.7	106.2	57.97	62.4		1 180.87
7	030607003001	球阀 Q41F-16T DN80	个	5	81.7	2 130.03	23.05	26.23	28.23		2 289.24
8	030607003002	球阀 Q41F-16T DN100	个	1	21.77	652.29	4.93	6.99	7.52		693.5
9	030610002001	碳钢法兰（电弧焊）PN1.6 DN80	付	5	49.15	725.1	52.75	15.78	16.98		859.76
10	030610002002	碳钢法兰（电弧焊）PN1.6 DN100	付	1	11.06	184.84	13.57	3.55	3.82		216.84
11	030610002003	碳钢法兰盲板（电弧焊）PN1.6 DN50	组	5	30.9	603.17	24.25	9.92	10.68		678.92
12	030615001001	管道支架制作安装	kg	171.00	524.03	1 228.18	339.35	168.21	181.05		2 440.82
		合计			4 124.52	25 178.26	1 740.43	1 291.86	1 390.46		28 109.3

五、措施项目清单费用的计算

1. 环境保护费

编制建设工程的最高限价时,应按当地环保部门规定费率计取,对本工程规定费率为分部分项工程费的 0.06%。编制投标报价时,应参考当地环保部门规定费率,由企业自主报价。

计取方法为

$$分部分项工程费 \times 规定费率$$

即 $$28\ 109.3 \times 0.80\% = 224.87(元)$$

2. 检验实验及放线定位费

编制建设工程的最高限价时,应按规定费率计取,规定费率为人工费的 2.26%。编制投标报价时,应参考规定费率,由企业自主报价。

计取方法为

$$人工费 \times 规定费率$$

即 $$4\ 024.47 \times 2.26\% = 90.95(元)$$

3. 临时设施费

编制建设工程的最高限价时,应按规定费率计取,规定费率为人工费的 8.98%。编制投标报价时,应参考规定费率,由企业自主报价。

计取方法为

$$人工费 \times 规定费率$$

即 $$4\ 024.47 \times 8.98\% = 361.40(元)$$

4. 冬雨季、夜间施工增加费

编制建设工程的最高限价时,应按规定费率计取,规定费率为人工费的 5.13%。编制投标报价时,应参考规定费率,由企业自主报价。

计取方法为

$$人工费 \times 规定费率$$

即 $$4024.47 \times 5.13\% = 206.46(元)$$

5. 二次搬运及不利环境费

编制建设工程的最高限价时,应按规定费率计取,规定费率为人工费的 2.56%。编制投标报价时,应参考规定费率,由企业自主报价。

计取方法为

$$人工费 \times 规定费率$$

即 $$4\ 024.47 \times 2.56\% = 103.03(元)$$

6. 脚手架搭拆费

编制建设工程的最高限价时,应按陕西省安装工程消耗量定额第六册《工业管道工程》中的规定:工业管道工程按人工费的 9% 计取。其中人工费占 25%,材料费占 65%,机械费占 10%。编制投标报价时,应参考消耗量定额规定费率,由企业自主报价。

计取方法为

$$人工费＋材料费＋机械费＋管理费＋利润＋风险$$

具体见表 8.20。

表 8.20　脚手架搭拆费计算表

序号	项目名称	计量单位	数量	金额/元						
				人工费	材料费	机械费	管理费	利润	风险	合计
1	脚手架搭拆费	项	1	90.55	235.43	36.22	29.07	31.29		423.56

六、其他项目清单费用的计算

1.预留金

本工程中规定预留金按 2 800.00 元计取。

2.零星工作项目费

(1)零星工作项目费中的人工费。其中人工单价应体现为综合单价,编制建设工程的最高限价时,应按规定的人工单价 25.73 元/工日,加管理费及利润后组成综合单价。编制投标报价时,应参考以上规定,由企业自主报价。

人工工日综合单价的计取方法为

$$人工工日单价＋管理费＋利润$$

即　　　　　　　$25.73＋25.73×32.10\%＋25.73×34.55\%＝42.88(元)$

人工费用的计算方法为

$$人工工日数量×人工工日综合单价$$

即　　　　　　　$30×42.88＝1\,286.40(元)$

(2)零星工作项目费中的材料费。编制建设工程的最高限价时,应按《陕西省安装工程价目表》配套的材机库中规定的材料单价乘以暂定材料数量计算。编制投标报价时,应参考以上规定,由企业自主报价。

材料费用的计算方法为

$$\sum(各项材料用量×相应材料单价)$$

即　　　$22×6.67＋15×24.00＋10×5.00＋30×0.62＋8×25.80＝781.74(元)$

(3)零星工作项目费中的机械费。编制建设工程的最高限价时,应按《陕西省安装工程价目表》配套的材机库中规定的机械台班单价乘以暂定机械台班数量计算。编制投标报价时,应参考以上规定,由企业自主报价。

机械费用的计算方法为

$$\sum(各项机械台班数量×相应机械台班单价)$$

即　　　　　　　$2×17.4＋8×90.79＋5×20.57＝863.97(元)$

(4)零星工作项目费。

零星工作项目费为

$$人工费＋材料费＋机械费$$

即　　　　　　　$1\,286.40＋781.74＋863.97＝2\,932.11(元)$

七、规费、税金、安全文明施工费及单位工程造价的计算

1. 规费

规费的内容包括劳动统筹基金、职工失业保险、职工医疗保险、工伤及意外伤害保险、残疾人就业保险、工程定额测定费6项不可竞争费用。工程地点在西安市的,其费率为4.60%,工程地点在西安市外的,其费率为4.62%。

规费的计算方法为

(分部分项工程费＋措施项目费＋其他项目费)×规费费率

即　　　　(28 109.30＋1 410.27＋5 732.11)×4.6%＝1 621.58(元)

2. 税金

税金是指国家税法规定的应计入工程造价的营业税、城市维护建设税及教育费附加。按纳税地点不同,分别选择不同的税率。地点在市区:3.41%;地点在县城、镇:3.55%;地点不在市区、县城、镇:3.22%。

税金的计算方法为

(分部分项工程费＋措施项目费＋其他项目费＋规费)×税率

即　　　　(28 109.30＋1 410.27＋5 732.11＋1 621.58)×3.41%＝1 257.38(元)

3. 安全文明施工费

安全文明施工费的费率为不可竞争费率,规定费率为分部分项工程费的1.40%。

计取方法为

分部分项工程费×规定费率

即　　　　　　　28 109.30×2.60%＝730.84(元)

4. 单位工程造价计算

单位工程造价是单项工程的组成部分。单位工程是指有独立施工条件及单独作为计算成本的对象,但建成后不能独立进行生产或发挥效益的工程。

单位工程造价计算方法为

分部分项工程费＋措施项目费＋其他项目费＋规费＋安全文明施工费＋税金

即　　　　28 109.30＋1 410.27＋5 732.11＋1 621.58＋730.84＋1 257.38
　　　　　　＝38 861.48(元)

思考与练习

1. 工业管道安装工程分部分项工程量清单项目划分应依据《陕西省建设工程工程量清单计价规则》中表C6工业管道工程可以划分为哪些项目?

2. 室内外工业管道安装工程工程量清单项目划分应遵循哪些原则?

3. 自学任务四中工业管道安装工程预算编制实例。

参 考 文 献

[1] 郑庆红.管道工程[M].西安:陕西科学技术出版社,2002.

[2] 何天刚.安装工程计量与计价[M].北京:北京理工大学出版社,2017.

[3] 迟晓明.工程造价案例分析[M].北京:机械工业出版社,2017.

[4] 李海凌.安装工程计量与计价[M].北京:机械工业出版社,2017.

[5] 王和平.安装工程工程量清单计价原理与实务[M].北京:中国建筑工业出版社,2011.

[6] 陕西省建设厅.陕西省安装工程消耗量定额[M].西安:陕西科学技术出版社,2006.

[7] 陕西省建设厅.陕西省建筑工程、安装工程、装饰工程、市政工程、园林绿化工程参考费率[M].西安:陕西科学技术出版社,2009.

[8] 建设工程工程量清单计价规范编制组.建设工程工程量清单计价规范宣贯辅导教材[M].北京:中国计划出版社,2008.

[9] 柯洪.工程造价计价与控制[M].北京:中国计划出版社,2006.

[10] 全国造价工程师考试培训教材编写委员会.工程造价的确定与控制[M].北京:中国计划出版社,2019.

[11] 张国栋.给排水工程识图与预算[M].北京:中国电力工业出版社,2010.

[12] 张国栋.消防工程造价实例一本通[M].北京:机械工业出版社,2015.